空军航空机务系统教材

航 空 维 修 理 论

郑东良　主编

国防工业出版社

·北京·

内 容 简 介

本书从系统和发展的角度介绍了航空维修理论。主要内容包括航空维修基础知识,以可靠性为中心的维修理论,全系统全寿命维修管理理论,航空维修技术,航空维修管理,人素工程与航空维修,航空维修理论发展动向与展望等。本书的特点是,理论与实践相结合,继承与创新相结合,既注重对航空维修理论的归纳总结与应用研究,也注重航空维修理论的发展与创新,以给读者以启示。每章后附有复习思考题,便于教学。

本书适用于航空装备维修军官训练使用和航空装备维修人员训练时学习、参考,也可作为高等院校装备管理、装备维修等专业的教材。

图书在版编目(CIP)数据

航空维修理论 / 郑东良主编. —北京:国防工业出版社,
2012.8 重印
(空军航空机务系统教材)
ISBN 978 - 7 - 118 - 05155 - 1

Ⅰ. 航... Ⅱ. 郑... Ⅲ. 航空器 – 维修 – 教材　　Ⅳ. V267

中国版本图书馆 CIP 数据核字(2007)第 060576 号

※

国防工业出版社出版发行
(北京市海淀区紫竹院南路23号　邮政编码100048)
四季青印刷厂印刷
新华书店经售

*

开本 787×1092　1/16　印张 11½　字数 271 千字
2012 年 8 月第 3 次印刷　印数 6501—8500 册　定价 30.00 元

(本书如有印装错误,我社负责调换)

国防书店:(010)88540777　　发行邮购:(010)88540776
发行传真:(010)88540755　　发行业务:(010)88540717

总　序

发生在世纪之交的几场局部战争表明,脱胎于 20 世纪工业文明的机械化战争正在被迅猛发展的信息文明催生的信息化战争所取代。信息化战争的一个显著特点,就是知识和技术密集,战争的成败越来越取决于各类高技术、高层次人才的质量和数量,以及人与武器的最佳配合。因此,作为人才培养基础工作的教材建设,就显得格外重要和十分紧迫。为了加快推进中国特色军事变革,贯彻执行军队人才战略工程规划,培养造就高素质新型航空机务人才,空军从 2003 年开始实施了航空机务系统教材体系工程。

实施航空机务系统教材体系工程是空军航空装备事业继往开来的大事,它是空军装备建设的一个重要组成部分,是航空装备保障人才培养的一个重要方面,也是体现空军航空装备技术保障水平的一个重要标志。两年来,空军航空机务系统近千名专家、教授和广大干部、教员积极参与教材编修工作,付出了艰辛的劳动,部分教材已经印发使用,效果显著。实践证明,实施教材体系工程,对于提高空军航空机务人才的现代科学文化水平和综合素质,进而提升航空机务保障力和战斗力,必将发挥重要作用和产生深远影响,是一项具有战略意义的工程。

空军航空机务系统教材工程,以邓小平理论和"三个代表"的重要思想为指导,以新时期军事战备方针为依据,以培养高素质新型航空机务人才为目标,着眼空军向攻防兼备型转变和航空装备发展需要,按照整体对应、系统配套、紧贴实际、适应发展,突出重点,解决急需的思路构建了一个较为完整的教材体系。教材体系的结构由部队、院校、训练机构教育训练教材三部分组成,分为航空机务军官教育训练教材和航空机务士兵教育训练教材两个系列十六个类别的教材组成。规划教材按照新编、修编、再版等不同方式组织编修。新编和修编的教材,充实了新技术、新装备的内容,吸收了近年来航空维修理论研究的新成果,对高技术战争条件下航空机务保障的特点和规律进行了有益探索,院校的专业训练教材与国家人才培养规格接轨并具有鲜明的军事特色,部队训练教材与总参颁布的《空军军事训练与考核大纲》配套,能够适应不同层次、不同专业航空机务人员的教育训练需要,教材的系统性、先进性、科学性、针对性和实践性与原有教材相比有了明显提高。

此次大规模教材编修工作,系统整理总结了空军航空机务事业创业 50 多年来的宝贵经验,将诸多专家、教授、骨干的学识见解和实践经验总结继承下来,优化了航空机务保障教材体系,为装备保障人员提供了一套系统、全面的教科书,满足了人才培养对教材的急需。全航空机务系统一定要认真学习新教材,使其真正发挥对航空机务工作的指导作用。

同时,教材建设又是一项学术性很强的工作,教材反映的学术理论内容是随实践的发展而发展的。当前我军建设正处在一个跨越式发展的历史关键时期,航空装备的飞速发展和空军作战样式的深刻变化,使航空机务人才培养呈现出许多新特点,给航空机务系统教材建设带来许多新问题。因此,必须十分关注航空装备的发展和航空机务教育训练的改革创新,不断发展和完善具有时代特征和我军特色的航空机务系统教材体系,为航空机务人才建设提供知识信息和开发智力资源。

魏 钢

二〇〇五年十二月

空军航空机务系统教材体系工程
管理专业编审组

组　长　韩跃敏

成　员　王端民　崔全会　张星魁　郭宏刚　李异平

　　　　白晓峰　朱　飞

前　言

　　维修理论是研究装备的故障本质及其预防和修复规律的理论,是建立在系统工程、数理统计、可靠性工程、维修性工程、综合保障工程、断裂力学、故障诊断和现代管理理论等现代科学基础上的一门综合性工程技术应用理论。航空装备的使用离不开维修,航空维修需要科学的维修理论作指导。国内外航空维修实践表明,在科学维修理论指导下的航空维修,成效显著,既能有效保障航空装备使用的安全、可靠,又能显著提高航空维修的综合效益。为更好地适应新时期我军航空装备建设新需求、新特点,系统总结航空维修活动的客观规律和航空维修工作的有益经验,我们编著了《航空维修理论》一书,希望能对我军航空维修建设有所帮助。

　　本书根据空军维修人才建设需求,依据维修理论的基本范畴,侧重介绍维修基础理论、维修技术理论和维修管理理论,主要内容包括航空维修基础知识,以可靠性为中心的维修理论,全系统全寿命维修管理理论,故障分析与统计,故障诊断技术,战场抢修技术与工艺,航空维修的集成管理,航空维修设计的监控管理,航空维修活动的系统管理,航空维修差错管理等。在此基础上,为了培养航空维修人员的适应能力和创新能力,本书专设一章着重介绍和分析了当前航空维修理论的新发展、新趋势,以期对开展航空维修理论研究和维修改革实践有所启迪。本书在编著过程中,注意理论与实践相结合,继承与创新相结合,内容兼顾航空维修基础理论的科学性、完整性和航空维修理论的实用性、创新性,力求达到深入浅出、通俗易懂、科学实用。

　　参加本书编著的人员有:郑东良(第 1、2、4、5、6、8 章)、杜纯(第 2、6、7)、陈学楚(第 3章)、何荣光(第 5 章)、史超(第 6 章)、郭定(第 7 章)。全书由郑东良主编,姚树峰、王希毅等同志负责审校。限于编著者水平,不足之处难免,恳请读者批评指正。

编　者

2007 年 5 月

目　录

第1章 绪 论

随着科学技术的发展,航空装备的智能化、信息化、一体化程度不断提高,对航空维修的依赖性越来越强,航空维修已成为航空装备作战能力生成、发挥、保持的一"因子"。学习航空维修基本知识,掌握航空维修客观规律,把握航空维修发展趋势,高效地开展航空维修工作,对充分发挥航空装备战术技术性能,保证航空装备始终处于完好状态,确保打赢信息化条件下的局部战争具有重要的作用。

1.1 维修与航空维修

1.1.1 维修的基本概念

1. 维修的内涵

随着科学技术的进步和装备的更新换代,维修的认识也在不断深化,对维修的内涵已有了比较科学的认识,即认为维修是为使装备保持、恢复、改善规定技术状态所进行的全部活动。随着维修理论和维修工程技术的发展,为深化对维修的认识,对维修的内涵有必要进一步加以明确。

维修这个术语,在我国原来是没有的,只是在近些年的辞书中才开始列入这个词条,但释义很简单,就是维护和修理的简称;而维护和修理这两个术语原来就是有的,维护的意思就是保持某一事物或状态不消失、不衰竭,相对稳定;修理的意思就是使损坏了的东西恢复到能重新使用,即恢复其原有的功能。目前,维修这个术语已在多个标准中给出了定义:GJB451A—2005《可靠性维修性保障性术语》认为,维修是为使产品保持或恢复规定状态所进行的全部活动;GB3187—1994《可靠性基本名词术语及定义》认为,维修是为保持恢复产品能完成规定的能力而采取的技术和管理措施;美军用标准MIL—STD—721C《可靠性和维修性术语的定义》认为,维修是使产品保持恢复到规定状态所采取的全部措施。综合来看,维修是使装备保持、恢复、改善规定技术状态所进行的全部活动。

2. 维修的分类

从不同的角度出发,维修可有不同的分类方法,最常用的是按照维修的目的与时机,将其分为预防性维修、修复性维修、改进性维修和战场抢修四种基本类型。

(1) 预防性维修(PM,Preventive Maintenance),是指通过对设备的检查、检测,发现故障征兆以防止故障发生,使其保持在规定状态所进行的各种维修活动,包括擦拭、润滑、调整、检查、更换和定时拆修等。这些活动是在装备故障发生前预先实施进行的,目的是消除故障隐患,防患于未然,主要用于故障后果会危及安全和影响任务完成,或导致较大经济损失的情况。预防性维修的内容和时机是事先加以规定并按照预定的计划进行的,因而预防性维修也可称之为计划维修。

(2) 修复性维修(CM,Corrective Maintenance),是指装备(或其机件)发生故障后,使其恢复到规定状态所进行的维修活动,也称排除故障维修或修理。修复性维修包括故障定位、故障隔离、分解、更换、再装、调校、检验,以及修复损坏件等。修复性维修因其内容和时机带有随机性,不能在事前做出确切安排,因而修复性维修也称为非计划维修。

（3）改进性维修(IM,Improvement Maintenance),是利用完成航空维修任务的时机,对装备进行经过批准的改进和改装,以提高装备的战术性能、可靠性或维修性,或使之适合某一特殊的用途。它是维修工作的扩展,实质是修改装备的设计。结合问题进行改进,一般属于基地级(制造厂或修理厂)的职责范围。

（4）战场抢修(BR,Battlefield Repair),又称战场损伤评估与修复(BDAR,Battlefield Damage Assessment and Repair),是指战斗中装备遭受损伤或发生故障后,在评估损伤的基础上,采用快速诊断与应急修复技术,对装备进行战场修理,使之全部或部分恢复必要功能或自救能力。这种抢修虽然属于修复性的,但维修的环境、条件、时机、要求和所采取的技术措施与一般修复性维修不同,是一种独立的维修类型,直接关系到装备的使用完好和持续作战能力,必须给予充分的注意和研究。

3. 维修方式

维修方式是对装备及其机件维修工作内容及其时机的控制形式,是航空维修的基本形式和方法。一般说来,维修工作内容需要着重掌握的是拆卸维修和深度、广度比较大的修理,因为它所需要的人力、物力和时间比较多,对装备的使用影响比较大。因此,实际使用中,维修方式是指控制拆卸、更换和大型修理(翻修)时机的形式。在控制拆卸或更换时机的做法上,概括起来不外是三种:①规定一个时间界限,只要用到这个时间就拆下来维修或更换;②不问使用时间多少,用到某种程度就拆卸和更换;③什么时候出了故障,不能继续使用了,就拆下来维修或更换。这三种做法都是从长期的实践中概括出来的,到20世纪60年代,美国民航界将其分别称为定时方式、视情方式和状态监控(事后)方式。定时方式和视情方式属于预防性维修范畴,而状态监控方式则属于修复性维修范畴。

（1）定时方式(HT,Hard Time Process),是按规定的时间不问技术状况如何而进行拆卸的工作方式。"规定的时间"可以是规定的间隔期、累计工作时间、日历时间、里程和次数等;拆卸工作的范围涵盖从装备分解后清洗直到装备全面翻修,对于不同的装备,拆卸工作的技术难度、资源要求和工作量的差别都较大。拆卸工作的好处是可以预防那些不拆开就难以发现和预防的故障所造成的故障后果;工作的结果可以是装备或机件的继续使用或重新加工后使用,也可以是报废或更换。定时方式以时间为标准,维修时机的掌握比较明确,便于安排计划,但针对性差,维修工作量大,经济性差。

（2）视情方式(OC,On Condition Process),是当装备或其机件有功能故障征兆时即进行拆卸维修的方式。同样,工作的结果可以是装备或机件的继续使用或重新加工后使用,也可以是报废或更换。视情维修是基于这样一种事实进行的,即大量的故障不是瞬时发生的,故障从出现异常到发生,总有一段出现异常现象的时间,且有征兆可寻。因此,如果采用性能监控或无损检测等技术能找到跟踪故障迹象过程的办法,就可能采取措施预防故障发生或避免故障后果,所以也称这种维修方式为预知维修或预兆维修方式。视情方式能够有效预防故障,较充分地利用机件的工作寿命,减少维修工作量,提高装备的使用效益。在视情方式的基础上,20世纪90年代出现了主动维修、预测维修等新的维修方式。

（3）状态监控方式(CM,Condition Monitoring Process),是在装备或其机件发生故障或出现功能失常现象以后进行拆卸维修的方式,亦称为事后维修方式。对不影响安全或完成任务的故障,不一定非做预防性维修工作不可,机件可以使用到发生故障之后予以修复,但并不是放任不管,仍需要在故障发生之后,通过所积累的故障信息,进行故障原因和故障趋势分析,从总体上对装备可靠性水平进行连续监控和改进。工作的结果除更换机件或重新修复外,还可采用转换维修方式和更改设计的决策。状态监控方式不规定装备的使用时间,因此,能最充分地利用装备寿命,使维修工作量达到最低,是一种最经济的维修方式,目前应用较为广泛。

4. 维修工作类型

维修工作类型是按所进行的预防性维修工作的内容及其时机控制原则划分的种类。预防性维修工作划分为保养、操作人员监控、使用检查、功能检测、定时拆修、定时报废和综合工作七种维修工作类型。

(1)保养(Servicing),是指为保持装备固有设计性能而进行的表面清洗、擦拭、通风或添加润滑剂等工作。它是对技术、资源的要求最低的维修工作类型。

(2)操作人员监控(Operator Monitoring),是操作人员在正常使用装备时对其状态进行监控的工作,其目的是发现潜在故障。这类监控包括对装备所做的使用前检查,对装备仪表的监控,通过气味、噪声、振动、温度、视觉、操作力的改变等感觉辨认潜在故障,但它对隐蔽功能不适用。

(3)使用检查(Operational Check),是按计划进行的定性检查工作,如采用观察、演示、操作手感等方法检查,以确定装备或机件能否执行其规定的功能。例如,对火灾告警装置、应急设备、备用设备的定期检查等,其目的是发现隐蔽功能故障,减少发生多重故障的可能性。

(4)功能检测(Functional Inspection),是按计划进行的定量检查工作,以确定装备或机件的功能参数是否在规定的限度之内,其目的是发现潜在故障,通常需要使用仪表、测试设备等。

(5)定时拆修(Rework at Some Interval),是指装备使用到规定的时间予以拆修,使其恢复到规定状态的工作。

(6)定时报废(Discard at Some Interval),是指装备使用到规定的时间予以废弃的工作。

(7)综合工作(Combination of Tasks),是指实施上述两种以上类型的预防性维修工作。

5. 维修级别

维修级别(Level of Maintenance),是按装备维修的范围和深度及其维修时所处场所划分的维修等级,一般分为基层级维修、中继级维修和后方基地级维修三级。

(1)基层级维修(Organizational Maintenance),是由直接使用装备的单位对装备所进行的维修,主要完成日常维护保养、检查和排故、调整、机件更换以及定期检修等周期性工作。

(2)中继级维修(Intermediate Maintenance),是由军区空军、师修理机构对装备所进行的维修,主要完成装备及其机件的修理、战伤修理、一般改装、简单零件制作等。

(3)后方基地级维修(Depot Maintenance),是由总部、大军区、军(兵)种修理机构或装备制造厂对装备所进行的维修,主要完成装备翻修、事故修理、现代化改装、零备件制作等。

维修级别的划分是根据维修工作的实际需要而形成的。现代装备的维修项目很多,而每一个项目的维修范围、深度、技术复杂程度和维修资源各不相同,因而需要不同的人力、物力、技术、时间和不同的维修手段。事实上,不可能把装备的所有维修工作需要的人力、物力都配备在一个级别上,合理的办法就是根据维修的不同深度、广度、技术复杂程度和维修资源而划分为不同的级别。这种级别的划分不仅要考虑维修本身的需要,还要考虑到作战使用需求和作战保障的要求,并且要与作战指挥体系相结合,以便在不同的建制级别上组建不同的维修机构。因此,在不同国家或一个国家的不同军兵种之间,维修级别的划分不尽相同,而且还不断发生变化。

目前,有的国家出于作战的考虑,积极探索提高部队的独立保障能力和机动作战能力的对策措施,降低维修层次,提出了二级维修即取消中继级维修这一维修级别,但即使取消了中继级维修,装备维修的差异性依然客观存在,仍然存在着一个最佳的维修级别。

6. 故障及其分类

预防性维修是在故障发生之前对故障的预防;修复性维修是故障发生之后对故障的排除;改进性维修是通过对装备的改进或改装从根本上消除或控制故障;战场抢修是在特殊环境下采取应急措施排除特殊故障。因此,维修的实质是和故障作斗争的过程。那么什么是故障呢?

(1) 故障的基本含义。根据 GJB451A—2005《可靠性维修性保障性术语》,故障是指产品不能执行规定功能的状态。对某些不可修复产品如电子元器件、弹药等称为失效。有时产品不能完成"规定功能"是明确的,如发动机转速不正常、照明灯丝突然烧坏不能照明,这是明显出了故障;有时产品不能完成"规定功能"并不很明确,如轴承的磨损、发动机耗油增大等,这些问题的存在并不影响到产品的正常使用,可以算做是故障,也可以不算做故障,因此,故障需要有明确的故障判据。同一产品不同使用部门所确定的故障判据可能不一致,但在同一使用部门,则应有统一的要求。判据不同,故障统计数据也不同,直接影响到故障统计分析。

(2) 故障分类。故障可以从多种角度来认识和加以分类,如隐蔽故障、潜在故障、独立故障、从属故障、自然耗损故障与人为差错故障等。这里仅从维修研究与实践的需要来进行故障分类及其界定。

按故障的发展过程,可分为功能故障与潜在故障。功能故障是指产品不能完成规定功能的事件或状态,简称为故障;潜在故障是指产品将不能完成规定功能的可鉴别状态。例如,飞机轮胎在磨损过程中,先磨去胎面胶,然后露出胎身帘线层,最后才发生故障。飞机轮胎露出胎身帘线层这种即将发生故障的可鉴别状态就是潜在故障。

按故障的可见性,可分为明显功能故障与隐蔽功能故障。明显功能故障,是指正常使用装备的人员能够发现的功能故障,这类功能故障一般由操作人员凭感觉器官或是在用到某一功能时发现的。隐蔽功能故障是指正常使用装备的人员不能发现的故障,它必须在装备停机后做检查或测试时才能发现,如动力装置的火警探测系统一旦故障就属于隐蔽功能故障。

按故障的相互关系可分为单个故障与多重故障。单个故障有两种情况:一是独立故障而不是由另一产品故障引起的原发性故障;二是从属故障,是由另一产品故障引起的继发性故障。多重故障,是指由连续发生的两个或多个独立故障所组成的故障事件,其后果可能比其中任何单个故障所造成的后果更严重。多重故障与隐蔽功能故障有着密切的关系。如果隐蔽功能故障没有及时被发现和排除,它与另一个独立故障结合,就会造成多重故障,可能产生严重后果。

1.1.2 航空维修概述

1. 航空维修的内涵

航空维修是指保持、恢复、改善航空装备到规定技术状态所进行的全部活动。航空装备必须符合一定的技术条件,才能安全可靠地使用。航空装备在作战使用过程中,由于各种环境因素的影响和作用,其技术状态会不断发生变化,偏离装备正常的使用条件,而航空维修的基本任务就是解决这一问题,保持航空装备的技术状态不发生变化,或一旦发生故障,能及时地恢复到规定技术状态。因此,航空维修目的是:经常保持和迅速恢复航空装备完好状态,保证航空装备的最短反应时间、最大出动强度和持续作战能力,保障航空装备大规模、高强度和持续作战的使用需求。为实现航空维修目的,其基本任务有:对航空装备进行有效的监督、控制和管理,经常保持、迅速恢复和持续改善航空装备的可靠性,使最大数量的飞机处于良好和战斗准备状态,发挥其最大效能,保证飞行安全、作战训练和各项任务的遂行。

2. 航空维修的内容

航空维修是为航空装备作战使用服务的,为保证航空装备战斗力的有效生成和充分发挥,航空维修的内容主要包括:航空维修设计、航空维修作业、航空维修管理、航空维修训练和航空维修科研等五个方面:

(1)航空维修设计,包括航空维修品质设计和维修保障设计。维修品质设计主要有:可靠性设计、维修性设计、保障性设计、安全性设计、人素工程设计等。维修保障设计主要有:提出维修方案(确定维修等级、维修方针、维修指标、维修保障要求)、制定维修保障计划(详细的维修计划或维修大纲和维修管理计划)、维修工具设备设计、维修设施设计、维修人员技术培训设计、维修零备件保障设计、维修技术文件资料设计、装备封装及运输设计等。航空维修设计的基本任务就是从设计制造上保证航空装备具有良好的维修品质,并提供一个经济而有效的维修保障系统。航空维修设计从方案论证开始,贯穿于装备研制全过程,由设计制造部门与使用维修部门共同完成。

(2)航空维修作业,是指在航空装备服役期内直接对其进行的维修操作活动和采取的各种技术措施,主要包括航空装备的维护与修理。航空维修作业是维修战斗力(生产力)的具体体现,也是整个航空维修系统赖以存在和发展的基础。维护包括飞行机务准备、飞机定期检修和日常保养;修理包括小修、中修和大修(翻修),以及航空装备改装等。

(3)航空维修管理,包括航空维修系统的构建及其管理,即确定管理体制、作业体制和航空维修系统的构成与布局;航空维修系统的运行管理,即制定维修方针政策、维修规划、维修法规,实施信息管理、质量控制、安全管理、效能分析和战时维修的组织指挥等;航空维修系统要素的统筹管理,即对维修人员、维修手段、维修备件、维修设施、维修经费及其他维修资源的管理。

(4)航空维修训练,主要是组织实施航空维修人员的专业技术培训,使之具有与本职工作相适应的理论知识、技术水平和管理能力,分为生长教育训练和继续教育训练(上岗训练、日常训练、换装训练、晋职训练、函授和自学考试等),由专门的院校、训练机构和各级维修机构分工负责完成。

(5)航空维修科研,主要研究维修理论、政策,参与新型装备的研制论证及其技术预研,研究航空装备的合理使用和现有装备的改进、改装,研究制定维修技术法规,分析研究事故、故障,提出预防措施,改革维修手段,开发应用新的维修工艺技术等。由专门的科研机构及相关院校、训练机构,以及各级维修机构负责组织。

3. 航空维修的特点

航空维修的特点是航空维修的本质表现,区别于其他事物的特殊矛盾,只有按照航空维修的特点来实施维修,才能收到良好的维修效果。

(1)高安全性。航空装备是在空中使用的复杂系统,高新技术密集,对可靠性、安全性有着更为特殊的要求。可靠性是指装备在规定的使用条件下和一定的时间内完成规定功能的能力。装备的功能越多,构造越复杂,出故障的机会也就越多。对于航空装备这种复杂系统,不仅要保证每一次使用的安全可靠,而且要保证装备整个寿命周期过程使用的安全可靠;不仅要准确判断装备可靠性现状,而且要系统分析和科学把握装备可靠性的变化趋势和发展规律,以便及时采取有效的维修措施,防止因可靠性的突变而带来严重的故障后果。因此,航空维修必须以可靠性为中心,将保持和恢复装备的可靠性作为航空维修的出发点和落脚点,一切维修活动都要为保持和恢复装备的可靠性服务。

(2)综合保障性。现代战争是一种体系对抗,航空装备作战使用是诸要素共同作用的结果,离开科学的维修,航空装备难以形成有效的作战能力。航空维修的基本任务是保证航空装备良好的技术状态,保证航空装备安全可靠地使用,保障航空装备作战训练等各项任务的顺利完成,因此,航空维修要服从和服务于航空装备的作战使用要求,是一种保障性活动。同时,这种保障性活动又是一种综合性活动,贯穿装备寿命周期全过程,需要科学管理和合理调配使用各种维修保障资源,需要许多部门密切配合,是一个多层次、多专业组成的有机整体,而且,这种活动是在一种动态变化的环境中进行的,受到战场环境、装备状况、维修资源、人员技术水平等许多不确定因素的影响。从航空维修的多因素、多变动、多目标的活动特点及其复杂的互相制约的构成状况来看,航空维修是一种综合性的保障活动。

(3)技术综合性。航空装备的先进性和复杂性,高新技术的综合应用,使航空维修成为多专业的综合保障体系,成为一种技术综合性很强的活动。航空维修已不是传统意义上的一种简单的技艺,而是一门综合性学科,有自身的客观规律,有自己的理论体系和知识体系,已从传统的经验维修发展到在科学的维修理论指导下,按照维修的客观规律实施的科学维修。科学维修要求有科学的专业分工、科学的维修技术、科学的维修手段,以及掌握科学理论知识和具有良好技术素质的专业人员。随着科学技术的快速发展,航空装备更新换代的加快,航空装备高新技术密集,系统交联,机载设备综合化,航空装备的复杂性、先进性和综合性日益明显,航空维修的科学性要求越来越强,维修技术要求越来越高。

(4)快速反应。高技术条件下的现代战争具有突发性、多变性、快速性和致命性,战争胜负往往取决于毫发之间,这就要求航空维修要用最短的反应时间保障航空装备最大的出动强度,在各种复杂的环境条件下,保障航空装备战术技术性能最大限度地发挥,在恶劣的环境下快速修复战伤装备,在各种条件下快速机动实施支援作战和保存自己。因此,航空维修的一切活动,应以快速反应为前提,高强度、机动灵活和较强的应变能力已成为航空维修的基本特点和基本要求。

(5)环境复杂性。航空维修是在复杂、恶劣的环境条件下实施的。平时的维修大都是在野外实施的,无论是日晒雨淋、风吹霜打,还是白天黑夜、寒冬酷暑,都要实施维修活动以保障作战训练任务的顺利完成。维修环境的复杂性还表现在环境的多变性,由于航空装备作战半径大、机动能力强、作战范围广,不同地域的地形、气候等自然条件对维修人员、装备具有不同的影响,对维修活动有不同的影响,要求维修人员掌握各种环境条件下的维修特点,熟悉不同环境条件下航空装备技术性能的变化,从实际情况出发实施有效的维修。战时的维修是在一种更为恶劣的环境下实施的,维修条件简陋,维修工具设备不齐全,备件短缺,维修设施不完善,维修时间紧,需要进行防护和实施紧张有序的高强度的维修保障,因此,战时航空维修必须着眼现代战争的特殊环境,根据作战使用需求,开展针对性的训练,保障航空维修能在各种环境条件下有效地实施维修。

（6）高消耗性。航空装备系统结构复杂、作战使用要求高、耗费巨大，特别是随着航空装备的更新换代，航空装备使用和维修保障费用急剧增长，已成为制约航空装备建设发展的一个"瓶颈"因素，形成了所谓的"冰山效应"。据统计，航空装备的使用和维修保障费用占寿命周期费用的比例一般超过60%，有的甚至高达80%以上，已成为装备寿命周期费用的主要组成部分。因此，需要加强航空维修的系统规划和科学管理，改善维修的综合效益，抑制使用和维修保障费用需求的增长，保障航空维修的可持续发展。

1.1.3 航空维修的百年发展历程

从1903年莱特兄弟第一架飞机诞生以来，航空维修已走过了一个多世纪的历程。回顾航空维修的发展历程，可以认为，航空维修是一个不断探索维修客观规律的发展历程，是一种与时俱进的创造性活动过程，是一个从经验维修到科学维修不断发展的进程。

随着飞机的发展和使用的广泛，航空维修不断深化，在维修实践中强化了航空装备空中使用这一特点，维修作为一种复杂的技术性活动，被视为航空装备安全使用的前提和可靠的保证，建立了"质量第一"、"预防为主"的维修思想和单一的定时维修方式。

20世纪50年代，随着航空装备自动化、复杂化程度的提高，原有的维修方式已无法适应维修客观的需求，人们通过对大量的维修资料和数据进行统计分析，逐渐认识到，可靠性是维修的出发点和落脚点，并据此改革了单一的定时维修方式，建立了以可靠性为中心的维修思想，实现了维修从技艺到科学的跨越。

20世纪80年代以来，随着航空装备的更新换代和维修实践的深入，人们对维修规律的认识进一步深化，认识到维修是技术过程与管理过程的辩证统一，是一种系统工程活动，涉及航空装备系统各个方面，贯穿航空装备寿命周期过程，逐渐形成了全系统全寿命维修思想。

进入21世纪以来，随着军事形态由机械化向信息化的发展演变，科学技术创新步伐的加快，航空装备作战使用需求的根本性变化，航空维修理论研究呈现出了繁荣昌盛的新局面，一些新的维修思想、维修理念、维修技术等得到了快速发展，如聚焦后勤、精益后勤、精确维修、绿色维修等不断涌现，进一步促进航空维修的快速发展。

1.1.4 航空维修的重要地位与作用

1. 航空维修是航空装备作战使用的前提和安全的保证

航空装备空中使用的特点，使航空维修成为使用的前提和安全的保障。离开了正确的维修，航空装备就不能保证正常使用并发挥其最大效能；反之，错误的维修或维修不当，就会成为航空装备使用的障碍，就不能完成任务，甚至造成严重后果。因此，只有充分发挥航空维修的主观能动作用，确保航空装备的安全可靠，才能最大限度地保证航空装备的作战使用。

20世纪90年代以来，随着科技创新步伐的加快，航空装备高新技术密集，结构日趋复杂，维修环境发生了根本性变化，航空维修面临着更为严峻的挑战。一方面，由于先进制造技术的开发利用，航空装备的可靠性、维修性、安全性等性能水平不断提高，自动检测、故障诊断等先进维修手段广泛应用，某些维修保障工作可能简化。另一方面，正是由于这些先进技术的应用，许多新技术、新工艺、新材料的引入，航空装备的功能结构复杂化，故障源趋于复杂化，故障模式多样化，导致了航空维修的复杂化。因此，科学技术的发展，航空装备的更新换代，对航空维修的依赖程度丝毫不会减少，而对航空维修的科学性要求将更高，航空维修的地位和作用将更加突出。

2. 航空维修出战斗力

纵观航空维修的百年发展历程,特别是20世纪90年代以来的几次局部战争证实了这样一个观点:航空维修出战斗力(生产力)。现代战争的突然性、战术的多变性、战斗的复杂性、空中作战的时效性等特点,都要求航空装备随时随地做好战斗准备,广泛实施机动作战,在复杂环境下保证出好飞机、快出飞机、多出飞机,所以,维修不仅要保证飞机能正常地发挥其功能,而且涉及装备形成、保持和提高装备战斗力的各个方面,直接关系到部队反应能力、出动强度、持续作战能力、机动能力等各个方面。在历时42天的海湾战争中,多国部队出动飞机十万多架次,平均每天2600余架次,每架飞机每天飞行少则2h~4h,多则十几个小时,各型飞机的完好率平均达92%,F-15E等飞机的完好率高达95%以上,这样高的完好率、出动强度和持续作战能力与强有力的维修保障工作是分不开的。

3. 航空维修是航空装备全系统全寿命管理的关键环节

航空装备的战斗力是人—机—环境相互作用的结果,涉及到人员数量与素质、装备数量与性能、维修保障管理、组织指挥等,而航空维修,既涉及到航空装备论证、设计、生产过程中维修保障特性的赋予与形成,人员技术水平与等级、维修设施、保障装备等维修保障要素的配套建设,还包括航空装备使用过程对装备进行检测、诊断、拆装、调校、运输、储存等一系列技术活动,以及人员调配、备件供应、组织管理等一系列管理活动。因此,航空维修贯穿航空装备寿命周期全过程,是航空装备全系统全寿命管理的关键环节。

4. 航空维修是航空装备可持续发展的重要保障

随着航空装备高新技术含量增加,航空装备使用和保障费用急剧增加,在航空装备寿命周期费用中所占的比例越来越高,已成为影响装备寿命周期费用的关键因素。据统计,使用和保障费用在航空装备寿命周期费用中的比例大约为50%~80%,而我军由于缺乏有效的系统管理,承受了沉重的费用压力,其比例大约为60%~80%,甚至更高。特别是20世纪90年代以来,随着我国空军航空装备更新换代步伐的加快,使用和保障费用的供需矛盾进一步加大了。一方面,由于重研制轻使用管理,长期以来,我军航空维修费用与采购费用比例严重失调,存在着维修保障费用投入严重不足的问题;另一方面,随着新一代新型航空装备的部署使用,虽然航空装备使用和保障费用也呈逐年增加的趋势,但与新型航空装备使用和保障费用增长还具有一定的差距,已在一定程度上影响了航空维修的系统建设。因此,作为航空装备系统建设的一个关键环节,加强航空维修科学管理,不仅可以抑制航空维修费用需求的增长,提高航空维修的综合效益,而且也是航空装备可持续发展的重要保障。

1.2 航空维修思想及其发展

航空维修思想是对维修实践客观规律的集中反映,是对航空维修活动的根本性的理性认识。航空维修思想来源于维修实践,是建立在当时所维修的装备、维修人员的技术水平、维修手段和维修条件等客观实际的基础上,同时又随着科学技术发展和维修实践的深入而不断深化的。为了适应我军现代化建设和打赢高技术条件下局部战争的需要,航空维修思想必须随着科学技术、航空装备的更新换代和维修环境的变化而不断发展。纵观航空维修的百年发展历程,航空维修思想有一个发展和演变的过程,具有代表性的航空维修思想主要有预防为主的维修思想,以可靠性为中心的维修思想和全系统全寿命的维修思想。

1.2.1 预防为主的维修思想

在 20 世纪 40 年代以前,地面装备的维修,一般运用"事后维修"的指导思想,即在装备发生故障以后才维修保养,直到 50 年代初才逐渐运用"预防为主"的维修指导思想,这种思想要求在装备上的零部件(元器件)在即将磨损或损坏之前及时进行更换、修理,将维修工作做在故障发生之前,是一种积极主动的维修指导思想。

航空维修的对象具有空中使用的特点,工作正常与否影响到飞行安全,一开始就建立了预防为主的维修思想。在航空事业发展的最初年代,飞机的设计、制造比较简单,发动机剩余功率有限,受重量的限制,飞机不可能采用多的余度技术,任何一个机件出了故障都有可能直接危及飞行安全,从而形成了对维修的基本认识,即"机件要工作→工作必磨损→磨损出故障→故障危及安全"。基于这种对装备结构特性和故障规律的感性认识,为保证航空装备的安全可靠,要求维修工作走在故障的前面,采取事先预防故障的维修措施,逐步形成了"预防为主"的维修思想。

"预防为主"的维修思想的基本观点是认为预防维修与使用可靠性之间存在着因果关系,即认为每个机件的可靠性都与使用时间有直接关系,都有一个可以找到的并且在使用中不得超越的翻修时限,到时必须翻修,翻修得越彻底,分解得越细,防止故障的可能性就越大,飞机就越安全。由于认为机件磨损(故障)是时间的函数,因此,定时维修就成为预防性维修的唯一方式;由于没有先进的检测手段,主要靠直观检查,于是拆卸分解的离位维修就成为预防性维修的唯一方法。这种维修指导思想及其方式、方法,与早期航空装备的发展水平和维修环境条件是相适应的,在航空维修业延续了数十年之久,在维修发展史占有重要的地位。

20 世纪 70 年代以前,我军的航空维修也一直贯彻"预防为主"的维修思想。在航空装备余度小,维修手段落后的情况下,为了保证装备可靠与飞行安全,采取"多做工作、勤检查"的办法,进行了大量的预防工作,有力保障了作战训练各项任务的完成。

1.2.2 以可靠性为中心的维修思想

随着航空装备的复杂化和维修实践的深入,人们逐渐认识到:有些类型的故障,不论做多少工作,仍然是不能防范的;某些装备过分强调定时维修,大拆大卸,反而诱发了许多人为故障……。这些因素迫使人们对传统的预防为主的维修思想进行再思考,从而催生出了以可靠性为中心的维修思想。

以可靠性为中心的维修思想诞生于 20 世纪 60 年代。随着科学技术的发展,航空事业得到了飞速发展,航空装备功能结构日趋复杂化,使用的规模化程度显著提高,航空维修在安全、质量、费用等方面遇到了前所未有的挑战。美国联邦航空局、航空公司等部门运用可靠性、数理统计等新理论、新技术,对大量的维修资料和数据进行了统计分析,逐渐认识到,装备出现故障是可靠性下降的结果,影响装备可靠性下降的因素是多种多样的,可靠性和翻修时限之间没有直接的联系,维修的主要任务应该是控制影响可靠性下降的各种因素,保持和恢复装备的可靠性。这种认识又经过若干年的实践检验,到 20 世纪 60 年代中后期逐渐形成了"以可靠性为中心"的维修思想。

以可靠性为中心的维修思想(RCM,Reliability-centered Maintennance),认为航空维修的出发点和落脚点是装备的可靠性,通过维修来控制或消除使装备可靠性下降的各种因素,保持或恢复航空装备的固有可靠性。以可靠性为中心的维修思想是对航空维修客观规律认识的深化。以可靠性为中心的维修思想和预防为主的维修思想,都体现了积极主动的思想,都要求积极预防、掌握由量变到质变的规律,把故障消灭在萌芽状态,防患于未然。但以可靠性为中心的维修思想,是在预防为主的维修思想的基础上发展起来的,它充分考虑到装备的可靠性、维修性和经济性,采用科学的统计分析方法来认识维修规律,因而能更好地反映维修的客观规律,指导维修实践。综合来看,以可靠性为中心的维修思想的主要观点有:

(1)进一步明确了维修的目的与作用。维修的目的在于平时以最小的经济代价来保持与恢复装备的固有可靠性与安全性;在战时应采取应急措施以最快的速度保持与恢复装备的固有可靠性与安全性。装备的固有可靠性是由设计所确立,通过制造来实现的,它是装备在这种条件下所能达到的可靠性的最高水平,要达到更高水平,只有重新设计、制造。通过维修可以提高使用可靠性,或防止固有可靠性水平降低,优良的维修工作可以使装备接近或达到它的固有可靠性水平,但不能超过它。如果维修不能保证装备的必要的可靠性水平,那么,这种装备应重新设计或进行改进性维修,以提高其固有可靠性。因此,维修越多,并不一定越安全、越可靠,而维修不当则会使可靠性下降。

(2)预防维修工作的确定更符合实际。装备的故障规律不同,采取的维修方式与工作时机也应不同。对于有耗损性故障规律的装备或部件适宜于定时拆修或更换,以预防功能故障或引起多重故障;对于故障具有安全性后果(可能机毁人亡)和隐患性后果(可能造成继发性多重故障而出现危险性后果)的,要进行预防维修;对于无耗损故障规律的装备或部件,定时拆修或更换常常是有害无益的,适宜于通过检查、监控,进行视情维修;定时翻修对复杂装备的可靠性几乎不起作用;早期和偶然故障是不可避免的,进行预防维修是没有效果的。因此,为了提高装备的可靠性水平,应根据装备的故障规律,合理开展装备预防维修工作。

(3)故障后果的改变。预防维修能够预防和减少功能故障的次数,但不能改变故障的后果。因为故障的后果,都是由装备的设计特性所决定的,只有更改设计,才能改变故障后果,提高装备可靠性水平。在一般情况下,安全性后果可以通过余度设计、破损安全设计、损伤容限设计等措施而降低为经济性后果。对于经济性后果的故障,应根据作战训练任务的要求以及从经济性上权衡,判断是否进行预防维修。

(4)合理选择预防性维修工作。对装备采用不同的预防性维修工作类型,其消耗资源、费用和难度、深度是不相同的。预防性维修工作类型按所需资源和技术要求,由低到高大致排序是:保养、操作人员监控、使用检查、功能检测、定时维修、定时报废以及它们的综合工作等七种类型。应根据装备的需要选择适用而有效的工作类型,减少不必要的预防性维修工作,从而在保证可靠性的前提下,节省资源和费用。

(5)在实践中提高装备可靠性水平。装备投入使用后,应收集和分析系统及其各组成部分的状况和性能数据资料,这不仅是进行维修工作的基础、修改和修订维修大纲的依据,而且是分析研究可靠性不可缺少的依据,是改进和设计新型设备的关键。预防维修大纲不应当是一成不变的,任何一个使用前制定的维修大纲都只是根据有限的数据资料制定的,因而使用维修保障部门必须在装备整个使用过程中收集实际使用和维修保障信息数据,及时予以补充和修订。另外,使用维修保障部门是装备的最终用户,是装备性能的检验者,因此,使用方应加强与装备研制部门的沟通和信息交流,以发展性能水平更高真正符合用户需求的高可靠性装备。

(6)加强维修信息的收集与管理控制。可靠性作为航空维修的出发点和落脚点,因此必须建立一个完善的可靠性信息收集与管理控制网络,及时收集和处理航空装备使用信息、故障信息和维修信息,有效监控可靠性变化,为维修优化和装备改进提供必要的信息支持。

以可靠性为中心的维修思想,目前已被世界各国用于航空装备预防性维修大纲的制定,并在航空、航天、铁路、核工业等行业得到了广泛应用,增强了维修的科学性、有效性,减少了维修负荷,改善了维修的综合效益,取得了显著的军事和经济效益。

1.2.3　全系统全寿命的维修思想

航空装备是一种结构复杂、性能先进、使用环境特殊的大系统,因此,航空装备的作战使用需要匹配的维修保障系统的支持。为保证航空装备尽快形成战斗力,必须改变传统的静态、孤立的航空维修观念,从系统和过程的角度来综合分析影响航空维修的各种因素,即树立全系统全寿命的维修思想。

所谓全系统,从航空维修自身来看,一方面,航空维修是由维修人员、维修对象、维修手段、维修体制、维修制度等诸多要素组成的系统,必须科学地分析系统内部各要素之间的关系和系统与外部其他系统之间的相互联系,全面地权衡航空装备的维修性与性能、可靠性、测试性、安全性、保障性之间的联系,从而保证装备"先天"就具有良好的维修设计特性。另一方面,航空维修系统的形成又是过程作用的结果,必须从设计入手,在装备研制的同时统筹规划维修保障的有关要素(如维修人员、设施、设备、器材和技术资料与相关软件等),科学预测维修需求,统一规划和建立维修体制,制定维修制度等,力求在装备部署使用的同时建立起配套的维修保障系统,可靠保证航空装备的作战使用。

所谓全寿命,是指航空维修是航空装备系统管理的有机组成部分,航空维修应贯穿航空装备寿命周期过程,以航空装备作战使用需求为牵引,认真做好航空装备从论证到退役、报废等各阶段的各项维修活动。在论证阶段,要确定装备的可靠性、维修性、保障性等要求,规划出相应的维修保障方案;在研制阶段,要制定一套能够用于生产维修保障系统各个要素的技术数据和维修保障规划,通过研制提供经过选择的各项维修资源;在生产阶段,要同步制造出维修保障所需要的各种维修保障资源;在使用阶段,则要在装备部署使用的同时,建立健全相应的维修保障系统,适时进行装备维修,最大限度地保持和恢复航空装备的固有可靠性和安全性;同时,收集并分析装备可靠性、维修性以及维修保障的数据资料,向有关部门提供维修性改进设计的建议,必要时还应对维修保障系统进行调整;在退役(报废)阶段,则应适时调整、撤并相关维修保障系统。

全系统全寿命的维修思想,是航空维修经验和实践的概括和升华,是航空装备发展和使用的客观要求,是现代科学技术和先进理论在航空维修领域综合运用的结果,是对航空维修规律认识的深化。全系统全寿命的维修思想,以作战使用需求为牵引,综合考虑航空装备的可靠性、维修性、保障性和经济性,注重运用系统理论和科学方法来认识维修客观规律,注重从系统和发展的角度来规划维修工作,更加注重航空维修的科学性、有效性和针对性,因而可以更科学、更深刻地反映航空维修的客观规律,更好地指导维修实践,是航空维修思想发展演进的一个新阶段,也是航空维修由经验维修向科学维修迈进的一个新的里程碑。

1.3　航空维修理论的形成与发展

1.3.1　维修理论的基本概念

1. 维修理论的含义

维修理论是研究装备的故障本质及其预防和修复规律的理论,包括维修设计理论、维修技术理论和维修管理理论。维修理论是建立在概率统计、可靠性工程、维修性工程、综合保障工程、系统工程、工程技术经济、断裂力学、故障物理、故障诊断、维修工艺和现代管理理论等现代科学基础上的一门综合性工程技术应用理论,用于指导装备寿命周期的维修优化,以获得最佳维修效益,保证装备使用中的可用性、可靠性和安全性。

2. 维修理论的内容

维修理论的内容,包括维修设计理论、维修技术理论和维修管理理论三个方面:

(1)维修设计理论,是关于航空装备维修品质及其保障性设计、采购和供应的理论。主要包括可靠性和维修性设计理论、维修保障设计理论、维修工效学、维修心理与行为学等。

(2)维修技术理论,是用于指导维修阶段技术活动的理论,由维修分析技术理论和维修作业技术理论两部分组成。维修分析技术理论主要包括维修作业分析、维修级别分析、战场损伤评估与修复分析、寿命周期费用分析等理论。维修作业技术理论主要包括现场故障诊断、损伤智能修复、使用寿命预测、战场抢修、表面工程技术、特种表面涂层(如隐身涂层、防辐射涂层、耐高温涂层、超硬涂层)修复以及软件维修等理论。

(3)维修管理理论,是对维修过程中的各个环节和人、财、物、时间、信息等要素进行计划、组织、控制的理论。主要包括维修计划管理、维修经济管理、维修信息管理、维修器材管理、维修质量管理、维修安全管理等理论。

1.3.2 航空维修理论的形成

航空维修理论的产生与发展是与一定时期航空装备水平和科学技术水平相适应的。20世纪50年代以前,由于航空装备比较简单,航空维修基本上属于一门操作技艺,对维修理论的需求并不迫切。发展到20世纪40年代至50年代,随着第一代超声速战斗机的出现,科学技术创新步伐的加快,航空装备越来越复杂,对航空维修的依赖性越来越大,对航空维修的要求越来越高,原有的维修方式已难以适应日益增长的航空装备使用需求。因此,从20世纪50年代末,世界各国尤其是美国民航界,运用现代科学理论、技术对航空维修的基本规律做了探索,首次将可靠性理论用于指导航空维修,突破了传统的维修方式,到60年代初,形成了以可靠性为中心的维修理论,产生了用逻辑决断图制定预防性维修大纲的方法(MSG-1法和MSG-2法),取得了很大成效,使航空维修从技艺发展为科学,从而产生了航空维修理论。

1.3.3 航空维修理论的发展

1978年,美国联合航空公司诺兰等受美国国防部的委托发表了《以可靠性为中心的维修》专著,该专著对故障的形成、故障的后果和预防性维修工作的作用进行了开拓性的分析,首次采用自上(系统)而下(部件)的方法分析故障的影响,严格区别安全性与经济性的界限,提出了多重故障的概念,用四种工作类型(定时拆修、定时报废、视情维修和隐患检测)替代三种维修方式(定时方式、视情方式和状态监控方式),重新建立逻辑决断图,使以可靠性为中心的维修理论又向前迈进了一大步。从此,人们把制定预防性维修大纲的逻辑决断分析方法统称为以可靠性为中心的维修。

20世纪70年代后期美国军方开始重视以可靠性为中心的维修理论。80年代后,发达国家民航界几次改进MSG法,使维修理论日臻完善。1984年,美国国防部规定设备维修采用以可靠性为中心的维修理论。1985年,美国空军颁发了MIL—STD—1843(USAF)《飞机、发动机及设备以可靠性为中心的维修》,1986年,美国海军颁发MIL—STD—2173(AS)《海军飞机、武器系统和保障设备以可靠性为中心的维修要求》等。

1979年,我国空军引进了以可靠性为中心的维修理论。经过10多年的努力,优化了整个航空维修系统,形成了具有中国特色的航空维修理论体系,结束了我国空军没有自己的维修理论的历史,以可靠性为中心的维修理论不断深化和持续发展。

1.4　航空装备科学维修

航空维修的目标,是以最经济的资源消耗来获取航空装备最大限度的可用性。为了实现这一目标,国内外航空维修界进行了长期不懈的实践探索,不断推动航空维修发展,使航空维修由一种技艺性活动发展为具有独立职能的维修保障系统,由简单维修发展为具有完整体系的科学维修,航空维修的有效性显著增强。

1.4.1　航空装备科学维修的基本内涵

科学维修,在我国以往的辞书、词典等中,均没有这一词条,虽然在一些文献资料中有所涉及,但都没有对其下过一个权威性的定义。科学维修,在我国的使用,始于20世纪80年代初期,是随着以可靠性为中心的维修理论的引入和发展而逐渐得到广泛使用的,目前,已成为我军装备维修的一个重要指导方针,但尚未对科学维修做出系统的阐释。

探究科学维修的真谛,首先应对"科学"有科学的认识。英文"科学"(Science)一词源于拉丁文(Scientia),其原意是指"知识"、"学问",这是"科学"一词最基本的含义。这个词初次传入我国时被译成"格物致知",即认为科学是通过"推究事物的原理规则而获得的理性知识",是有关一定对象和事实的规律性认识。综合来看,科学是关于现实本质联系的客观真知的动态体系,这些客观真知是由于特殊的社会活动而获得和发展起来的,并且由于其应用而转化为社会的直接实践力量。根据对科学的这种认识,科学维修应是关于维修的规律性认识,随着维修实践的深入而逐渐发展起来的,并且对维修实践具有直接的指导作用。因此,科学维修是一个动态和发展的概念,是随着在维修实践中逐渐获取的规律性认识而被建立起来的,并且不断推动维修实践趋近这种规律性认识而得到发展,是对维修实践中获得的规律性认识的继承与创新。

综上所述,航空装备科学维修,是以科学的维修理论为指导,以科技进步为依托,以保持、恢复、改善航空装备可靠性和实现维修综合效益最佳化为目的,遵循客观规律,组织实施合理、适度、及时、有效的维修。这一界定基本上明确了科学维修的内涵和本质规定性,阐明了科学维修与经验维修的基本区别,认为科学维修是在科学维修理论指导的维修,其本质是遵循维修客观规律,核心是科学确定维修内容和时机,关键是确立科学的维修观念,基础是加强维修理论、维修管理和维修资源的系统建设。

航空维修,其维修对象具有空中使用的特点,航空维修必须建立在科学的认识和科学的行为之上,提出并强调科学维修,是相对经验维修而言的,是从发展的角度来看的,是从创新的角度来认识的。经验是科学的基础,科学是经验的升华。维修经验是十分宝贵的,经验维修是必要的,科学维修是在不断总结、提炼维修实践经验的基础上发展起来的。提倡科学维修,并不是完全摒弃经验维修,排斥维修经验,一概否定传统做法,而是要摒弃囿于狭隘的维修经验,摒弃仅凭经验进行维修的思维定势和模式。因此,提倡科学维修,并不是对经验维修或维修经验的全盘否定,而是去其糟粕、取其精华,是总结提高、提炼升华,是在继承传统中创新,在改革实践中创新,在不断创新中向前发展。

传统的经验维修是建立在对航空装备作战使用和故障特性直观认识基础之上的,它以维修的感性认识(经验)为指导来确定维修内容、时机和方式方法,带有一定程度的主观性、局限性和盲目性。科学维修以维修的理性认识(维修理论)为指导,遵循维修的客观规律来确定维修内容、时机和方式方法,是一种适时、适度、针对性很强的维修,既讲技术可行性,又讲经济性,追求以最经济的维修资源消耗获取最佳的维修效果。

航空装备科学维修的关键在于树立科学的维修观念。航空维修在经历不断认识、反复实践、迈向科学维修的进程中,逐步确立了一系列符合客观规律的维修观念,维修观念发生了根本性变化,主要有:①以可靠性为中心的观念。明确可靠与不可靠是航空维修的基本矛盾,用"是否可靠"替代"是否故障",将可靠性作为维修的基本依据,确立了围绕"保持、恢复"航空装备可靠性开展维修工作的观念。②系统优化的观念。科学维修运用系统原理和方法,统筹规划航空装备寿命周期各个阶段、维修系统各个要素的协调发展和配套建设问题,明确了航空装备科学维修必须从源头抓起,建立了航空维修系统管理机制,确立了追求整体优化的系统维修观念。③综合效益的观念。改变了重军事轻经济、"干了再算"等传统观念,把经济性指标纳入维修系统建设的目标体系,综合权衡军事效益和经济效益,既注重效率又注重效益,确立了以"满意"的维修综合效益来综合评价维修效果的观念。④技术过程与管理过程辩证统一的观念,把现代管理前沿理论和技术方法及时引入航空维修领域,应用于维修实践,整合维修资源、优化维修过程、提升维修效能,确立了既依靠维修技术进步,又依靠维修管理整合,以两者有机统一谋求最佳维修效能的观念。

1.4.2 我军航空装备科学维修理论探索与应用实践

我国空军航空维修的发展历程,是一个从无到有、从经验到科学的发展过程,是一个不断向科学维修要战斗力,不断向科学维修迈进的改革创新的发展过程。

20世纪70年代末,我国空军大力开展学习、宣传和贯彻装备可靠性理论和现代管理理论,推行了"一定三改",即制定航空机务人员技术标准、改革维修作业体制、改革维护规程、改革维修手段,1983年确立了以可靠性为中心的维修思想,并于1984年第一次将其写进了当年颁布的《空军航空工程条例》。

根据科学的维修理论,运用先进的技术、方法,空军组织整理了多个机种的故障资料,在对航空装备可靠性系统分析的基础上,优化维修内容,改革飞机定检制度,取消了50h定检工作,从根本上解决了定检积压问题,较好地满足了部队作战使用需求,大大减轻了维修人员的工作强度;在部队掀起了学习维修理论、改革维修手段的热潮,研制了一大批原位检测设备和飞机测试车,明显地提高了维修效率,改善了维修工作条件;有组织地进行了外场维护保障作业体制的改革和专业合并的试点,取得了有益的经验。通过"一定三改"和以后的"五配套"(建立机务指挥中心、在职教育训练中心、检测排故中队、专职质量检验队伍、质量控制室)等一系列维修改革,可靠性理论和全系统全寿命管理理论不断深入人心,理论与实践日益密切结合,发挥了巨大的指导和推动作用。

20世纪90年代以来,随着军事形态的发展演变,空军航空维修工作者深入贯彻中央军委新时期军事战略方针,按照空军战略转型的要求,适应航空装备作战使用需求的变化和航空装备的更新换代步伐加快的新形势,以作战使用需求为牵引,坚持以质量建设为根本,以提高航空维修能力为核心,注重以理论为先导,积极学习借鉴先进的维修思想和科学的管理方法,以新一代航空装备为重点,努力探索航空维修的新规律、新特点。先后组织了新机维修专业划分,以及一系列新机维修技术和故障的专题研讨。组织开展了新机维修内容、维修方式方法、维修手段和维修管理的改革。编修了歼七、歼八系列飞机维护规程。开展了新一代飞机的定检优化工作,推行了持证上岗、持卡操作、卡片管理等先进管理方法。继续坚持贯彻"质量第一、预防为主"的方针,深化 RCM 的实践应用,持之以恒地开展了单机维修质量整顿,集中力量抓航空中心修理厂部附件修理能力建设、航空部队修理厂综合整治和维修管理信息化建设等工作,特别是以广泛深入开展科技练兵以及实施引进飞机检测设备国产化为契机,加大高新维修技术的研究开发和应用力度,取得了一批丰硕成果,显著提高了航空维修综合持续保障能力,有力推动了科学维修的深入发展。

复习思考题

1. 试分析航空维修的作用和意义。
2. 阐述维修与航空维修的基本含义,其目的与任务是什么?
3. 什么是维修理论? 维修理论的内容包括哪些方面?
4. 什么是预防为主的维修思想? 其基本观点是什么?
5. 什么是以可靠性为中心的维修思想? 其要点是什么?
6. 什么是全系统全寿命的维修思想? 其要点是什么?
7. 什么是航空装备科学维修? 它与经验维修的区别是什么?
8. 试从发展的角度描述空军航空装备科学维修的发展历程。

第2章 可靠性、维修性和保障性

可靠性、维修性、保障性（RMS，Reliability Maintainability Supportability）是航空装备的固有属性，是航空维修的重要前提和基础保障。学习掌握有关可靠性、维修性、保障性的基础知识，是开展航空装备故障特性和航空维修客观规律研究的基础，也是推进航空装备科学维修深入发展的基本要求。

2.1 可靠性基础

2.1.1 可靠性概述

1. 可靠性的基本概念

从工程角度出发，可靠性（Reliability）可直观定义为产品无故障完成任务的能力。从统计学的角度出发，在1957年美国电子设备可靠性咨询组（AGREE）发表的报告中把可靠性定义为"在规定的时间和给定的条件下，无故障完成规定功能的概率"，即可靠度。我国国军标GJB451A—2005把可靠性定义为"产品在规定的条件下和规定的时间内，完成规定功能的能力"。可靠性的概率度量称为可靠度。20世纪90年代以来，可靠性的概念又有了新的发展。1991年，美国国防部指令DoDI5000.2《国防采购管理政策和程序》把可靠性定义为"系统及其组成部分在无故障、无退化或不要求保障系统的情况下执行其功能的能力"。

从应用角度，可靠性分为固有可靠性和使用可靠性。前者仅考虑承制方在设计和生产中能控制的故障事件，用于描述产品的设计和制造的可靠性水平；后者综合考虑产品设计、制造、安装环境、维修策略和修理等因素，用于描述产品在计划环境中使用的可靠性水平。

从设计角度，可靠性分为基本可靠性和任务可靠性。前者要求考虑保障的所有故障的影响，用于度量产品无需保障的工作能力，包括与维修和供应有关的可靠性，通常用平均故障间隔时间来度量；后者仅考虑造成任务失败的故障影响，用于描述产品完成任务的能力，通常用任务可靠度和平均严重故障间隔任务时间来度量。

随着信息技术的快速发展及其在航空装备的广泛应用，由于软件不可靠造成的故障损失越来越大，软件可靠性逐渐引起了人们的高度重视。软件可靠性是软件在规定的条件下、规定的时间内不引起系统故障的能力。软件可靠性的定义虽然与硬件可靠性貌似，但定义中各要素的含义是不同的，如环境条件是指软件的使用（运行）环境，涉及到软件运行所需要的一切支持系统及相关的因素；规定的时间为软件系统一旦投入运行后的计算机挂起（开机但空闲）和工作累积时间；规定的功能是指软件要求上或规格说明书上规定的全部功能。

2. 可靠性工程发展概况

可靠性萌芽于20世纪40年代，是随着航空装备的复杂化而逐渐发展起来的，第二次世界大战期间，首先在德国V-1火箭研制中得到了应用，并随着各种复杂电子设备的应用及其可靠性问题的研究解决而得到了不断发展。1951年美国航空无线电公司（ARINC）开始了最早的一个可靠性改进计划"AGREE 军用电子管计划";1952 年美国国防部成立了一个由军方、工业部门和学术界组成的电子设备可靠性咨询组(AGREE);1955 年 AGREE 开始实施一个从设计、试验、生产到交付、储存和使用的全面的可靠性发展计划,并于 1957 年发表了《电子设备可靠性》的研究报告,该报告从九个方面阐述了可靠性设计、试验及管理的程序及方法,确定了美国可靠性工程发展的方向,成为可靠性发展的奠基性文件,标志着可靠性已成为一门独立的工程学科。

20 世纪 50 年代至 60 年代是可靠性工程全面发展的阶段,建立了一套较完善的可靠性设计、试验和管理标准,如 MIL—HDBK—217、MIL—STD781 和 MIL—STD—785 等,可靠性工程理论和方法(如可靠性分配及预计、故障模式及影响分析和故障树分析、余度设计、可靠性鉴定试验、验收试验和老炼试验、可靠性评审等)逐渐在一些重大装备研制中得到了应用,并取得了良好的效果。

70 年代是可靠性发展步入成熟的阶段。这一阶段的主要特点是建立集中统一的可靠性管理机构,负责组织、协调国防部范围内的可靠性政策、标准、手册和重大研究课题;成立全国性的数据交换网,加强政府机构与工业部门之间的技术信息交流;制定出一套较完善的可靠性设计、试验及管理的方法及程序,F－16、F/A－18 等作战飞机是该阶段可靠性工作成果的集中体现。

80 年代以来,可靠性工程向着更深、更广的方向发展。在发展策略上,把可靠性和维修性作为提高武器装备战斗力的重要工具,使可靠性置于与武器装备性能、费用和进度同等重要的地位;在管理上,加强集中统一管理,强调可靠性及维修性管理的制度化。1980 年美国国防部首次颁发可靠性及维修性指令 DoDD5000.40《可靠性及维修性》,1985 年美国空军推行了"可靠性及维修性 2000 年行动计划";在技术上,深入开展软件可靠性、机械可靠性以及光电器件可靠性和微电子器件可靠性等的研究,全面推广计算机辅助设计技术在可靠性领域的应用,积极采用模块化、综合化、容错设计、光导纤维和超高速集成电路等新技术来全面提高现代武器系统的可靠性。海湾战争以来的局部战争表明,美军的可靠性工作是成功的。海湾战争中,F－16、F－15 等作战飞机保持了较高的战备完好率。

3. 可靠性对航空装备作战使用的影响

现代战争中,航空装备始终是一个不可或缺的因素,航空装备性能可靠与否将直接影响到战争的进程。因此,提高航空装备的可靠性对战争的胜利有着非常重要的意义。

(1) 可靠性是航空装备正常发挥其作战性能的基础。在战场上,航空装备只有处于良好的状态,才能正常发挥其应有的作战性能、完成规定的作战任务。航空装备比较复杂和精密,要保证航空装备时刻处于良好的状态,必须提高装备本身的可靠性。例如,F－111 是美国高性能的战斗轰炸机,但在 1986 年美国空袭利比亚的战争中,24 架 F－111 从英国基地起飞,其中 6 架飞机因电连接器故障等原因而空中返航,到达目标后又有 5 架因火控系统故障而未能投弹轰炸,近一半飞机因故障而未能完成规定任务。由此可见,可靠性是高性能武器装备正常发挥其性能的基础。

(2) 可靠性高的航空装备,在作战使用过程中不易发生故障,因而可以减少人力、物力、财力等维修资源的消耗。反之,可靠性差的航空装备,在作战使用过程中经常发生故障,不仅影响战斗任务的执行,而且还需大量的维修人员和大量的维修资源,造成人力、物力、财力的极大消耗。

2.1.2 可靠性的量度

用可靠性来衡量产品指标,过去只是定性的分析,即采用可靠性是"好"还是"不好"这样模糊的标准,而没有定量的概念。自从可靠性工程诞生以后,将可靠性量化,就可以对各种产品的可靠性提出统一而明确的要求。

可靠性的基本工作是和故障作斗争,可靠性的研究也是从产品本身的故障入手的,而故障的发生带有偶然性。对某一装备来讲,到某个时间为止,它可能已经发生了故障,也可能还没有发生故障,这种在一定条件下可能发生也可能不发生的事件称为随机事件。由于故障的发生具有随机性的特点,所以,可靠性的量化常用概率或者随机变量来描述。

产品可分为可修复产品和不可修复产品两大类。可修复产品是指通过修复性维修能恢复到规定状态或值得修复的产品;不可修复产品是指通过修复性维修不能恢复到规定状态或不值得修复的产品。航空装备上的绝大多数产品都属于可修复产品,它们在使用过程中都是可以修复或通过更换新的零部件而完全恢复原来的使用性能。可修复产品可靠性常用的量度有可靠度函数、故障分布函数、故障分布密度函数、故障率函数、可靠性参数等。

1. 可靠度函数

(1)定义。产品在规定的时间内和规定的条件下,完成规定功能的概率称为产品的可靠度函数,简称可靠度,记为 $R(t)$。

假设规定的时间为 t,产品在规定的条件下的寿命为 T,只有 $T > t$ 的产品才能完成规定功能,而 $T > t$ 是一个随机事件,则

$$R(t) = P\{T > t\} \tag{2-1}$$

显然,这个概率值越大,表明产品在 t 完成规定功能的能力越强,产品越可靠。

(2) $R(t)$ 的性质。

① $0 \leqslant R(t) \leqslant 1$;

② $R(0) = 1$,表示产品开始工作时完全可靠,$R(\infty) = 0$,表示产品最终都会发生故障;

③ $R(t)$ 是非增函数,表示随产品使用时间增加可靠性降低。

(3) $R(t)$ 的估计。由数理统计知识可知,当统计的同类产品数量较大时,概率可以用频率进行估计。假如 $t = 0$ 时 N 件产品开始工作,到 t 时刻有 $N_f(t)$ 个产品故障,还有 $N_s(t)$ 个产品继续工作,则频率为

$$R^*(t) = \frac{N_s(t)}{N} = \frac{N - N_f(t)}{N} = 1 - \frac{N_f(t)}{N} \tag{2-2}$$

式(2-2)可以用来作为时刻 t 的可靠度的近似值,称为经验可靠度,或可靠度的统计值。

(4)任务可靠度。$R(t)$ 是从零时刻算起的,而在实际使用中,人们关心的是飞机、发动机或机件在执行任务过程中(如一次飞行、一个起落)中某一段工作时间的可靠度,即已经工作了时间 t,再继续工作一段时间 Δt 的可靠度,则称从 t 时刻工作到 $t + \Delta t$ 时刻的条件可靠度为任务可靠度,记为 $R(t + \Delta t \mid t)$。由条件概率公式,有

$$R(t + \Delta t \mid t) = P\{T > t + \Delta t \mid T > t\} = \frac{R(t + \Delta t)}{R(t)} \tag{2-3}$$

则

$$R(t + \Delta t \mid t) = \frac{R(t + \Delta t)}{R(t)} \tag{2-4}$$

经验任务可靠度为

$$R^*(t + \Delta t \mid t) = \frac{R^*(t + \Delta t)}{R^*(t)} = \frac{N_s(t + \Delta t)}{N_s(t)} \qquad (2-5)$$

2. 故障分布函数

(1) 定义。产品在规定的时间内和规定的条件下,丧失规定功能(即发生故障)的概率,称为产品的故障分布函数(或不可靠度),记为 $F(t)$。设产品寿命为 T,规定时间为 t,则

$$F(t) = P\{T \le t\} \qquad (2-6)$$

式中:$F(t)$ 为在规定条件下,产品寿命不超过 t 的概率。

(2) $F(t)$ 的性质。

① $0 \le F(t) \le 1$;

② $F(0) = 0$,表示产品未使用时故障数为零,$F(\infty) = 1$,表示产品最终全部发生故障;

③ $F(t)$ 是非减函数。当产品工作时间增加时,其故障数不可能减少,只可能不改变或者增加,因此为非减函数。

从上述分析可看出,$R(t)$ 和 $F(t)$ 是两个对立事件的概率,则有

$$R(t) + F(t) = 1 \qquad (2-7)$$

$R(t)$、$F(t)$ 随时间 t 的变化关系,见图 2-1。

(3) $F(t)$ 的估计。

$$F^*(t) = \frac{N_f(t)}{N} = \frac{N - N_s(t)}{N} = 1 - \frac{N_s(t)}{N} \qquad (2-8)$$

3. 故障分布密度函数

(1) 定义。在规定条件下使用的产品,在时刻 t 后一个单位时间内发生故障的概率称为产品在时刻 t 的故障密度函数,记为 $f(t)$,则

$$f(t) = \lim_{\Delta t \to 0} \frac{P\{t < T \le t + \Delta t\}}{\Delta t} = \lim_{\Delta t \to 0} \frac{P\{T \le t + \Delta t\} - P\{T \le t\}}{\Delta t}$$

$$= \lim_{\Delta t \to 0} \frac{F(t + \Delta t) - F(t)}{\Delta t} = F'(t) \qquad (2-9)$$

式中:$P\{t < T \le t + \Delta t\}$ 为产品在区间 $(t, t + \Delta t)$ 发生故障的概率。

(2) $f(t)$ 的性质。具有一般密度函数的性质:$\int_0^{+\infty} f(t)\,\mathrm{d}t = 1$(归一性);$f(t) \ge 0$(非负性)。

(3) $f(t)$ 的估计。显然也可用频率变化率来估计,即在时刻 t 后(前)一个单位时间内的故障数与总数之比。可近似表示为

$$f^*(t) = \frac{N(t + \Delta t) - N_f(t)}{N} \times \frac{1}{\Delta t} = \frac{\Delta N_f(t)}{N} \times \frac{1}{\Delta t} \qquad (2-10)$$

式中:$\Delta N_f(t)$ 为时间间隔 Δt(t 到 $t + \Delta t$)的故障数。

$f(t)$ 与 $R(t)$、$F(t)$ 之间的关系见图 2-2。图中曲线 $f(t)$ 与横坐标之间的总面积为 1,即 $\int_0^{+\infty} f(t)\,\mathrm{d}t = 1$。因 $F(t) = \int_0^t f(t)\,\mathrm{d}t$,则

$$R(t) = 1 - \int_0^t f(t)\,\mathrm{d}t = \int_t^{\infty} f(t)\,\mathrm{d}t \qquad (2-11)$$

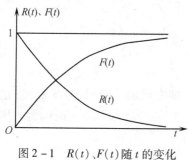

图 2 - 1 $R(t)$、$F(t)$ 随 t 的变化

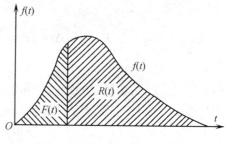

图 2 - 2 $f(t)$ 与 $R(t)$、$F(t)$ 关系

4. 故障率函数

（1）定义。在时刻 t 正常工作着的产品,在其后 $t + \Delta t$ 的单位时间内发生故障的条件概率称为产品在时刻 t 的瞬时故障率,简称为故障率,记为 $\lambda(t)$。该概念表示,如果装备工作到 t 时刻还没有发生故障,那么该装备在随后单位时间内发生的故障概率即为故障率。

设 T 为产品在规定条件下的寿命,t 为规定时间,则"$T > t$"表示事件"产品在区间 $(t, t + \Delta t)$ 内完成规定功能"或"产品已工作到 t";"$t < T \leq t + \Delta t$"表示事件"产品在区间 $(t, t + \Delta t)$ 内发生故障",于是产品工作到时刻 t 后,在 $(t, t + \Delta t)$ 内发生故障的概率为

$$P\{t < T \leq t + \Delta t \,|\, T > t\} \tag{2-12}$$

式 $(2-12)$ 除以 Δt 后,就得到产品在 $(t, t + \Delta t)$ 内的平均故障率;当 $\Delta t \to 0$ 时,就成为产品在 t 时刻的瞬时故障率。有

$$\lambda(t) = \lim_{\Delta t \to 0} \frac{P\{t < T \leq t + \Delta t \,|\, T > t\}}{\Delta t} \tag{2-13}$$

由条件概率公式,得

$$\lambda(t) = \lim_{\Delta t \to 0} \frac{P\{t < T \leq t + \Delta t\}}{P\{T > t\}} \times \frac{1}{\Delta t} = \lim_{\Delta t \to 0} \frac{P\{T \leq t + \Delta t\} - P\{T \leq t\}}{P\{T > t\}} \times \frac{1}{\Delta t}$$

$$= \lim_{\Delta t \to 0} \frac{1}{\Delta t} \frac{P\{T \leq t + \Delta t\} - P\{T \leq t\}}{1 - P\{T \leq t\}} = \frac{F'(t)}{R(t)}$$

$$\lambda(t) = \frac{f(t)}{R(t)} \tag{2-14}$$

故障率是可靠性工程中的一个非常重要的概念,在实践中,它又是装备的一个重要参数,故障率愈小,其可靠性越高;反之,故障率愈大,可靠性就愈差。电子组件就是按故障率大小来评价其质量等级的。

（2）$\lambda(t)$ 的估计。假设在时刻 $t = 0$ 时有 N 个产品开始工作,到时刻 t 有 $N_f(t)$ 个产品发生了故障,这时还有 $N_s(t)$ 个产品还在继续工作。为了研究产品在时刻 t 后的故障情况,再观察 Δt 时间,如果在 t 到 $t + \Delta t$ 时间内又有 $\Delta N_f(t)$ 个产品故障,那么在时刻 t 尚未发生故障的 $N_s(t)$ 个产品继续工作,在 $(t, t + \Delta t)$ 内故障的频率为

$$\frac{\Delta N_f(t)}{N_s(t)} = \frac{\text{在时间} (t, t + \Delta t) \text{内故障的产品数}}{\text{在时刻} t \text{仍在工作的产品数}}$$

则工作到时刻 t 的产品在单位时间内发生故障的频率为

$$\lambda^*(t) = \frac{\Delta N_f(t)}{N_s(t)} \times \frac{1}{\Delta t} = \frac{N_f(t + \Delta t) - N_f(t)}{N - N_f(t)} \times \frac{1}{\Delta t} \tag{2-15}$$

（3）$\lambda(t)$ 与 $R(t)$、$F(t)$ 和 $f(t)$ 的关系。根据 $R(t)$、$F(t)$ 及 $f(t)$ 之间的关系,进一步可

20

推得

$$\lambda(t) = \frac{F'(t)}{R(t)} = \frac{f(t)}{R(t)} = -\frac{R'(t)}{R(t)} \qquad (2-16)$$

由式(2-14),若已知产品的 $R(t)$、$F(t)$ 或 $f(t)$,则可求出 $\lambda(t)$。

$$R(t) = e^{-\int_0^t \lambda(t)\,dt} \qquad (2-17)$$

同理

$$F(t) = 1 - R(t) = 1 - e^{-\int_0^t \lambda(t)\,dt} \qquad (2-18)$$

$$f(t) = F'(t) = \lambda(t) e^{-\int_0^t \lambda(t)\,dt} \qquad (2-19)$$

5. 可靠性参数

可靠性参数是描述系统可靠性的度量,它直接与战备完好性、任务成功、维修人力和保障资源有关。根据应用场合的不同,可分为使用参数或合同参数两类。使用参数主要反映装备使用需求的参数,而合同参数是在合同或研制任务书中用以表述订购方对装备可靠性要求的,并且是承制方在研制与生产过程中能够控制的参数。

除前面介绍的 $R(t)$、$\lambda(t)$ 等可靠性参数外,还有一些常用的可靠性参数,应当根据装备的类型、使用要求、验证方法等选择。在介绍这些可靠性参数时,涉及寿命单位这个概念。寿命单位(Life Unit),指对产品使用持续期的度量单位,如飞行小时、起落次数等。

(1)平均寿命(Mean Life)。指产品寿命的平均值或数学期望,记为 θ。设产品的故障密度函数为 $f(t)$,则该产品的平均寿命即寿命 T 的数学期望为

$$\theta = \int_0^\infty t f(t)\,dt \qquad (2-20)$$

若已知产品的可靠度,则

$$\theta = \int_0^\infty R(t)\,dt \qquad (2-21)$$

可修复产品的平均寿命称平均故障间隔时间(MTBF,Mean Time Between Failure)。MTBF 是指在规定的条件下和规定的时间内,产品寿命单位总数与故障产品总数之比;不可修复产品的平均寿命又称为平均故障前时间(MTTF,Mean Time To Failure)。MTTF 是指在规定的条件下和规定的时间内,产品寿命单位总数与故障产品总数之比。

若产品的故障密度函数为 $f(t) = \lambda e^{-\lambda t}(t \geq 0, \lambda > 0)$,则

$$\theta = \int_0^\infty t e^{-\lambda t}\,dt = \frac{1}{\lambda} \qquad (2-22)$$

即故障率为常数时,产品的平均寿命与故障率互为倒数。

平均寿命表明产品平均能工作多长时间。从这个指标中人们可以比较直观地了解某种产品的可靠性水平,也容易在可靠性水平上比较产品可靠性的高低,很多装备常用平均寿命来作为可靠性指标,如各种电子设备的平均故障间隔时间等。

平均寿命一般通过寿命试验,用所获得的数据来估计。由于可靠性试验往往具有破坏性,故只能随机抽取一部分产品进行寿命试验,这部分产品被称为子样或样本。一般情况,平均寿命是指在规定的条件下和规定的时间内,产品的寿命单位总数与故障产品总数之比,即

$$\theta^* = \frac{\text{给定时间内的总工作时间}}{\text{该段时间内的故障数}}$$

如从一批不可修复产品随机抽取 N 个投入使用或试验,直到全部发生故障为止,这样就可以获得每个样品工作到故障前的时间 $t_i(i=1,2,\cdots,N)$,则该产品平均寿命的估计值为

$$\theta^* = \frac{\sum\limits_{i=1}^{N} t_i}{N} \qquad\qquad (2-23)$$

（2）使用寿命（Useful Life）。指产品使用到无论从技术上还是经济上考虑都不宜再使用,而必须大修或报废时的寿命单位数,如工作小时、起落次数等。对有耗损期的产品,其使用寿命见图 2-3。

（3）储存寿命（Storage Life）。产品在规定的条件下能够满足规定要求的储存期限。

（4）总寿命（Total Life）。在规定的条件下,产品从开始使用到规定报废的寿命单位数,如工作时间、循环次数或日历持续时间。

（5）首次大修期限（TTFO,Time to First Overhaul）。在规定的条件下,产品从开始使用到首次大修的寿命单位数,也称首次翻修期限。

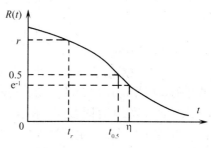

图 2-3　使用寿命示意图

（6）大修间隔期限（TBO,Time Between Overhauls）。在规定的条件下,产品两次相继大修间的寿命单位数。

（7）可靠寿命（Reliable Life）。指给定可靠度所对应的寿命单位数。不同时刻,产品具有不同的可靠度,则对于一给定可靠度 r,将对应一个工作时间 t_r,该时间就称为可靠寿命。

$$R(t_r) = r \qquad\qquad (2-24)$$

对于指数分布,有 $e^{-\lambda t_r} = r$,则

$$t_r = -\frac{\ln r}{\lambda} \qquad\qquad (2-25)$$

特别地,可靠水平 $r=0.5$ 时的可靠寿命 $t_{0.5}$ 称为中位寿命;可靠水平 $r=e^{-1}$ 的可靠寿命 $t_{e^{-1}}$ 称为特征寿命记为 η,见图 2-3。

（8）平均拆卸间隔时间（MTBR,Mean Time Between Removals）。指在规定的条件和规定的时间内,产品寿命单位总数与从该产品上拆下其组成部分的总次数之比。这是一个与保障资源有关的可靠性参数,其中不包括为便于其他维修活动或改进产品而进行的拆卸。

（9）平均严重故障间隔时间（MTBCF,Mission Time Between Critical Failure）。指在规定的一系列任务剖面中,产品任务总时间与严重故障总数之比。这是一个与装备任务有关的可靠性参数。对于不同的武器装备也能采用不同的任务时间单位表达,例如,对于飞机可采用严重故障间的飞行小时数,对于起落架,可采用严重故障间的飞行起落次数。

2.1.3　航空装备可靠性的系统管理

众所周知,装备固有可靠性是由设计决定的。装备投入生产,刚开始其可靠性一般会有所降低,但随着生产的进展、工艺过程的改进和生产经验的积累,可靠性将会增长。装备出厂经过运输、储存后进入现场使用,其使用可靠性通常将再次降低。随着使用时间的推移及使用维护人员对装备越来越熟悉、使用维护经验的积累,使用可靠性将有所增长。因此,航空装备可靠性的系统管理主要包括生产中与使用中两阶段的可靠性管理,而针对生产中与使用中对降

低装备可靠性的原因不同,各阶段采用的管理方法也不相同。

1. 研制生产过程的可靠性管理

故障统计资料表明,装备故障中有 10% ~20% 左右是由于生产的原因造成的。针对这些原因,在生产中可采取的保障可靠性的管理方法主要是:①加强生产过程中的质量控制。制定严格的质量控制要求、检验和测试程序以及数据的收集、报告和纠正的要求等。②根据产品的特点,制定生产过程中不同工序间必需的筛选试验程序,以便发现可靠性缺陷,加速潜在故障的暴露。③优化工艺设计及生产技术、生产设备、严格操作规程。④加强生产人员的培训,提高其技术水平,创造优良的生产条件。⑤选择高质量的货源,加强进场入库前的检验工作。⑥建立有效的故障报告、分析和纠正措施系统。发现问题及时报告并采取改正措施,使装备的固有可靠性得以保持。

2. 使用过程的可靠性管理

使用过程中,为了保证装备的可靠性,一般要针对导致使用可靠性下降的原因制定相应的措施。例如,加强对使用维修人员的教育、培训,提高其责任心和技术水平;按期实施更换具有耗损特性的装备;制定严格、合理的使用维护规程,加强必要的维护检查等。

使用过程中,另一项重要的可靠性管理工作是建立可靠性信息系统和数据库。主要用途有:①跟踪装备在外场的可靠性状况;②对出现的故障或问题进行分析,对改进装备可靠性提供依据;③评价改进措施的有效性;④验证装备设计、生产过程中所采取的可靠性措施的正确性和合理性,环境应力筛选和可靠性增长试验的效果以及内场可靠性鉴定试验的正确性。

2.2 维修性基础

维修性是产品的一种固有属性,是由产品设计赋予的使其维修简便、迅速和经济的内在特性,是一种设计决定的质量特性。

2.2.1 维修性概述

1. 维修性的基本概念

维修性是指产品在规定的条件下和规定的时间内,按规定的程序和方法进行维修时,保持或恢复其规定状态的能力。保持或恢复产品的规定状态是维修的目的,维修性是在规定的约束条件(维修条件、时间、程序与方法)下能够完成维修的可能性。所谓规定的条件,主要是指维修的机构和场所(如工厂或维修基地、专门的修理车间、修理所以及使用现场等)及相应的人员与设备、设施、工具、备件、技术资料等资源;所谓规定的程序与方法,是指按技术文件规定采用的维修工作类型、步骤、方法。显然,能否完成维修还同维修时间有关。因此,维修性应在上述种种约束条件下来定义。

应当指出的是,这里所说的维修包括修复性维修、预防性维修、改进性维修和战场抢修。在维修中常常需要检测和隔离故障,特别是如电子设备这样的复杂装备,测试诊断已成为一种独立的维修活动,测试诊断性能正在形成一种独立的特性即测试性(Testability)。

2. 维修性工程发展概况

维修性工程是为了达到装备的维修要求所进行的一系列技术与管理活动,其目的是赋予装备良好的易于维修的本质属性,工作重点是通过对装备维修性需求的科学论证,确定合理的维修需求,并通过设计、分析、制造和验证等系统工程活动,赋予装备良好的维修品质。当然,维修性工程还应当包括维修性的管理,使用过程维修信息的科学管理等。

维修性工程始于20世纪50年代,装备复杂化加剧、维修工作量加大、费用增加,使维修性问题引起了美国军方的高度重视。60年代,维修性研究的重点是维修性定量的度量方法,提出了以维修时间作为维修性的度量参数,把维修时间分为不能工作时间、修理时间和行政延误时间等时间单元,为定量预计装备的维修性、控制维修性设计过程、验证维修性设计结果奠定了基础。1966年,美国国防部(DoD)先后颁发了《维修性验证、演示和评估》、《维修性大纲要求》、《维修性预计》三个维修文件,标志着维修性工程已成为一门独立的学科。20世纪70年代,随着集成电路及数字技术的发展,装备维修的重点从过去的拆卸、更换转到故障检测和隔离,因此,故障诊断能力、机内测试成为维修性研究重要内容。80年代突出了测试性,DoD颁发了《系统及设备维修性管理大纲》,强调测试性是维修性大纲的一个重要组成部分,认为机内测试及外部测试不仅对维修性设计产生重大影响,而且影响到装备的寿命周期费用。90年代以来,为解决装备存在的诊断能力差、机内测试虚警率高等问题,美、英等西方国家开展了综合诊断和人工智能技术应用的研究,DoD1991年正式颁发了《综合诊断》军用标准,1993年颁发了《系统和设备测试性大纲》。

3. 维修性工程与维修工程

装备良好的维修性设计为装备维修提供了良好的基础,侧重解决装备自身是否属于维修的问题,但装备维修还涉及许多外部因素,如备件的供应保障、维修工具、维修设施建设等。因此,为保障装备维修的及时、有效、经济,必须从装备全系统全寿命出发,统筹规划影响装备维修的各种因素,以建立有效的维修保障系统。维修工程就是研究装备维修保障系统的建立及其运行规律的学科。它主要研究装备维修保障系统的功能、组成要素及其相互关系,探索装备维修规律,对装备维修保障实施科学管理。

20世纪50年代以来,维修工程随着军用装备的发展及其技术上的复杂化应运而生,并在60年代后得到迅速发展。由于论证分析有关维修的设计要求,确定维修保障方案,建立保障系统,成为用户十分关心的问题,从60年代开始逐渐形成与可靠性工程、维修性工程并列,而与维修技术学科相区别的维修工程学科。

4. 维修性对航空装备作战使用的影响

国内外武器装备发展与应用的实践证明,开展维修性工作,改善维修,对提高航空装备战斗力、节省航空装备寿命周期费用有着极其重要的作用。

(1)维修性是可靠性的重要补充。可靠性的价值已为人们所认识。但是,装备不可能百分之百地可靠,而且许多装备随着使用、储存时间的延长,总会出故障,此时,如果通过维修,及时而经济地恢复装备的性能,就可以恢复装备的战斗力,而能否及时而经济地修复,则取决于装备的维修性。可见,维修性是装备可靠性的必要补充。实际上,可靠性和维修性都是为了使装备随时可用,可靠性是从延长其正常工作时间来提高可用性,而维修性则从缩短停用时间来提高可用性。在我国现有的条件下,由于科技和国防工业水平的限制,普遍地大幅度提高装备可靠性是有困难的,通过提高维修性来弥补其不足,保证装备达到所要求的可用性水平,则是较为有效而经济的。

(2)维修性对航空装备作战使用具有特殊重要性。与一般装备相比,航空装备系统结构复杂,使用要求特殊,空中一旦发生故障后果将十分严重。特别是在信息化条件下的局部战争中,各种远程、精确打击武器弹药的大量使用,使航空装备将遭受空中和地面各种火力的袭击,造成各种损伤。对损伤航空装备能否及时有效地维修,将关系到航空装备的出动强度和持续作战能力,直接影响到战争的进程乃至结局。

（3）改善维修性是提高航空装备效能的重要途径。装备效能是可用性、可信性和固有能力的综合反映,维修性不仅影响可用性,而且影响使用中的可信性。所以,改善航空装备维修性,是提高航空装备效能的重要途径。在海湾战争等局部战争中,美军 F – 15、F – 16 等作战飞机的高完好率,正是其多年可靠性与维修性卓越工作的结果和体现。

（4）改善维修性是降低航空装备寿命周期费用的重要途径。国内外航空装备发展实践证明,随着装备性能的改善,结构的复杂化和高新技术含量的增加,航空装备使用和保障费用急剧增加,形成了所谓的"冰山效应"。据统计,美军近 40 年来的装备维修费约占美国国防费的14.2%,使用和保障费用约占装备寿命周期费用的 2/3。因此,通过合理的设计来改善维修性,抑制装备使用和保障费用的急剧增长是一项非常迫切的任务。

2.2.2　维修性的量度

由维修性的基本含义可知,维修性不同于可靠性,涉及到人、环境等诸多不确定因素,所以人们一般从定性的角度来描述它,但对于装备的维修性,仅有定性是不够的,还要定量化,以便能更好地确定装备维修性的优劣程度。由于维修时间是一个随机变量,因此,一般从维修性函数出发来研究维修时间的各种统计量。下面是几种主要的维修性量度。

1. 维修度

维修度是指可修复产品在规定的维修条件下和规定的时间内,按规定的程序和方法进行维修时,由故障状态恢复到能完成规定状态的概率,一般记为 $M(t)$。

在维修度的定义中,变量是维修时间。需要指出的是,维修时间因故障情况不同而异,是一个随机变量,有其统计分布形式。在某种意义上,维修时间与可靠性中的故障时间分布类似,但有两点不同:一是维修度中的时间是一个狭义的时间概念,而可靠性的时间概念是一个广义的时间概念,它可以是飞行小时,也可以为起落次数、循环次数、公路里程、射击次数等;二是可靠性描述的是装备在规定的时间内不发生故障的概率,而维修性描述的是装备在规定时间完成维修事件的概率。

设某产品发生故障后修复到完好状态的时间为 τ,t 是规定的维修时间,$t = 0$ 时故障,则维修到 τ 时刻的维修度 $M(t)$ 为

$$M(t) = P\{\tau \le t\} \qquad (2 - 26)$$

式(2 – 26)表示,维修度是在一定的条件下,完成维修的时间 τ 小于或等于规定维修时间 t 的概率,显然 $M(t)$ 是一个概率分布函数。由于 $M(t)$ 是表示产品从 $t = 0$ 开始到某一时刻 t 内完成维修的概率,是对时间的累积概率,与 $F(t)$ 相似,是时间 t 的增值函数,有

$$0 \le M(t) \le 1, M(0) = 0, M(\infty) = 1 \qquad (2 - 27)$$

式(2 – 27)表明,同一时刻 t 的 $M(t)$ 值越大时,产品越容易维修。

如果维修的是 N 件产品,设在 $t = 0$ 时均处于故障状态,经时间 t 的维修以后,在 t 时刻的累积修复数为 $N_r(t)$,则在 t 时刻的经验维修度为

$$M^*(t) = \frac{N_r(t)}{N} \qquad (2 - 28)$$

2. 维修密度函数

设维修度 $M(t)$ 连续可微,定义维修度的导数为维修密度,记为 $m(t)$,有

$$m(t) = \frac{\mathrm{d}M(t)}{\mathrm{d}t} = \lim_{\Delta t \to 0} \frac{M(t + \Delta t) - M(t)}{\Delta t} \tag{2-29}$$

假设如果需要维修的产品数为 N，在 Δt 时间间隔内产品由故障状态恢复到完好状态的修复数为 $\Delta N_r(t)$，由式(2-28)得

$$\Delta M^*(t) = \frac{\Delta N_r(t)}{\Delta t} \tag{2-30}$$

由式(2-29)、式(2-30)得维修密度的经验值为

$$m^*(t) = \frac{1}{N} \times \frac{\Delta N_r(t)}{\Delta t} \tag{2-31}$$

维修密度函数表示单位时间内修复数与送修总数之比，即单位时间内产品预期被修复的概率。

由式(2-31)得

$$\mathrm{d}M(t) = m(t)\mathrm{d}t \tag{2-32}$$

$$M(t) = \int_0^t m(t)\mathrm{d}t \tag{2-33}$$

此外，维修时间 τ 在一个小区间 $(t, t+\Delta t)$ 内取值的概率为

$$P(t < \tau \leqslant t + \Delta t) = m(t)\Delta t \tag{2-34}$$

3. 修复率

产品在 $t=0$ 时故障，经过 $(0, t)$ 修理后，尚未修复的产品在 $t + \Delta t$ 单位时间内完成修复的条件概率，记为 $\mu(t)$，有

$$\mu(t) = \lim_{\Delta t \to 0} \frac{1}{\Delta t} P\{t < \tau \leqslant t + \Delta t \mid \tau > t\}$$

$$= \lim_{\Delta t \to 0} \frac{1}{\Delta t} \frac{P\{t < \tau \leqslant t + \Delta t\}}{P\{\tau > t\}} = \frac{1}{\Delta t} \times \frac{m(t)\Delta t}{1 - M(t)} = \frac{m(t)}{1 - M(t)} \tag{2-35}$$

则修复率的经验值为

$$\mu^*(t) = \frac{\Delta N_r(t)}{[N - N_r(t)] \cdot \Delta t} \tag{2-36}$$

式(2-36)中各变量含义同前。

由式(2-29)、式(2-35)，有

$$\mu(t) = \frac{\dfrac{\mathrm{d}M(t)}{\mathrm{d}t}}{1 - M(t)} \tag{2-37}$$

即

$$\mu(t)\mathrm{d}t = -\mathrm{d}\ln[1 - M(t)] \tag{2-38}$$

$$\int_0^t \mu(t)\mathrm{d}t = \ln[1 - M(t)] \tag{2-39}$$

$$M(t) = 1 - \mathrm{e}^{-\int_0^t \mu(t)\mathrm{d}t} \tag{2-40}$$

若维修时间服从指数分布即修复率为常数 μ，则

$$M(t) = 1 - \mathrm{e}^{-\mu t} \tag{2-41}$$

$$m(t) = \mu \mathrm{e}^{-\mu t} \tag{2-42}$$

4. 维修性参数

(1) 平均修复时间(MTTR, Mean Time to Repair)，指在规定的条件下和规定的时间内，装

备在任一规定的维修级别上,修复性维修总时间与该维修级别上被修复产品的故障总数之比。这是装备维修性的一种基本参数。设随机变量 τ 为可修复产品的维修时间,则有

$$\text{MTTR} = E\tau \qquad (2-43)$$

式中:MTTR 为平均修复时间。若已知维修密度,则

$$\text{MTTR} = \int_0^{\infty} tm(t)\,\mathrm{d}t \qquad (2-44)$$

当维修时间服从指数分布,修复率为 μ,则

$$\text{MTTR} = \frac{1}{\mu} \qquad (2-45)$$

在实际工作中,平均修复时间的估计值为修复时间 t 的总和与修复次数 N 之比,即

$$\overline{t^*} = \frac{1}{N} \sum_{i=1}^{N} t_i \qquad (2-46)$$

(2) 最大修复时间 $t_{0.95}$ 或 $t_{0.9}$,指装备达到规定维修度所需的修复时间。在统计过程中,最大修复时间不计及供应和行政管理延误时间,规定的维修度一般常取 0.95(或 0.9),相应的最大维修时间记为 $t_{0.95}$(或 $t_{0.9}$),可根据维修时间的不同分布得到其相应的计算公式。

① 正态分布,有

$$t_{0.95} = \text{MTTR} + 1.65\sigma \qquad (2-47)$$

$$t_{0.9} = \text{MTTR} + 1.28\sigma \qquad (2-48)$$

② 指数分布,有

$$t_{0.95} = 3\text{MTTR} \qquad (2-49)$$

$$t_{0.9} = 2.3\text{MTTR} \qquad (2-50)$$

(3) 中位修复时间,指维修度 $M(t) = 0.5$ 时所对应的维修时间,记为 $t_{0.5}$。中位修复时间的计算可根据维修时间的不同分布而得到。

① 正态分布,由

$$\Phi\left(\frac{t_{0.5} - \text{MTTR}}{\sigma}\right) = 0.5$$

得

$$t_{0.5} = \text{MTTR} \qquad (2-51)$$

② 指数分布,由

$$M(t) = 1 - \mathrm{e}^{-t/\text{MTTR}}$$

得

$$t_{0.5} = 0.693\text{MTTR} = 0.693\frac{1}{\mu} \qquad (2-52)$$

(4) 平均预防性维修时间(MPMT,Mean Preventive Maintenance Time),指对装备进行预防性维修所用时间的平均值。其度量方法为:在规定的条件下和规定的时间内,装备在任一规定的维修级别上,预防性维修总时间与预防性维修总次数之比。

(5) 维修工时率(MR,Maintenance Ration),指在规定的条件下和规定的时间内,装备直接维修工时总数与该装备寿命单位总数之比,这是一种与维修人力有关的维修性参数。

(6) 维修活动的平均直接维修工时(DMMH/MA,Direct Maintenance Man-hours per Maintenance Action),指在规定的条件下和规定的时间内,装备的直接维修工时总数与该装备预防性

维修和修复性维修活动总数之比,这是一种与维修人力有关的维修性参数。

2.2.3 可用性

可用性也称有效性,是指产品在任意随机时刻需要和开始执行任务时,处于可工作或可使用状态的程度。航空装备在作战使用过程中,始终处于完好和故障这两种交替的状态,某一时刻 t,它究竟是完好还是故障,这是使用者最为关心的,因为它直接关系到作战或紧急状态下能够立即出动的能力,因而需要引入一种新的能力特性——可用性,综合考虑可靠性和维修性对航空装备作战使用的影响,以更为准确地描述航空装备的作战使用能力。

1. 可用度

与可靠性、维修性相类似,可用性也可用概率来表示,这个概率就是可用度,也称有效度,它是考虑维修效果以后,在时刻 t 装备处于完好工作状态的概率,用以反映装备完好工作的概率。可用度可分为瞬时可用度、平均可用度和稳态可用度。

(1)瞬时可用度。产品在规定的使用条件下,由 $t=0$ 时的完好状态,到某一规定时刻 t 仍处于完好状态的概率,称为瞬时可用度,记为 $A(t)$。

假设产品只有两种状态,即

$$X(t) = \begin{cases} 1 & (t \text{ 时刻完好}) \\ 0 & (t \text{ 时刻故障}) \end{cases} \tag{2-53}$$

则产品在时刻 t 的瞬时可用度为

$$A(t) = P\{X(t) = 1\} \tag{2-54}$$

对于不可修复产品,有 $A(t) = R(t) = P\{X(t) = 1\}$;对于不可修复产品,因为经过维修,提高了装备完好状态的概率,所以有 $A(t) \geq R(t)$。

(2)平均可用度。产品在一段时间 $(0,t]$ 内瞬时可用度的平均值,称为平均可用度,即

$$\bar{A}(t) = \frac{1}{t} \int_0^t A(t) \, \mathrm{d}t \tag{2-55}$$

(3)稳态可用度。若瞬时可用度 $A(t)$ 有极限的话,则

$$A(t) = \lim_{t \to \infty} A(t) \tag{2-56}$$

称 $A(t)$ 的极限值为稳态可用度,记为 A。它反映在规定条件下,当有任务需要时,产品处于可使用状态的概率,即

$$A = \frac{U}{U+D} \tag{2-57}$$

式中:U 为产品能工作时间;D 为产品不能工作时间。

能工作时间 U 表征着产品的可靠性;不能工作时间 D 表征着产品的维修性。提高可靠性和维修性,都能使 A 增大产品。确定 U 和 D 的条件不一样,就有不同的可用度。

2. 其他几种稳态可用度

由式(2-57)可知,确定 U 和 D 的条件不一样,就有不同的可用度。

(1)固有可用度。仅与装备能工作时间和修复性维修时间有关的可用度,称为固有可用度,记作 A_i。它反映了装备可靠性和维修性的固有属性,即

$$A_\mathrm{i} = \frac{\mathrm{MTBF}}{\mathrm{MTBF} + \mathrm{MTTR}} \tag{2-58}$$

(2)可达可用度。仅与装备能工作时间、修复性维修和预防性维修时间有关的可用度,称

为可达可用度，记作 A_a。它考虑了装备的固有属性、修复性工作和预防性维修工作，是装备能达到的最高可用度，即

$$A_a = \frac{MTBM}{MTBM + MT} \qquad (2-59)$$

式中：MTBM 为平均维修间隔时间，反映能工作的时间；MT 为平均维修时间，是平均预防性维修时间和平均修复性维修时间之和。

（3）使用可用度。仅与装备能工作时间和不能工作时间有关的一种可用度，称为使用可用度，记作 A_o。它考虑了维修、供应及行政延误时间，反映了装备的真实使用情况。一般可表示为

$$A_o = \frac{MTBM + RT}{MTBM + RT + MDT} \qquad (2-60)$$

式中：RT 为平均待命时间；MDT 为平均停用时间，包括维修、供应及行政延误时间等。

使用可用度有可用下式度量，即

$$A_o = \frac{MTBF}{MTBF + MTTR + MLDT} \qquad (2-61)$$

式中：MLDT 为平均保障延误时间。

2.2.4 航空装备维修性的系统管理

1. 维修性管理概述

维修性管理是以现代化的科学管理手段，制定和实施维修大纲，组织和管理整个维修性活动，以保证用最低的费用实现装备的维修要求，具体的活动包括对要完成任务的描述、组织机构责任的明确划分、工作分解结构的建立、费用计划的安排和制定、所需的程序和报告的复查等。维修性管理的职能是对维修性活动的计划、组织、监督、控制和指导，其对象是装备寿命周期过程中与维修性有关的全部活动，重点是装备论证、设计和试验。因此，维修性管理必须贯穿于航空装备寿命周期过程，制定全面的维修性管理计划和组织措施，重点抓好关键部位和管理中的薄弱环节，提高维修性活动的有效性。

2. 维修性管理的基本工作

维修性管理是运用反馈控制原理建立一个管理系统，并由此展开有效的工作而保证维修性目标的实现。为保证航空装备具有所要求的维修性，首先应由用户提出维修性要求，其要求应明确而具体，既有定性要求又有定量指标，且又切实可行，并作为规定写进合同或任务书中。用户或订购方应充分认识自己在维修性管理中的主导作用，适时提出经过科学论证的维修性要求，并促使承制方予以实现。维修性管理的基本依据是维修性管理大纲，维修性管理大纲包括一般要求、监督与控制、设计与评价以及试验与验证四个方面，每个方面又包括若干项工作，这些工作可划分为四类：

（1）计划。根据维修性管理大纲的要求分析确定的管理目标，选择达到目标必须开展的维修性活动项目，确定每项活动的实施要求，以及估计完成这些活动所需的资源及时间。

（2）组织。建立维修性管理机构，任命维修性活动的负责人以及专职或兼职的工作人员，明确其职责、权限，以形成维修性活动的组织系统和工作序列，为完成计划确定的目标提供组织保证。同时，还要完成各类人员的培训和考核，使之能胜任所承担的职责。

（3）监督。通过报告、检查、评审、鉴定和认证等管理活动，及时获取信息，以监督各项维

修性工作按计划进行。同时,还要利用转包合同、订购合同、现场考察认证、参加设计评审和试验验收等管理方法和手段,对协作单位和供应单位实施监督。

(4)控制。按照有关条例、标准、规范制定和建立各种必要的规章制度及规程;确定一系列检查、控制点;建立维修性信息系统及收集维修性数据;分析评审维修性展开;制定改进措施,以指导和控制各项维修性活动的开展。

2.3 测 试 性 基 础

2.3.1 测试与测试性

1. 测试

航空装备在作战使用中,其技术状态总要发生变化,如是否完好、性能是否退化等,因此,需要对航空装备进行各种检查、测量、试验等,这种为确定产品状态(可工作、不可工作或性能下降等)并隔离其内部故障的活动,称之为产品的测试。测试有不同的目的,如产品验收、质量监控、检测与隔离故障等。

测试是航空维修中的一个重要环节,尤其在现代航空维修中,对于航空装备这种复杂系统,故障检测与隔离时间往往占其排故总时间的35%～60%,特别是许多武器系统如导弹,即使不工作、不修理往往也需要定期进行测试,因此,测试已成为影响装备战备完好性和任务成功性的重要因素。

2. 测试性

测试性(Testability),这一概念是伴随着维修的发展而逐渐发展起来的,最早于1975年提出,并在诊断电路设计等领域得到应用。1978年美国国防部颁发了《设备及系统的BIT、外部测试、故障隔离和测试性特性及要求的验证及评价》,规定了测试性的验证及评价的方法和程序。

测试性,是指能及时、准确地确定产品(系统、子系统、设备或组件)状态(可工作、不可工作、性能下降)和隔离其内部故障的一种设计特性,即测试性是产品能够及时、准确地进行测试的设计特性,它既包含对主装备自身的要求,又包含测试设备的性能要求。装备测试性主要表现在:自检功能强、测试方便、便于使用外部测试设备进行检查测试。

一般说来,在装备使用阶段的测试属于维修范畴,包括预防性维修中的检测和修复性维修中的故障检测、隔离及检验等活动,所以,测试性最早是维修性的一部分。随着科学技术特别是信息技术的发展和广泛应用,装备的复杂化,测试性的地位和作用更加突出,因此,目前测试性已经作为一种独立的系统特性。

3. 航空装备寿命周期中的测试工作

和可靠性、维修性一样,为了实现对装备测试性的要求,必须在装备寿命周期过程中开展一系列的设计、分析、试验等活动或工作。主要的工作如下:

(1)研制和生产过程中,经常要对零部件、组件乃至成品的性能或几何、物理参数等进行检查、测量,以确定它们是否符合规定的要求。

(2)使用过程中,对装备要进行定期的检查和测试,来掌握装备状态参数。如有工作不正常,就要进一步找出发生故障的部位,以便排除故障,恢复装备良好状态。

(3)修复过程中,首先要通过测试掌握产品的状态并隔离故障。

2.3.2 测试性的量度

（1）故障检测率（FDR，Fault Detection Rate）。产品在规定的期间内，在规定的条件下用规定方法能够正确检测出的故障数（N_D）与所发生的故障总数（N_T）之比，记为 r_{FD}，即

$$r_{FD} = \frac{N_D}{N_T} \times 100\% \qquad (2-62)$$

式中：N_T 为在规定期间内发生的全部故障数；N_D 为在同一期间内，在规定的条件下用规定的方法正确检测出来的故障。

定义中的"产品"即"被测试项目"，可以是系统、设备、LRU 等；"规定的期间"是指用于统计发生故障总数和检测出故障数的时间区间；"规定的条件"是指进行检测的维修级别、人员等条件及时机等；"规定方法"是指测试的方法、手段等，如 BIT、ATE、人工检测等。对于电子系统和设备或一些复杂装备，检测率为

$$r_{FD} = \frac{\lambda_D}{\lambda} = \frac{\sum \lambda_{Di}}{\sum \lambda_i} \times 100\% \qquad (2-63)$$

式中：λ_i 为被测试项目中第 i 个部件或故障模式的故障率；λ_{Di} 为是其中可检测的故障率。

（2）故障隔离率（FIR，Fault Isolation Rate）。在规定期间内，产品被检出的故障，在规定条件下用规定方法能够正确隔离到少于或等于 L 个可更换单元的百分数，记为 r_{FI}，即

$$r_{FI} = \frac{N_L}{N_D} \times 100\% \qquad (2-64)$$

式中：N_L 为在规定的条件下用规定的方法正确隔离到小于或等于 L 个可更换单元的故障数；L 为故障隔离的能力，$L=1$ 时称为确定性隔离，即直接隔离到可更换单元，$L>1$ 时称为不确定性（模糊）隔离即 BIT 或其他检测设备只能将故障隔离到 1 个 ~L 个单元，到底是哪个单元损坏还需要采用交替更换等方法来确定。

（3）虚警率（FAR，Fault Alarm Rate）。虚警是指测试装置或设备显示被测项目有故障，而该项目实际无故障。在规定期间内，测试装置、设备发生的虚警数 BIT 或其他检测设备指示被测试设备有故障，而实际上该项目无故障，这称为虚警（FA，False Alarm）。虚警率是指在规定的期间内发生的虚警数 N_{FA} 与显示的故障总数之比即为虚警率，记为 r_{FA}，即

$$r_{FA} = \frac{N_{FA}}{N_F + N_{FA}} \times 100\% \qquad (2-65)$$

式中：N_F 为真实故障次数。

此外，测试性还可用故障检测时间（FDT，Fault Detection Time）、故障隔离时间（FIT，Fault Isolation Time）、不能复现率（ROR，Retest Okey Rate）、重测合格率（CDR，Cannot Duplication Rate）等参数来定量描述。

2.4 保障性基础

2.4.1 保障性概述

广义的装备性能是指为使装备系统在整个工作时间里能高效率地执行其指定任务，应具有的作战性能和保障性能，因此，保障性能是广义装备性能的一部分。装备的保障性能包括作战所需的与保障有关的设计特性和保障资源特性，即装备不仅要具备作战的性能，还要在设计

上具备可保障的性能和能得到所需保障资源的特性,因此,装备应具备一种新的属性保障性(Supportability)。

1. 保障性的基本含义

《GJB451—1990 可靠性维修性术语》将保障性定义为:"系统的设计特性和规划的保障资源能够满足平时战备完好性及战时使用要求的能力"。保障性是装备系统的固有属性,它包括两方面的含义,即与装备保障有关的设计特性和保障资源的充足和适用程度。

(1) 保障性中所指的设计特性,是指与装备使用与维修保障有关的设计特性,如可靠性和维修性等,以及使装备便于操作、检测、维修、装卸、运输、消耗品(油、水、气、弹)补给等的设计特性。这些都是通过设计途径赋予装备硬件和软件的。如果装备具有满足使用与维修要求的设计特性,就说明它是可保障的。

(2) 计划的保障资源是指为保证装备完成平时和战时使用要求,所规划的人力和物力资源。其中,有些是沿用现役装备的保障资源,但其中大部分需要重新研制,人员也要进行专门训练。保障资源的满足程度有两方面的含义;一是指数量与品种上满足装备使用与维修要求;二是保障资源的设计与装备相互匹配,这两方面都需要通过保障性分析和保障资源的设计与研制来实现。由于保障资源的复杂性,保障资源的研制需要使用方与承制方的有效协调和实施科学管理方能顺利实施。

2. 保障性与综合保障工程

保障性作为装备的一种固有属性,并不会自然而然地形成,需要在装备寿命周期过程中通过一系列的工程和管理活动使装备具有这种特性,这项工作就称之为综合保障工程。综合保障工程(ILS,Integrated Logistics Support)是指为满足装备战备完好性要求和降低寿命周期费用,在装备设计中综合考虑保障问题,确定协调的保障性要求,规划并研制保障资源,及时提供装备所需保障并对保障性进行评价等一系列管理和技术活动。这一系列的管理和技术活动要达到两个目标:一是通过开展综合保障研究和管理工作对装备设计施加影响,使装备设计得便于保障;二是通过综合保障工作达到系统协调,达到在获得主装备的同时,提供经济而有效的保障资源并建立相应的保障系统,使所部署使用的装备可以得到保障。根据美国国防部1983年末颁发的 DoDD5000.39 指令《武器装备和设备综合保障工程的采办与管理》,综合保障工程主要应完成四个方面的工作任务:①在装备设计中,综合考虑保障问题;②制定与战备完好性、设计以及反复权衡优化的各项保障要求;③获取所需要的保障资源;④在使用阶段以最低费用提供所需要的保障。

3. 综合保障工程的组成

综合保障工程既涉及到与保障有关的装备设计问题,又有大量类型极不相同的保障资源的研制问题,而且要将这些问题综合集成,因此,综合保障工程是一个有很多专业组成的综合性学科。这里所说的专业是指承制方或订购方进行综合保障工作所需的内部各种不同工作门类的专业分工,它是根据综合保障工程设计的工程与技术特点来划分的,通常将这些专业分工称为综合保障要素,一般可将这些要素分两大类,一类是保障资源要素,一类是技术与管理要素,每类要素又有不同的组成。现将综合保障工程要素分述如下:

(1) 保障资源要素。主要有8类:

人力和人员(Manpower and Personnel),指平时和战时使用与维修装备所需人员的数量、专业及技术等级,以及这些人员的考核与录用。

供应保障(Supply Support),指规划、确定、采购、储存、分发并处置备件、消耗品的过程。供应保障是综合保障工作中影响费用和效能的重要专业工作。

保障设备(Support Equipment),指使用与维修装备所需的设备,包括测试设备、维修设备、试验设备、计量与校准设备、搬运设备、拆装设备、工具等,这些设备可以是活动的固定的、通用的或专用的。

技术资料(Technical Data),指使用与维修装备所需的说明书、手册、规程、细则、清单、工程图样等的统称。

训练与训练保障(Training and Training Support),指训练装备使用与维修人员的活动与所需的程序、方法、技术、教材和器材等。

计算机资源保障(Computer Resource Support),指使用与维修装备中的计算机所需的设施、硬件、软件、文档、人力和人员。

保障设施(Support Facilities),指使用与维修装备所需的永久和半永久性的建筑物及其配套设备。

包装、装卸、储存与运输(Packing,Handling,Storing and Transportation),指为保证装备及保障装备、备件等得到良好的包装、装卸、储存和运输所需的程序、方法和资源等。

(2)技术与管理要素。主要有两类:

规划保障(Support Planning),指从确定装备保障方案到制定装备保障计划的工作过程,规划维修和规划使用保障。

设计接口(Design Interface),指系统战备完好性要求、保障性设计要求(如 R、M 等)和保障资源要求之间的相互关系,在协调上述关系时,保障性设计要求应采用使用参数和使用值表示。

需要指出的是,综合保障要素并不只限于上面所列的各项,根据需要,保障要素可以剪裁。例如,美国空军将能源管理(考虑能源要求和限制,以便在装备设计时确定经济有效的能源保障)、保障资源拨款(考虑寿命周期各阶段中保障资源要求和费用预算间的接口问题)和信息管理周期列入综合保障工程的组成部分,而陆军某些装备将生存性作为专门问题单独提出来研究,也有将综合保障的试验与评价作为一个要素。总之,可根据工程管理的特点对综合保障要素做符合实际需要的划分。

4. 综合保障工程的发展

综合保障工程始于 20 世纪 60 年代中后期。随着装备结构的复杂化和功能的多样化,人们逐渐认识到,装备先进的战术技术指标,已经不再是唯一的主导要素了,装备的质量和保障能力对装备使用效能具有至关重要的作用,必须在装备研制过程同时给予考虑。从 60 年代中期美军率先开始了装备综合保障方面的研究与实践。1964 年,美国国防部颁布 DoDI4100.35《系统和设备的综合后勤保障的研制》,提出了装备全寿命管理中的综合后勤保障问题;1968年美国国防部指令性 DoDI4100.35《国防系统和设备综合后勤保障指南》中把综合后勤保障划分为 11 个方面的要素;1971 年颁布了 DoDD5000.1《重要武器系统采办》指令,明确指出要将费用作为主要设计参数之一,要把使用和保障费用指标与武器系统设计指标挂钩综合考虑;1973 年相继颁发国防部指令 DoDD5000.39《系统后勤保障大纲的主要的采办与管理》、军用标准化 MIL—STD1388 – 1/2《后勤保障分析》和《国防部对后勤保障分析记录的要求》,规定综合后勤保障的主要目标是用可承受的寿命周期费用实现系统战备完好性目标,提出为实现这一目标要进行的保障分析方法和记录要求。随着美军综合保障工程的深入,70年代保障性开始引起了各国军方的注意,并在某些装备研制中得到了应用。80年代,ILS引起了普遍重视,逐步走上了装备使用性能设计与装备的保障系统同步进行并不断权衡的发展时期。例如,美F-16是美国空军首次采用综合保障方法研制的飞机,虽然结构较以前飞机复杂,但其可靠性与执行任务率却有明显提高。根据80年代初统计测定的一些飞机的战备完好性,F-4J为68.8%,A-7E为63%,而1983年开始服役的F-18飞机,到1985年仅服役三年,其战备完好性就达到85%。该机内设有多种故障隔离、显示设备,有98%的电子设备配备有嵌入式自动检测系统,这就降低了对维修人员的专业技术水平的要求,飞机的再次出动准备时间只需15min,仅为原设计指标的1/2。

进入20世纪90年代,ILS得到了进一步的发展。1991年美国国防部颁布指令DoDD5000.1《国防采办》,对装备采办政策进行了调整。这一指令将国防采办划分为16大部分,其中将可靠性、维修性、安全性、生存性等列入工程制造部分加以表述;把综合保障工程列入其他基础设施中的首要环节加以处理,可以说该指令是多年来美军成功地开展综合保障工程的工作总结和今后装备研制发展政策的指导纲领。

20世纪80年代末,综合保障工程的概念由国外引进,我国正式提出了装备及其配套的保障资源要成套论证、成套研制、成套生产、成套验收和成套装备部队的要求,以及系统同步发展建设的政策,颁布实施了与综合保障工程有关的国家军用标准,如《装备保障性分析》、《装备综合保障大纲》等。90年代以后,有关院校开展了综合保障方面的相关课程,如维修工程、费用分析等,出版了专著,开展了高层次人才培养工作,我国综合保障工程逐步由经验阶段走向工程实践与理论研究并重的阶段。

2.4.2 保障性的量度

保障性参数是用于定性和定量地描述装备保障性的参数。由于保障性是装备系统的综合特性,很难用单一参数来评价整个装备的保障性水平,某些保障资源参数也很难用简单的术语来表达,基本的认识是:通过对装备的使用与维修任务分析、考虑现有装备保障方面存在的缺陷以及保障费用等约束条件,可综合归纳为一系列保障性参数;有些保障性参数还可以用与现装备或基准比较系统对比的方式进行表述,因此,保障性参数可分为保障性综合参数、保障性设计参数和保障资源参数等三类,具体可根据装备特性和使用特点来选用。

1. 保障性综合参数

保障性综合参数,是根据装备保障性目标要求而提出的参数,它从总体上反映装备的保障性水平,因而称为保障性综合参数。保障性目标是平时和战时的使用要求,通常用战备完好性目标衡量。战备完好性目标值是对装备在平时和战时的使用率和完成并保持一系列规定任务的能力进行评估的指标,它的量值与下列因素有密切的关系:可靠性与维修性水平、保障系统特性和保障资源的数量与配置等。常用的战备完好性参数有战备完好率、使用可用度等参数等。

(1)战备完好率。战备完好率是指接到作战命令时,装备能够实施其作战计划的概率,用P_{or}表示。它表示当要求装备投入作战时,装备能够执行任务的概率。

战备完好率与装备在使用和维修情况有关,当装备在执行任务前没有发生需要进行修理的故障,即装备立即可以投入作战,或者当装备在执行任务前发生故障,但维修时间短于装备再次投入作战所需的时间,装备有足够的时间进行维修以投入下一次作战,在这种情况下,装

备的完好率为

$$P_{\text{or}} = R(t) + Q(t) \times P(t_{\text{m}} < t_{\text{d}}) \qquad (2-66)$$

式中：$R(t)$ 为在前一项任务中无故障的概率；$Q(t)$ 为在前一项任务中发生故障的概率；t 为任务持续时间；$P(t_{\text{m}} < t_{\text{d}})$ 为系统的维修时间 t_{m} 小于到下一项任务开始所需时间 t_{d} 的概率。

（2）使用可用度。使用可用度体现了装备战备完好性水平与装备可靠性、维修性水平及规划的保障资源的满足与适用程度之间的关系。使用可用度的量值，一般是根据作战与使用要求，比较同类装备的使用水平而提出。这个量值从装备论证阶段就应初步制定，方案阶段逐步明确，工程研制阶段前要与其他与保障性有关的参数协调后确定。

（3）任务成功度（Mission Success）。任务成功性的概率度量。任务成功性是指装备在任务开始时处于可用状态的情况下，在规定的任务剖面中的任一随机时刻，能够使用且能完成规定功能的能力度量。

（4）能执行任务率（MCR，Mission Capable Rate），指装备在规定的时间内至少能够执行一项规定任务的时间与其由作战部队控制下的总时间之比，是为能执行全部任务率与能执行部分任务率之和。能执行全部任务率是指装备在规定的时间内能够执行全部规定任务的时间与其由作战部队控制下的总时间之比；能执行部分任务率是指装备在规定的时间内至少能够执行一项而不是全部规定任务的时间与其由作战部队控制下的总时间之比。

2. 保障性设计参数

保障性设计参数是与装备保障性设计有关的参数，它也可以为确定保障资源时参考，如可靠性、维修性、维修工时率、故障检测率、故障隔离率以及运输性要求（运输方式及限制）等。保障性设计参数和量值有时可以直接从保障性综合参数指标分解中得到。

3. 保障性资源参数

保障资源参数应根据装备的实际保障要求而定，通常包括：人员数量与技术等级、保障设备和工具类型、数量与主要技术指标和利用率、备件种类和数量、订货和装运时间、补给时间和补给率、模拟与训练器材的类型与技术指标，以及设施类别与利用率等。

2.4.3　航空装备保障性的系统管理

综合保障工程就是一种系统工程管理活动，贯穿装备寿命周期全过程，基于综合保障计划（ILSP，Integrated Logistics Support Plan）而展开。ILSP 是一份为实现新研装备保障性要求和综合保障目标而进行的各项工作的简明指南，也是与综合保障有关各专业工程和综合保障工程内部各专业工作协调活动的总指导，集中反映了使用方对于综合保障的基本观点和要求。

综合保障工程的主要内容是装备的使用与维修保障。使用保障是指为保证装备正确操作使用，以便能充分发挥其作战性能所进行的一系列工作，如装备使用前的检查，装备的操作技术以及装备的储存与运输等；维修保障是指为保持和恢复装备完好的技术状况所应进行的保障工作，如装备的计划与非计划修理、战场抢修以及器材供应。综合保障工程对装备在研制过程中的使用和维修保障的考虑主要包括：①装备要具有良好的使用性和可维修性，且需要的操作人员要少，易于更替补充；②装备所需能源和维修备件的配套定额及供应方案应力求标准化，以便迅速有效地供应；③编制简明、准确而适用的使用和维修技术文件，以便于操作和统一维修要求；④制定合理的维修保障方案，以便规划维修所需的资源和保障要求；⑤力求减少预防性维修的工作量，特别是基层级的预防性维修，以减少维修停机时间；⑥使用与维修所需的配套工具及设备要尽可能地通用和简易，且便于使用、携带和运输；⑦装备应适合于规定的运输方式和运输工具且能合理和方便地储存,并保证质量完好;⑧配备有适于装备使用和维修的设施及相应的维修设备。因此,综合保障工程的主要工作应包括:

（1）尽早提出并不断完善综合保障计划。装备研制过程中,应制定一份详尽的综合保障计划,用于在装备系统的寿命周期对整个综合保障工作过程实施监督管理,保证装备及其保障系统两者互相匹配。一方面将保障要求及时纳入设计,另一方面及时提供需要的保障系统。从装备论证开始,首先把订购方提出的装备使用要求,平时和战时的战备完好性目标、综合保障要素等要求作为开展综合保障工作的基础。承制方在与订购方充分商讨的基础上,从装备论证阶段就草拟出综合保障计划,并随着装备研制的进展,不断对该计划加以细化、扩展和完善,并在进入生产阶段前,完成全部的计划修订工作。必要时,还应根据装备使用与部署阶段实施保障的效果,再对计划做出局部变动,以便获得最佳的保障效能。

（2）落实保障资源研制费用。将保障资源研制工作提前到与装备研制同步进行,实质上是赋予承制部门双重研制任务。保障资源研制所需支持经费数目可观,必须给予相应的保证,在装备研制的同时,就投入其保障资源的研制经费,使装备与其保障资源的同步研制与规划能同步落到实处,从而建立起高效的保障系统,以大大减少装备使用中的保障费用。

（3）及时规划、配备综合保障人员。开展综合保障工程,人是决定因素。订购方和承制方都应着力培养综合保障工程人员,以便在装备研制过程中开展综合保障工作。承制方应根据研制项目的规模,及早规划、配备一定数量的综合保障人员。

（4）在装备研制各阶段,反复进行保障性分析。保障性分析主要研究保障问题对装备设计的影响从而确定保障资源。保障性分析按照装备结构的分解层次,从保障系统到保障资源逐渐深入;随着信息的逐渐准确与细化,分析也由粗到细,并与装备研制各阶段的进度相适应。通过迭代分析不断修正分析结果,确定所有重要的设计问题,并提出解决办法;及时发现保障方面的缺陷,并提出改善措施;优化装备和保障系统的设计与研制,以达到费用、进度、性能与保障性的最佳平衡。

（5）同步进行保障资源规划与研制,并建立保障系统。保障资源包括物资资源(如保障设备、设施、备件等)、人力资料(如人员及其专业技术)和信息资源(如技术手册、计算机软件等),通过信息资源将物资资源、人力资源与装备有机结合,通过保障性分析,明确装备保障要求,在充分考虑利用部队现有保障资源的前提下,同步进行装备和保障资源的研制,将装备设计成是可保障的、便于保障的;将保障资源设计得经济而有效,并建立起符合作战使用要求的保障分系统。

复习思考题

1. 什么是可靠性、维修性? 维修性与可靠性有何异同?
2. 某装备的平均修复时间 $t=30\text{min}$,方差 $\sigma^2=0.6$,维修时间服从正态分布,求维修度为 95% 的修复时间。
3. 已知某装备平均修复时间为 0.5h,维修时间服从对数正态分布,其对数方差 $\sigma^2=0.6$,试求中位修复时间和最大修复时间 $t_{0.95}$。
4. 某两种机件的维修时间服从指数分布,一种机件的 MTTR＝1h,另一种机件的 MTTR＝

0.5h，试分别计算其中位修复时间 $t_{0.5}$、最大维修时间 $t_{0.95}$。

5. 维修性的常用定量指标有哪些？维修性的定性要求有哪些？

6. 某机件修复时间数如下：

时间间隔/h	0~1	1~2	2~3	3~4	4~5	5~6	6~7	7~8	8~9	9~10
修复次数	1	3	5	2	4	9	10	2	4	1

试求其中 $M^*(t)$、$m^*(t)$ 及平均修复时间。

7. 为使故障率为 $2 \times 10^{-4}/h$ 的系统的稳态有效度为 99.9%，则修复率 μ 及 MTTR 为多少？

8. 已知一部件的故障率是 $10^{-3}/h$，平均修复时间为 20h，试计算 10h 和 1000h 的可靠度、维修度和有效度。

9. 某可修复设备工作到故障的时间（h）是：16，29，50，68，100，130，140，190，220，270，280，340，410，450；对应的修复时间（h）是：14，8，6.5，40，10，17，22，35，35，21，22，8，28，21；二者均服从指数分布，试求 $MTTF^*$，$MTTR^*$，经验稳态可用度，10h 的经验可靠度、经验维修度及经验可用度。

10. 试分析开展装备综合保障工程的作用和意义，简述装备综合保障工程的发展。

11. 保障性是如何定义的？怎样理解其含义。

12. 什么是综合保障工程？它与装备技术保障有何异同。

13. 什么是故障？故障的量度有哪些？MTBF 和 MTTF 有何区别？

14. 解释任务可靠性与基本可靠性概念。

15. 设某产品的累积故障分布函数为 $F(t) = 1 - e^{-(1/\eta)^m} (t \geq 0, \eta > 0)$，试求此产品的可靠度函数和故障分布函数。

16. 从一批产品中取 200 个样品进行试验，第 1 个小时内有 8 个故障，第 2 个小时内有 2 个故障，在第 3 个小时内有 5 个故障，第 4、第 5 个小时内各有 4 个故障。试估计产品在 1h、2h、3h、4h、5h 时的可靠度和累积故障分布函数？

17. 对 100 台电子设备进行高温老化试验，每隔 4h 测试一次，直到 36h 后共有 85 台发生了故障，具体数据统计如下：

测试时间 t_i/h	4	8	12	16	20	24	28	32	36
Δt_i 内故障数	39	18	8	9	2	4	2	2	1

试估计 $t = 0h$、4h、8h、12h、16h、20h、24h、28h、32h 时的下列可靠性函数值，并绘制出该设备的可靠度、累积故障分布函数、故障密度、故障率曲线。

18. 设某产品的寿命服从 $m = 2$，$\eta = 2000h$，$r = 0$ 的威布尔分布，试求 $t = 1000h$ 的产品可靠度和故障率。

19. 寿命服从指数分布的继电器，MTBF = 106 次，其故障率是多少？工作到 100h 的可靠度是多少？

20. 有一寿命服从指数分布的产品，工作到 MTBF 时刻，还有百分之几的产品在满意地工作着？工作时间等于 MTBF 的 1/10 时的可靠度又是多少？

21. 观察某设备 7000h（7000h 为总工作时间，不计维修时间），共发生了 10 次故障。设其寿命服从指数分布，求该设备的平均寿命及工作 1000h 的可靠度？

22. 一种复杂装备的平均寿命为 3000h，其连续工作 3000h 和 9000h 的可靠度是多少？要达到

$r = 0.9$ 的可靠度寿命是多少? 其中位寿命是多少? 一个重要的部件有两个设计方案,方案 A 生产的部件每只价格 1200 元,其寿命服从 $\eta = 10010h, m = 2$ 的威布尔分布;B 方案生产的部件每只价格 1500 元,其寿命 $\eta = 100h, m = 3$ 的威布尔分布,问:

① 若工作时间为 10h,以可靠度最大为原则,厂方应选择哪一种方案组织生产?

② 根据同样的原则,假设工作时间为 15h,厂方又应选用什么方案?

③ 以可靠度/价格的比值最大为原则,上述两种情况又怎样决策。

23. 某电子设备的平均寿命为 200h,其连续工作 200h、20h、10h 的可靠度各是多少?

24. 已知某机载电子装备服从指数分布,经统计分析得知,该装备在 1000h 时有 20% 的装备发生了故障,试求其平均寿命和中位寿命?

25. 有两种设备,一种为指数型,平均寿命为 1100h;另一种为正态型,平均寿命为 800h,标准偏差为 400h。现计划在 100h 的使用时间内尽量不发生故障,选择哪一种设备为宜?

第3章　以可靠性为中心的维修理论

维修理论是研究装备维修的本质和规律的理论,它是建立在概率统计、可靠性工程、系统工程、工程技术经济、断裂力学、故障物理、故障诊断和现代管理科学等现代科学、技术基础上的一门综合性工程技术应用理论。维修理论的核心内容是以可靠性为中心的维修理论。RCM认为,装备的可靠性既是确定维修需求的依据,又是维修工作的归宿,维修工作必须围绕可靠性的需求来做工作,一切维修活动,归根到底都是为了保持、恢复装备的可靠性。

3.1　以可靠性为中心维修理论的形成与发展

3.1.1　以可靠性为中心维修理论的形成

1. 传统的维修观念

18世纪末,蒸汽机、车床等大量使用,需要有维修人员在工作现场随时应付可能发生的故障和由此引起的生产事故,机器设备实行"不坏不修,坏了才修"的事后维修。20世纪初,流水生产线出现,某一工序发生故障,造成停机,会迫使全线停工。为了使生产不致中断,1925年美国首先实行预防性的定时维修,事先采取适当的维修活动,主动防患于未然,以预防故障和事故的发生。这种定时维修,在减少事故和停机损失上明显优于"不坏不修,坏了才修"的事后维修,迅速传遍世界各地,在设备维修中占据了统治地位。飞机和火车是最早实行定时维修的装备,以求保障安全。

定时维修观念认为:机件工作会磨损→磨损出故障→故障危及安全,到使用寿命必须翻修,翻修得越彻底就越安全,维修工作做得越多就越可靠。这种维修观念是建立在故障是时间的函数这一认识基础之上的,基本符合当时的装备特性。由于当时飞机的设计、制造比较简单,发动机剩余功率有限,飞机不可能采用多余度技术,任何一个机件出了故障都有可能直接危及飞行安全,因而要求维修工作走在故障的前面,采取广泛的维修措施,努力保证航空装备的使用安全。这种维修思想在航空维修业延续了数十年之久,发挥了重要作用,在航空维修发展史上占有重要地位。

20世纪70年代以前,特别是我国空军建军初期,我国空军一直贯彻"预防为主"的维修思想,实行定时维修。在装备余度小、维修手段落后的情况下,为了保证航空装备使用可靠与飞行安全,采取"多做工作勤检查"、"宁可多辛苦,求得更保险"的办法,进行了大量的预防性维修工作,有力保证了作战、训练各项任务的顺利完成。但这种维修思想,在发挥积极作用的同时,也存在着维修过度和维修不足的问题,不仅影响航空装备的出勤,加大了资源消耗,而且故障未见减少,危及飞行安全。因此,随着航空装备的发展,人们积极开展维修理论创新,诞生了以可靠性为中心的维修理论。

2. 以可靠性为中心维修理论的产生

1959年,美国联合航空公司针对过剩维修提出了"维修效果到底如何"的问题,1960年美国联邦航空局与联合航空公司组成维修指导小组（MSG，Maintenance Steering Group）开始来研究这个问题，两年后，1961 年 11 月 7 日颁布了《联邦航空局/航空工业可靠性大纲》（FAA/Industry Reliability Program）。该大纲指出："过去人们过分强调控制拆修间隔期以达到满意的可靠性水平，然而经过深入研究后深信，可靠性和拆修间隔期的控制并无必然的直接联系。因此，这两个问题需要分别考虑"。联合航空公司的赫西和托马斯在研究报告中陈述："根据联合航空公司对多种机件使用经验的分析，其结果差不多总是和浴盆曲线的简单图形相矛盾。耗损特性往往不存在"。"在一开始为新型飞机的机件预定的翻修时限来表示的有用寿命，往往和以后的实际使用经验有很大差别"。他们对发动机附件、电子、液压、空气调节等机件的四个系统研究结果指出："这些机件显示了早期故障后，接着出现均衡的故障率，但并未出现耗损"。大多数设备定时翻修对控制可靠性是毫无作用的，即不存在一个"正确"的翻修时限，其结论是："固执地遵守翻修时限概念将引起早期故障增加，在一个机件翻修之后的一个短时间内不能防止故障的发生；使本来有较高翻修时限的某些设备不能充分发挥其使用潜力；并妨碍对机件在较长的总使用时间情况下进行可靠性的探索。如果一个机件无耗损，就应该留在飞机上直到发生故障才更换"。这是对传统定时维修观念的挑战。

随后，1961 年 11 月开始对航空发动机进行改革试验，1963 年 2 月又在 DC-8 飞机和 B-720 飞机上进行试验，发现尽管翻修时限不断延长，但可靠性却未见下降。1964 年 12 月联邦航空局发出 AC120-17 通报，"允许使用单位在制定自己的维修控制上有最大的灵活性"。1965 年 1 月联合航空公司按 AC120-17 通报要求进行《涡轮喷气发动机可靠性大纲》试验，效果明显。1965 年首次出现了"逻辑决断图"。

1968 年出现《MSG-1 手册：维修的鉴定与大纲的制定》，首次提出定时、视情和状态监控三种维修方式，用于制定 B-747 飞机预防性大纲，这是以可靠性为中心的维修实际应用的第一次尝试，并获得了成功。例如，对该型飞机每飞行 2×10^4h 所做的结构大检查只需 6.6 万工时，而按照传统方法，对于一架小得多的不怎么复杂的 DC-8 飞机，进行相同的结构检查需要 400 万工时，相差 60 倍。

1970 年形成的《航空公司/制造公司的维修大纲制定书-MSG-2》，用于制定洛克希德 L-1011 和道格拉斯 DC-10 飞机的初始维修大纲，结果很成功。经济上得益于这种方法的例子是，按传统的维修大纲，需要对 DC-8 飞机的 339 个机件进行定时拆修，而基于 MSG-2 的 DC-10 飞机维修大纲中只有 7 个这样的机件，甚至涡轮喷气发动机也不属于定时拆修的机件。这样不仅大大节省了劳动力和降低了器材备件的费用，而且使送厂拆修所需的备份发动机库存量减少了 50% 以上。这种费用的降低是在不降低可靠性的前提下达到的。1972 年欧洲编写了一个类似的文件（EMSG-2，European MSG-2）作为空中客车 A-300 及协和式飞机的初始维修大纲的依据。1974 年美国陆海空三军推广 MSG-2。1974 年苏联民航飞机采用三种维修方式。

3.1.2 以可靠性为中心维修理论的发展

1978 年，美国联合航空公司诺兰等受国防部的委托研究并发表了《以可靠性为中心的维修》专著，该专著对故障的形成、故障的后果和预防性维修工作的作用进行了开拓性的分析，首次采用自上（系统）而下（部件）的方法分析故障的影响，严格区别安全性与经济性的界限，提出了多重故障的概念，用四种工作类型（定时拆修、定时报废、视情维修、隐患检测）替代三种维修方式(定时、视情、状态监控),重新建立逻辑决断图,使以可靠性为中心的维修理论(RCM)又向前迈进了一大步,从此人们把制定预防性维修大纲的逻辑决断分析方法统称为RCM。1980年西方民航界吸收了RCM法的优点,将"MSG－2"修改为"MSG－3",用于B－757、B－767飞机。1984年美国国防部发布指令DoDD4151.16《国防设备维修大纲》,规定三军贯彻RCM。1985年美国空军颁发MIL—STD—1843(USAF)《飞机、发动机及设备以可靠性为中心的维修》。1986年美国海军颁发MIL—STD—2173(AS)《海军飞机、武器系统和保障设备以可靠性为中心的维修要求》。1988年发布MSG－3修改1。1993年发布MSG－3修改2。1990年9月在诺兰的指导下,英国阿兰德维修咨询有限公司莫布雷在以可靠性为中心的维修理论和"MSG－3修改1"的基础上,结合民用设备的实际情况,提出了"以可靠性为中心的维修理论2",10余年来为40多个国家的1200多家大中型企业成功地进行了以可靠性为中心维修的咨询、培训和推广应用工作,已在许多国家的钢铁、电力、铁路、汽车、海洋石油、核工业、建筑、供水、食品、造纸、卷烟及药品等行业广泛应用。1999年国际电工委员会首次发布以可靠性为中心的国际标准:IEC60300－3－11《应用指南—以可靠性为中心的维修》,它是基于MSG－3而制定的。1999年汽车工程师学会也发布以可靠性为中心维修的民用标准SAE JA1O11《以可靠性为中心维修程序评价准则》。

从20世纪70年代末开始,我国空军倡导维修理论研究,开展维修改革,由单一的定时改为定时与视情相结合的维修方式,延长歼六等6种飞机翻修时限,取消50h定检制度,效果显著,随后总部推广全军。1983年我国空军首次确立以可靠性为中心的维修思想。1989年我国发布了航空工业标准HB6211—1989《飞机、发动机及设备以可靠性为中心维修大纲的制定》,并运用于轰炸机和教练机维修大纲的制定。1992年总后勤部、国防科工委发布了国家军用标准GJB1378—1992《装备预防性维修大纲的制定要求与方法》,并于1994年3月颁布了该标准的《实施指南》,指导各类武器装备维修大纲的制定。2001年我海军装备部完成《维修理论及其应用研究》项目,深入贯彻以可靠性为中心的维修理论。2002年我国空军装备部制定《推进空军航空装备科学维修三年规划》。2003年总装备部对陆军地面雷达等10余种装备推广应用以可靠性为中心的维修理论。

自从20世纪60年代美国民航界首先创立以可靠性为中心的维修理论以来,经历了怀疑、试验、肯定、推广的过程,40余年来在指导维修实践的过程中,该理论不断地得到完善和发展,目前,这一理论在指导机械、机电、电器和电子等各类装备维修上效果显著。

3.2 以可靠性为中心维修理论的主要观点

以可靠性为中心的维修,是指按照以最少维修资源消耗保持装备固有可靠性和安全性的原则,应用逻辑决断的方法确定装备预防性维修要求的过程。以可靠性为中心的维修理论更新了传统的维修观念,两种维修观念在指导维修实践的做法上有较大的差异,现将以可靠性为中心的维修理论从八个方面进行阐述,以加深对以可靠性为中心的维修理论的认识。

3.2.1 定时拆修的作用

1. 内容要点

定时拆修对复杂设备的故障预防几乎不起作用,但对简单设备的故障预防有作用。

传统维修观念与以可靠性为中心的维修理论对于定时拆修的不同认识见表3－1。

表 3-1 定时拆修作用的不同认识

传统维修观念	设备老、故障多。设备故障的发生、发展都与使用时间有直接的关系。定时拆修是对付故障的普遍适用的有力武器
以可靠性为中心的维修理论	设备老,故障不见得就多;设备新,故障不见得就少。只要其机件随坏随修,则设备故障与使用时间一般没有直接的关系。定时拆修不是对付故障的普遍适用的有力武器

2. 内容说明

传统维修观念认为,设备老,则故障多,认为故障的发生、发展与使用时间有直接的关系;每一个设备都有一个使用寿命的问题,超过这个寿命以后,设备便进入耗损故障期,故障就会增多,即认为每个设备在使用中都有一个可以找到的但不可超过的"正确"拆修寿命,到达这个寿命就必须停止使用,进行定时拆修,以便减少故障,保证使用的安全性;拆修间隔期的长短是控制故障的重要因素,拆修得越频繁、越彻底,故障发生的可能性就越小,这是对付故障普遍适用的有力武器。

以可靠性为中心的维修理论则认为,设备老,故障不见得就多;设备新,故障不见得就少。认为故障是随机发生的,故障与使用时间没有直接关系。复杂设备的故障是由许多不同的故障模式造成的,每一种故障模式都会在不同时刻随机发生,在使用中如果对出现的故障能够及时排除,则其总的故障率为常数,因此,不存在耗损故障期;除非有一种能在拆修中消除某种占支配性的故障模式(即会引起复杂设备大部分故障次数的某种故障模式),否则,定时拆修对复杂设备的故障预防不起作用,不存在"正确"拆修寿命,不必规定使用寿命;而事实上,简单设备故障的发生、发展与使用时间存在着直接的关系,这与传统的认识是一致的。具有金属疲劳或机械耗损的机件,以及设计时作为消耗性的元器件的故障都属于这种类型,应按照某一使用时间或应力循环数来规定使用寿命,这对预防故障是有用的,特别是规定安全寿命对控制危险性故障模式具有重要作用。

传统维修观念的弊病在于它默认复杂设备故障的发生、发展与使用时间有着直接关系的这种假设,进而导致相信复杂设备如果不在恰当的时间内拆修,故障就会发生。而按照这个假设进行拆修,在两次拆修之间,特别是在刚拆修之后不久,不应该有故障发生;即使发生了故障,也不能归咎于拆修,以为做了维修工作总会是"有益"的;没有认识到复杂设备故障的发生是随机的,不能假设故障在设备使用一段时间之后才发生。定时拆修不仅对控制故障没有作用,相反会给使用中本来是稳定的设备带来早期故障和造成人为差错故障,一些故障恰恰是为了预防故障所进行的维修工作而引起的,结果增大了总的故障率,客观上帮了倒忙。所以,定时拆修不是对付故障普遍适用的有力武器。

3.2.2 潜在故障与功能故障

1. 内容要点

提出潜在故障的概念,可使设备在不发生功能故障的前提下得到充分地利用,达到安全、经济使用的目的。

传统维修观念与以可靠性为中心的维修理论对于预防功能故障的不同策略见表 3-2。

表 3-2 预防功能故障的不同对策

传统维修观念	无明确的潜在故障观念,少量视情维修也往往是根据故障频率或故障危险程度来确定的。如果定时维修和视情维修二者在技术上都可行,采用定时维修
以可靠性为中心的维修理论	有明确的潜在故障观念,视情维修是根据故障发展为功能故障的间隔时间来确定的。如果定时维修和视情维修二者在技术上都可行,采用视情维修

2. 内容说明

以可靠性为中心的维修理论采用视情维修的依据是多数机件的故障模式有一个发展的过程,不是瞬间突然出现的,在机件尚未丧失其功能之前有征兆可寻,可根据某些物理状态或工作参数的变化来判断其功能故障即将发生。例如,飞机轮胎磨损发生故障之前,先磨去胎面胶,露出胎身帘线层,如果在临近发生功能故障之前将其更换或修理,就可以防止功能故障的发生或避免功能故障的后果。这种在临近功能故障之前可以确定机件将不能完成预定功能的状态,即潜在故障。所谓潜在故障是一种指示功能故障即将发生的可鉴别的状态。

潜在故障的"潜在"二字包含着两重特殊的意思:①潜在故障是指功能故障临近前的状态,而不是功能故障前任何时刻的状态;②机件的这种状态经观察或检测是可以鉴别的;反之,则该机件就不存在潜在故障。

设备的机件、零部件、元器件的磨损、疲劳、腐蚀、老化、失调等故障模式大都存在由潜在故障发展到功能故障的过程,检测机件潜在故障的工作即为视情维修,其目的在于发现潜在故障,以便预防功能故障。这种工作是对机件状态的定量检测,通常要使用仪器设备,并要求有明确的潜在故障和功能故障的定量判据。

图 3 - 1 表示了由潜在故障发展到功能故障的过程。A 点为故障开始的发生点,P 点为能够检测到的潜在故障点,F 点为功能故障点,T 为由潜在故障发展到功能故障的间隔期,T_C 为视情维修检测的间隔期。由图可见,视情维修的检测间隔期 T_C 只有小于 T 时才有可能在功能故障发生前检测到潜在故障。一般 T_C 应为 T 的几分之一,在 T 内做几次检测,以防漏检。但检测过于频繁又会浪费资源,需综合权衡确定 T_C。视情维修要求第一次检测间隔期要长到能发现恶化的某种实际迹象,而重复检测间隔期要短到能保证在功能故障出现之前检测到潜在故障。

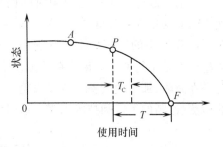

图 3 - 1 潜在故障发展到功能故障的过程
A—故障开始发生点;P—潜在故障点;
F—功能故障点。

以可靠性为中心的维修理论提出的潜在故障概念,使机件或设备在潜在故障阶段得到更换或修理,因而可利用潜在故障来防止功能故障的出现,使机件在不发生功能故障的前提下得到充分利用,达到既安全又经济的使用目的,这正是现代维修理论的一个重要贡献。

传统维修观念无明确的潜在故障的概念,少量视情维修也往往是根据故障频率或故障危险程度来确定的。直观认为,故障经常出现的就应该经常去检查,故障危险程度大的更应该多加检查,这种企图以多做维修工作来对付故障的做法导致了维修工作陷入盲目被动的局面。为了防止故障,应加强维修工作的针对性而不能采用加大维修工作量的简单方法。以可靠性为中心的维修是根据潜在故障发展为功能故障的间隔期 T 来确定视情检测间隔期 T_C 的,而且要求 $T_C < T$,以确保潜在故障能够检测出来,从而防止功能故障的出现。

传统维修观念夸大了定时维修的作用,误认为定时维修是对付故障最有效的武器;当定时维修和视情维修二者在技术上都可行时,优先采用定时维修。以可靠性为中心的维修理论正好相反,不是定时维修优先,而是视情维修优先,因为采用视情维修,意味着每一个机件都能实现其几乎全部有用寿命,达到经济使用的目的,也意味着能用鉴别潜在故障的办法来防止功能故障的出现,达到安全使用的目的,并且能减少大量定时拆修的工作量。所以,视情维修才是对付故障最有效的武器。当定时维修和视情维修二者在技术上都可行时,应该优先采用视情维修,把工作重点放在扩大视情维修上。

人们早就习惯用感官(如视觉、听觉、触觉、嗅觉)检测潜在故障,其优点是检测潜在故障的范围广泛,缺点是不够精确。在潜在故障的早期,从图3-2可知,与正常状态的偏差较小,大部分较小的偏差往往超出了人的感官范围。为了尽早准确地检测出潜在故障,需要借助各种仪器设备,如铁谱仪、滑油光谱仪、振动监测仪、无损探伤仪、发动机状态监控设备等。由于检测和诊断手段不同,同一故障模式在功能故障之前可能有几个潜在故障点。例如,考虑一个滚动轴承的磨损故障模式,其功能故障之前的几个潜在故障点见图3-2。

如图3-2所示,A点为故障开始发生点,P_1为振动分析检测出的振动特性发生变化的潜在故障点,P_2为油质分析检测出的潜在故障点,P_3为噪声分析检测出的潜在故障点,P_4为手摸发热的潜在故障点,F为功能故障点。在出现功能故障之前,要尽量采用不同的手段检测出相应的潜在故障点,以达到避免出现功能故障的目的。

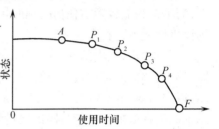

图3-2　同一故障模式在功能
故障前的不同潜在故障点

设备的故障率不是随使用时间而变化时,或者随着使用时间的增加而降低时,实施定时维修是没有意义的。然而故障发生的影响是不容忽视的,不采取一定的维修措施当然是不行的。如果能在故障发生之前,通过检测或状态监视,在设备运转过程中及时发现潜在故障,那么使设备的故障率趋于零的理想预防性维修也是可能的,这主要取决于所采用的检测、诊断的手段和技术水平。这时设备的平均故障间隔时间为

$$\bar{t} = \frac{1}{\lambda} = \frac{T_d + (1-p)T_f}{1-p} \qquad (3-1)$$

式中:$\bar{t}$为设备采用视情维修后的平均故障间隔时间;λ为设备采用视情维修后的故障率;p为检测出潜在故障的概率;T_d为设备在潜在故障前的平均工作时间;T_f为设备从潜在故障到功能故障之间的平均工作时间。

当$p=0$时,即完全不进行视情维修,等到故障后才进行修复性维修,则$\bar{t}=T_d+T_f$;当$p=1$时,即100%地检测出潜在故障,使故障率$\lambda \to 0$或$\bar{t} \to \infty$,达到了理想的预防性维修境界。

3.2.3　隐蔽功能故障与多重故障

1. 内容要点

检查并排除隐蔽功能故障是预防多重故障严重后果的必要措施。

传统维修观念与RCM,对于预防多重故障的不同对策见表3-3。

表3-3　预防多重故障的不同对策

传统维修观念	无隐蔽功能故障概念,不了解隐蔽功能故障与多重故障的关系,并认为多重故障的严重后果是无法预防的,只有听天由命
以可靠性为中心的维修理论	有隐蔽功能故障概念,了解隐蔽功能故障与多重故障有着密切的关系,认识到多重故障的严重后果是有办法预防的,至少可以将多重故障概率降低到一个可以接受的水平,它取决于对隐蔽功能故障的检测频率和更改设计

2. 内容说明

隐蔽功能故障是正常使用设备的人员不能发现的功能故障。可分为两种情况:①正常情况下工作的设备,其功能故障对于正常使用设备的人员是不明显的;②正常情况下不工作的设备,使用时是否良好,对正常使用设备的人员是不明显的。例如,一些动力装置的火警探测系统属于第一种情况。在该系统中,只要动力装置在使用,它就在工作,但其功能对正常使用动力装置的人员是不明显的,除非它探测到了火灾;如果它出了某种故障,探测不到火灾,则该故障就是隐蔽的。配合火警探测系统的灭火系统属于第二种情况。除非探测到了火警,否则灭火系统是不工作的,只有当需要使用它时,使用人员才发现它能否工作。

多重故障是指由连续发生的两个或两个以上独立故障所组成的故障事件;它可能造成其中任一故障不能单独引起的后果。多重故障与隐蔽功能故障有着密切的关系。如果隐蔽功能故障没有及时被发现和排除,就会造成多重故障的可能性,产生严重的后果。例如,前面说到的火警探测系统和灭火系统的故障都是隐蔽功能故障,如果使用时故障连续发生并有火灾,则后果是严重的。

随着设备现代化、自动化程度的提高,人们对设备的使用安全要求也更严格。为此,常采用一些保护装置来保障设备的正常运转,如各种备用系统、冗余构件。当被保护设备工作正常时,保护装置的故障亦即隐蔽功能故障并没有直接的后果。因此,隐蔽功能故障容易被忽视,不注意检查,未能及时发现已存在的问题。但是,一旦被保护设备也出现故障时,就会出现多重故障,甚至可能造成严重后果。如果能够保证保护装置的隐蔽功能故障不出现,那么即使被保护设备功能发生故障,多重故障也不会发生。

需要付出多大的代价来检查和排除隐蔽功能故障取决于多重故障的后果。检查并排除隐蔽功能故障是预防多重故障严重后果的必要措施。传统维修观念无隐蔽功能故障概念,不了解隐蔽功能故障与多重故障的关系,并认为多重故障的严重后果是无法预防的,只有听天由命。而以可靠性为中心的维修理论有隐蔽功能故障的概念,了解隐蔽功能故障与多重故障之间有着密切的关系,认为多重故障的严重后果是有办法预防的,至少可以将多重故障的发生概率降低到一个可以接受的水平,这取决于对隐蔽功能的检测频率和对设计方案的更改。

3.2.4 预防性维修的作用

1. 内容要点

有效的预防性维修工作能够以最少的资源消耗来保持设备的固有可靠性水平,但不可能超过这个水平。要想超过这个水平,只有重新设计设备。

传统维修观念与以可靠性为中心的维修理论,对预防性维修作用的不同认识见表3-4。

表3-4 对预防性维修作用的不同认识

传统维修观念	预防性维修能够提高设备的固有可靠性水平,能够使设备保持做所期望做到的事情
以可靠性为中心的维修理论	预防性维修不能够提高设备的固有可靠性水平,最高只能保持或达到设备的固有可靠性水平

2. 内容说明

传统维修观念认为,预防性维修能够提高设备的固有可靠性水平,能够使设备保持做所期望做到的事情。但是,"所期望做到的"和"所能做到的"常常有矛盾。所谓可靠性是设备在规定的条件下和规定的时间内完成规定功能的能力。如果设备达到所期望的功能的能力超出了所能做到的固有能力即设备固有可靠性水平,那么无论怎样维修也达不到所期望功能的能力。

维修充其量是使设备发挥其固有的能力,使其做所能做的事情。

任何设备的固有可靠性是设计和制造时赋予设备本身的一种内在的固有属性,是在设备设计和制造时就确定了的一种属性。固有可靠性包括设备的平均故障间隔时间和故障率的大小、故障的后果、故障察觉的明显性和隐蔽性、抗故障能力及下降速率、安全寿命的长短、预防性维修费用和修复性维修费用的高低等固有属性。固有可靠性水平是指对设备进行有效的预防性维修工作时所能期望达到的最高水平。有效的预防性维修工作能够以最少的资源消耗保持设备的固有可靠性水平,或者防止固有可靠性水平的降低,维修不可能把可靠性提高到固有可靠性水平之上,最高只能保持或达到设备的固有可靠性水平,没有一种维修能使可靠性超出设计时所赋予的固有水平,要想超过这个水平,只有重新设计或实施改进性维修。

3.2.5 故障后果的改变

1. 内容要点

预防性维修能降低故障发生的频率,但不能改变故障的后果,只有通过设计才能改变故障的后果。

传统维修观念与以可靠性为中心的维修理论对改变故障后果的不同认识见表3-5。

表3-5 改变故障后果的不同认识

传统维修观念	预防性维修能避免故障的发生,能改变故障的后果
以可靠性为中心的维修理论	预防性维修难以避免故障的发生,不能改变故障的后果,只有通过设计才能改变故障的后果

2. 内容说明

传统维修观念过高地估计了预防性维修的作用,以为只要认真地做好预防性维修工作,就可以"万无一失",就能够避免故障的发生,改变故障的后果。事实上,故障是难以避免的,特别是早期故障和偶然故障,是不可能靠预防性维修工作来预防的。预防性维修仅仅能够预防故障出现的次数,从而降低故障发生的频率或概率,但是不能改变故障的后果。

故障后果分为安全性后果和环境性后果、隐蔽性后果、使用性后果和非使用性后果四种。

(1)安全性后果和环境性后果。如果故障引起人身伤亡或设备毁坏的事故,那么它就有安全性后果;如果故障导致违反了国家环境保护的要求,那么它就有环境性后果。1984年印度波帕尔化工厂发生的毒气泄漏事故,1986年苏联的切尔诺贝利核事故等对环境的影响,使人们更加重视故障的环境性后果。当今世界,设备故障对环境保护的影响是企业生存的先决条件,严重的甚至会发展到不允许生产的地步。所以,对环境保护与安全生产应同等重视。

以可靠性为中心的维修总是在最保守的水平上评估安全性后果的。事实上,一些对安全和环境有威胁的故障,不一定每次都有这样的后果。但是,问题不在于是否必然有这样的后果,而在于是否可能有这样的后果。如果没有确凿的证据证明故障对安全和环境没有影响,那么,就先暂定它对安全和环境有影响。

(2)隐蔽性后果。隐蔽性后果是指一个隐蔽功能故障和另一个或几个功能故障的结合所产生的多重故障的影响。它不是一个功能故障的直接影响,而是多重故障的影响。隐蔽功能故障本身对设备没有直接的后果,只有能增大多重故障概率的间接后果,但多重故障一旦发生,往往具有安全性和环境性等严重后果。

(3)使用性后果(经济性的)。如果故障影响设备的使用能力或生产能力,那么它就具有使用性后果。这种后果最终体现在经济性上。

（4）非使用性后果（经济性的）。如果故障不影响设备的安全、使用和环境保护要求，只涉及修复性维修费用，那么它就具有非使用性后果。这种后果也是体现在经济性上。

故障后果的改变，不决定于维修而决定于设计。预防性维修可以降低故障发生的概率，但不能改变故障的后果。具有安全性后果的故障一旦发生，所造成的影响仍然是安全性的，只有通过设计才能改变故障的后果。对具有安全性和环境性后果的故障，通过设计，如采用冗余技术或损伤容限设计，使其不再具有安全性或环境性的后果；也可通过设计，增加安全装置，把故障发生的概率降低到一个可以接受的水平。对具有隐蔽性后果的故障，通过设计，如用明显功能代替隐蔽功能，使其不再具有隐蔽性的后果；也可通过设计，并联一个甚至几个隐蔽功能，虽然仍是隐蔽性的，但可以把多重故障概率降低到一个可以接受的水平。对具有使用性后果的故障，通过设计，也可将其改变为可以接受的经济性后果。

3.2.6 预防性维修工作的确定

1. 内容要点

预防性维修工作是根据故障的后果和做维修工作既技术可行又值得做来确定的；否则，不做预防性维修工作，需要考虑更改设计。

传统维修观念与以可靠性为中心的维修理论对于确定预防维修工作的不同对策见表3-6。

表3-6 确定预防性维修工作的不同对策

传统维修观念	对可能出现的任何故障都要做预防性维修工作
以可靠性为中心的维修理论	只有故障后果严重而且做维修工作既技术可行又值得做时才做预防性维修工作，否则，不做预防性维修工作

2. 内容说明

传统维修观念认为，对可能出现的任何故障都要做预防性维修工作，维修工作做得越多，越能够预防故障。但实践证明，无论怎样加大预防性维修的工作量、维修的深度和广度，故障仍旧发生，设备的总故障率不见下降反而上升，使"多做维修工作能够防止故障"的观念受到了挑战。以可靠性为中心的维修理论首先是按故障的后果，然后按做维修工作既技术可行又值得做来确定预防性维修工作。

"技术可行"、"值得做"是有特定含义的。"技术可行"是指该类维修工作与设备或机件的固有可靠性特性是适应的；"值得做"是指该类维修工作能够产生相应的效果。

"技术可行"分定时维修、视情维修和隐患检测三种情况：

（1）定时维修的技术可行：设备或机件必须有可确定的耗损期；设备或机件的大部分能工作到该耗损期；通过定时维修能够将设备或机件修复到规定的状态。

（2）视情维修的技术可行：设备或机件功能的退化必须是可探测的；设备或机件必须存在一个可定义的潜在故障状态；设备或机件在从潜在故障发展到功能故障之间必须经历一段较长的时间。

（3）隐患检测的技术可行：隐患检测的技术可行是指能否确定隐蔽功能故障的发生。

"值得做"也分三种情况：

（1）对安全性后果、环境性后果和隐蔽性后果，要求能将发生故障或多重故障的概率降低到规定的、可接受的水平。

（2）对使用性后果，要求预防性维修费用低于使用性后果的损失费用和修理费用。

（3）对非使用性后果,要求预防性维修费用低于修理费用。

故障后果是确定预防性维修工作的一个重要依据。对于具有安全性和环保性后果或隐蔽性后果的故障,只有当预防性维修工作技术可行并且又能把这种故障发生的概率降低到一个可以接受的水平时,才需要做预防性维修工作,否则,就不需要做预防性维修工作,必须更改设计。对于具有使用性后果的故障,只有当预防性维修费用低于使用性后果所造成的损失费用加上排除故障费用时,才需要做预防性维修工作,否则,就不必做预防性维修工作,而也许需要更改设计。对于具有非使用性后果的故障,只有当预防性维修费用低于修理费用时,才需要做预防性维修工作,否则,就不必做预防性维修工作,而也许宜于更改设计。对于一些后果甚微或后果可以容忍的故障,除了日常清洁、润滑之外,不必采取任何预防措施,不必做预防性维修工作,让这些机件一直工作到发生故障之后才做修复性维修工作,这时唯一的代价只是排除故障所需的费用,而机件的使用寿命可以得到充分利用。也就是说,不是根据故障而是根据故障的后果来确定预防性维修工作的,这比预防故障本身更为重要。只有当故障后果严重,而且所做的维修工作既技术可行又有效果时,才做预防性维修工作,否则,就不必做预防性维修工作,而需要更改设计。是做维修工作还是更改设计的确定,见表3-7。

表3-7　预防性维修工作与更改设计的确定

技术可行 又值得做 ＼ 故障后果	安全性、环境性后果	隐蔽性后果	使用性后果	非适应性后果
是	预防性维修	预防性维修	预防性维修	预防性维修
否	必须更改设计	更改设计	也许需要更改设计	也许宜于更改设计

在多数情况下,机件往往难以找到一种合适的预防性维修工作。这也许是因为故障的后果很轻,以致做维修工作的费用不合算;也许是因为故障的后果严重而维修工作不能把故障或多重故障概率降低到所要求的水平。此外,像机电、电子、电器等复杂设备,没有证据能表明维修工作会改善其可靠性,而且维修的结果总是可能引入新的故障,因此,也不必做预防性维修工作。这就使得不做预防性维修工作的机件数目远远大于需要做预防性维修工作的机件数目。例如,现代飞机的几万件机件中往往只有几百件需要做预防性维修工作,使日常维修工作量大幅度地减少,从而提高预防性维修工作的针对性、经济性和安全性。由于以可靠性为中心维修理论的发展,以及由于状态监控技术和冗余设计技术的应用,从20世纪50年代中到80年代初,民用运输机预防性维修和修复性维修工作机件数目发生了很大的变化,见表3-8。

表3-8　预防性维修和修复性维修数量的变化

年份/年	运输机	预防性维修		修复性维修 （状态监控）/%
		定时维修/%	视情维修/%	
1955	DC-6	100	0	0
1962	B-707,DC-8	50	50	0
1968	B-727,DC-9	35	50	15
1970	B-737,BAC-111	20	40	40
1981	B-747	0.5	16.5	83

3.2.7 初始预防性维修大纲的制定

1. 内容要点

设备使用前的初始预防性维修大纲制定后,需要在使用期间收集使用数据资料,不断修订,逐步完善。

传统维修观念与以可靠性为中心的维修理论,对于制定预防性维修大纲的不同对策见表3-9。

表3-9 制定初始预防性维修大纲的不同对策

传统维修观念	初始预防性维修大纲是在设备投入使用之后才去制定,一经制定,一般不修订
以可靠性为中心的维修理论	初始预防性维修大纲是在设备投入使用之前的研制阶段就着手制定,一般是不够完善的,需要在使用中不断地修订,才能逐步完善

2. 内容说明

传统维修观念重设计轻维修,维修被视为"事后"工作,只有在设备研制出来后,甚至投入使用后,才开始考虑维修的问题。初始预防性维修大纲是在设备投入使用之后才去制定,一经制定,一般不修订。以可靠性为中心的维修理论认为,使用维修是设计制造的出发点和落脚点,维修工作的内容、时机等决定于设计,预防性维修大纲不能推迟到设备制造出来后才着手制定,应在研制初期充分考虑使用维修的要求,通过设计来优化预防性维修大纲,以保证新设备及时投入使用;同时,设备投入使用之前的统计信息总是先天不足的,因此,使用前的初始预防性维修大纲一般是不够完善的,需要在使用中收集数据资料,不断修订才能逐步达到完善。

在制定初始维修大纲时,可用的数据资料通常只限于类似机件的以往经验、对研制部门设计的了解,以及新设备研制试验和疲劳试验的结果。利用这些数据资料可以粗略地估算出使用寿命和间隔期。在没有足够数据资料确定故障特性时,可采取保守的"暂定答案"对策,此时所确定的间隔期比较短。如果研制部门采用了较多的新技术、新材料和新工艺,或者设备将在一种新环境中使用,这个使用寿命和间隔期也许更短。用于确定使用寿命和最佳间隔期所需要的数据资料,只有在设备投入使用之后才能取得。如果机体故障后果是严重的,首次故障后为了避免严重事故的再一次出现,必然采取更改设计的措施,此后就不会再有这种故障机件的后续数据资料了。如果机件故障后果不严重,虽然可以收集到机件出现故障以后的完整使用数据资料,但有没有这些数据资料都无关紧要。因此,在制定初始预防性维修大纲时,统计信息总是会出现"先天不足"的情况,只有依据不完善的或不确实的推测数据;此外,还要对尚未发生,而且可能永远不会发生的故障模式的可能性和后果做出决断。在这种情况下,漏掉某些故障模式和故障影响是不可避免的,同时也会错误地评估某些机件的故障后果和维修频率。因此,使用前的初始预防性维修大纲一般是不够完善的,需要在使用过程中不断地收集使用数据资料,及时地进行动态修订,才能逐步地趋于完善。

3.2.8 预防性维修大纲的完善

1. 内容要点

预防性维修大纲只有通过使用维修部门和研制部门长期共同协作才能逐步完善。

传统维修观念与以可靠性为中心的维修理论,对于完善预防性维修大纲的不同对策见表3-10。

表3-10 完善预防性维修大纲的不同对策

传统维修观念	一个完善的预防性维修大纲能单独由使用维修部门或研制部门制定出来
以可靠性为中心的维修理论	一个完善的预防性维修大纲不能单独由使用维修部门或研制部门制定出来,只有通过双方长期地共同协作才能完成

2. 内容说明

　　传统维修观念认为，设备的维修任务由使用维修部门来完成，因为他们熟悉维修工作，因此，可以制定出一个完善的维修大纲。多年来，我国设备维修大纲基本上是由使用维修部门自己单独制定的。但是，维修只能在固有可靠性水平的基础上才能施加影响、发挥作用，维修不可能把可靠性水平提高到固有水平之上。如果研制时固有可靠性水平"先天不足"，投入使用后将会"后患无穷"，这时的维修只能面对固有可靠性水平不足所带来的寿命短、故障多、维修频繁、可用率低、费用高等一系列问题。由此可见，使用维修部门难以单独制定出一个完善的预防性维修大纲。随着市场经济的发展，用户购买新设备时，要求研制部门提供相应的预防性维修大纲，作为供货合同的一项内容，但这并不意味研制部门就知道用户所要求的各种事项。研制部门虽然了解设备设计、制造和试验方面的情况，但不可能完全知道今后在使用维修中将会出现的各种问题。由此可见，研制部门也难以单独制定出一个完善的预防性维修大纲。因此，需要使用维修部门与研制部门共同协作，才能逐步制定出一个完善的预防性维修大纲。过去，我国研制部门一般不负责制定预防性维修大纲，但随着市场经济的发展，用户购买新设备时，往往要求研制部门提供相应的预防性维修大纲，作为供货合同的一项内容，但这并不意味着研制部门就知道用户所要求的各种事项。研制部门虽然掌握设备设计、制造和试验方面的资料，知道设备的应力和抗力水平，但不可能完全知道今后在使用维修中将会出现的各种问题，特别是一些难以预测的故障模式及其后果。所以，研制部门也难以单独制定出一个完善的维修大纲。

　　设备的固有可靠性特性是由研制部门设计、制造出来的，而这个特性又是靠使用维修部门实施预防性维修工作来保持的，因此，固有可靠性的目标需要研制部门和使用维修部门双方共同努力来实现。由表3-7可知，解决不同故障后果的办法有，或者做预防性维修工作，或者更改设计，这两种办法中究竟选择哪一种，需要设计研制与使用维修双方对问题和目标的相互了解和密切协作。维修类型和维修间隔期决定于设计，预防性维修大纲不能推迟到设备制造出来后才着手制定，而应在设备研制初期就认真考虑维修要求，优化设计方案。也就是说，从设计上来考虑如何防止严重故障后果的出现，如何降低故障率，如何使零部件便于检测，便于故障件的更换，使隐蔽功能故障变为明显功能故障、消除维修费用特别高的故障模式等。通过维修实践的检验，暴露问题后再修改设计方案，经反复多次修改才能逐步达到提高维修效果、降低维修费用、保证使用安全的目的。所以，一个完善的预防性维修大纲只有通过使用维修部门与研制部门长期共同协作才能逐步完善。

　　总之，从以上八个方面的分析可知，以可靠性为中心的维修理论是以设备的固有可靠性为出发点，又以保证设备固有可靠性为归宿。与传统维修观念相比，以可靠性为中心的维修理论并不认为预防性维修工作做得越多，越频繁，可靠性就越高；而是只做那些"必须做"和"以做为好"的维修工作，消除了那些不必要的或起副作用的维修工作，大幅度减少了预防性维修的工作量和费用，有效地克服了传统维修观念不是使"维修过剩"就是使"维修不足"的弊病，在保证设备安全使用和提高设备经济效益方面正确地发挥维修的作用。

3.3　以可靠性为中心的维修分析

3.3.1　以可靠性为中心的维修分析的基本内容

　　以可靠性为中心的维修分析，一般分为三部分：

（1）系统和设备以可靠性为中心的维修分析。其目的是确定系统和设备的预防性维修要求，包括维修的产品和项目、维修方式或维修工作类型、间隔期以及维修级别。该方法适用于各种类型的设备预防性维修大纲的制定，具有通用性。

（2）结构以可靠性为中心的维修分析。其目的是确定结构项目的预防性维修要求，主要是检查等级、方法和间隔期以及维修级别。该方法适用于大型复杂装备的结构部分，包括各承受载荷的结构项目（即承受载荷的结构元件、组件或结构细部），如飞机的结构。

（3）区域检查分析。其目的是确定区域检查的产品、项目以及间隔期要求，该方法适用于需要划区进行检查的大型装备、飞机、舰船等。对于地面上使用的一些常规装备，其结构件大都是按静强度理论设计而成的，有足够的安全系数，一般不需要进行结构项目和区域检查分析，只进行系统和设备的以可靠性为中心的维修理论分析。

对于不同类型的装备，开展以可靠性为中心的维修分析，尽管有所不同或有不同的侧重点，但大都包含如下基本步骤：

（1）确定重要功能项目；

（2）对每个重要功能项目进行故障模式影响分析；

（3）应用逻辑决断图确定预防性维修工作类型；

（4）确定预防性维修工作的频率或间隔期；

（5）提出预防性维修工作的维修级别的建议；

（6）进行维修间隔期探索。

其中，前三步是不可缺少的步骤，后两步则根据以可靠性为中心的维修理论分析应用的具体要求，有选择或有侧重地进行。这里简要介绍系统和设备的以可靠性为中心的维修理论分析、结构以可靠性为中心的维修理论分析的基本过程，其他部分，可参考 GJB1378—1992《装备预防性维修大纲的制定要求与方法》。

3.3.2 系统和设备以可靠性为中心的维修分析

1. 重要功能产品的确定

现代复杂装备是由大量的零部件组成的，若对其进行全面的以可靠性为中心的维修理论分析，工作量很大，而且也无此必要。事实上，许多产品的故障对装备整体并不会产生严重的影响，这些故障发生后能够及时地加以排除即可，其故障后果往往只影响事后修理的费用，且该费用往往并不比预防性维修的费用高。因此，进行以可靠性为中心的维修理论分析时没有必要对所有的产品逐一进行分析，只有会产生严重故障后果的重要功能产品（项目）（FSI，Functionally Significant Item）需做详细的以可靠性为中心的维修理论分析。

重要功能产品是指其故障会有下列后果之一的产品或项目：①可能影响装备的使用安全；②可能影响任务的完成；③可能导致重大的经济损失；④隐蔽功能故障与其他故障的综合可能导致上述后果；⑤可能有二次性后果导致上述一项或多项后果。

（1）确定 FSI 的过程与方法。确定 FSI 的过程是一个比较粗略、快速且偏于保守的分析过程，不需要进行非常深入的分析。具体方法如下：①将功能系统分解为分系统、组件、部件……直到零件，见图 3－3；②沿着系统、分系统、组件……的次序，自上而下按产品的故障对装备使用的后果进行分析确定 FSI，直到产品的故障后果不再是严重时为止，低于该产品层次的都是非重要功能产品 NFSI。

FSI 的确定主要是依靠工程技术人员的经验和判断力，不需进行 FMEA。若在此之前已进

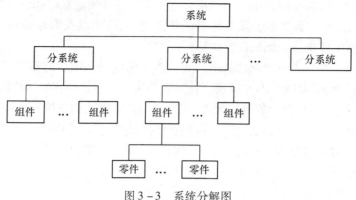

图 3 - 3　系统分解图

行了 FME(C)A,则可直接引用其分析结果来确定 FSI。对某些产品,如其故障后果不能肯定,应保守地划为 FSI。对于隐蔽功能产品,由于其故障对操作人员不明显,可能产生严重后果,因此,通常将其都作为 FSI。

(2) 确定 FSI 的技术关键。

① FSI 的层次。在 FSI 确定过程中,应选择适宜的层次划分 FSI 和 NFSI。所选层次必须要低到足以保证不会有功能和重要的故障被漏掉,但又要高到功能丧失时对装备整体会有影响,不会漏掉系统或组件间内部某些产品相互作用而引起的故障。

② FSI 和 NFSI 的性质。主要有:包含有重要功能产品的任何产品,其本身也是重要功能产品;任何非重要功能产品都包含在它以上的重要功能产品之中;包含在非重要功能产品内的任何产品,也是非重要功能产品。

掌握 FSI 上述性质后确定 FSI 与 NFSI,将会简便迅速得多。

2. 故障模式影响分析

对每个重要功能项目进行故障模式和影响分析(FMEA,Failure Mode and Effect Analysis),进一步明确其故障模式及后果。为维修任务确定提供信息,针对不同的故障模式及影响采取不同的维修工作类型和维修保障措施。

3. 预防性维修工作类型的确定

在以可靠性为中心维修的逻辑决断分析法中有四种基本的维修工作,即定时拆修、定时报废、视情维修和隐患检测四种维修类型,此外,还有一种综合性工作,即实施上述四种维修类型中的两种或两种以上的预防性维修工作。通过回答逻辑决断图中的一系列问题,即可决断出技术上可行且值得做的维修工作类型,否则应考虑更改设计方案。每个重要功能产品的每种故障模式,都必须进行逻辑决断分析。

重要功能产品的逻辑决断分析是系统的可靠性为中心的维修分析的核心内容,它是应用逻辑决断图来确定各重要功能产品需做的预防性维修工作或其他处置。

逻辑决断图由一系列的方框和矢线组成,带问号的是逻辑决断(是或否)方框,不带问号的是输出结果,指出选择的维修方式或维修工作类型,矢线指出流程方向或输出。决断的流程始于决断图的顶部,然后由对问题的回答"是"或"否"确定流程的方向。

20 世纪 60 年代以来,先后出现了 10 多种逻辑决断图。按其输出的维修工作来划分,有泛美航空公司用来确定三种维修方式的 MSG - 2 逻辑决断图,有诺兰等人建立的用于确定四种维修工作类型的 RCM1 逻辑决断图,还有目前我国国军标采用的、用于确定系统和设备七种维修工作类型的 RCM 逻辑决断图等。这里具体介绍确定七种维修工作类型的逻辑决断图及其应用。

1980 年，西方发达国家民航界吸收 RCM1 法的优点，将 MSG－2 修改为 MSG－3，首次提出预防性维修工作的七种类型。1992 年，我国国家军用标准 GJB1378—1992《装备预防性维修大纲的制定要求与方法》也采用七种类型，国家军用标准的系统和设备 RCM 逻辑决断图见图 3－4。

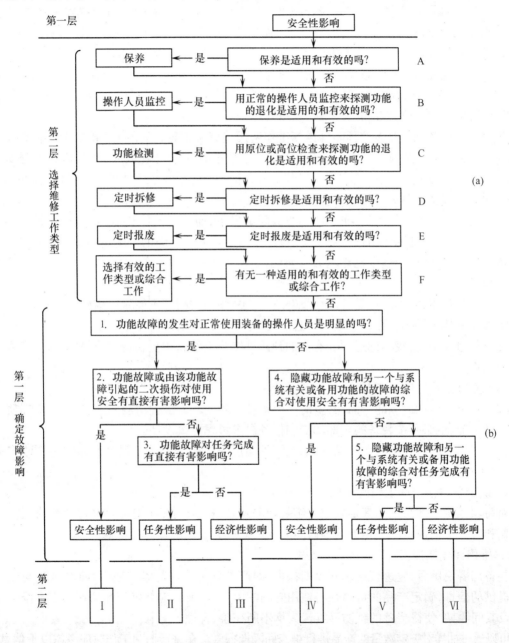

图 3－4　国家军用标准的系统和设备 RCM 逻辑决断图
(a) 第一层；(b) 第二层。

应用 RCM 逻辑决断图确定重要功能产品的维修工作类型，是在对各个重要功能产品进行 FMEA 的基础上，通过逻辑决断图（图 3－4）进行，以对图中问题回答的"是"与"否"，按流程进行分析决断。该决断图分为两层：

第一层：确定各功能故障的影响类型。根据 FMEA 结果，对每个重要功能产品的每个故障模式进行逻辑决断，然后按故障影响类型的不同分别进入第二层的不同模块（Ⅰ～Ⅵ）做进一步的分析。

第二层（问题 A～F 或 A～E）：选择维修工作类型。本层分为六个模块与第一层分析得出的故障影响类型相对应。六个模块（Ⅰ～Ⅵ）结构基本相同，内容有所差别。逻辑决断图第二层的模块Ⅰ，供明显功能故障有安全性影响的产品选择预防性维修工作之用。

对于明显功能故障可供选择的预防性维修工作类型有：保养、操作人员监控、功能检测、定时拆修、定时报废和综合工作；对于隐蔽功能故障可供选择的维修工作类型有：保养、使用检查、功能检测、定时拆修、定时报废和综合工作。

第二层中的各问题是按照预防性维修工作费用或资源消耗，以及技术要求由低到高和工作保守程度由小到大的顺序排列的，所以除了两个安全性影响分支以外，对其他四个分支来说，如果在某一问题中所问的工作类型对预防所分析的功能故障是既技术可行又值得做的话，则按最少费用保持产品固有可靠性水平的原则，不必再问以下的问题，但不适用于保养工作。因为即使在理想的情况下，保养也只能延缓故障的发生，而并不能防止故障的发生，仍需再问下面的问题，选择其他的预防性维修工作，以期尽可能地防止故障的发生。为了尽可能确保装备的使用安全，对于两个安全性影响分支来说，必须在回答完所有的问题之后，选择其中最有效的维修工作。

在分析过程中，若因缺乏足够的信息对逻辑决断图中的问题不能做出准确的回答时，应给出较为保守的暂定答案。在获得新的信息后，应重新进行决断分析。

在分析过程中，若找不到适用和有效的预防性维修工作以防止装备故障的发生，则应当进行如下工作：

（1）有安全性影响的产品，必须更改设计。

（2）对有任务性影响的产品，必要时更改设计。若产品有多种功能，一个功能故障即使不影响全部功能，也必须按装备的全部功能和任务要求考虑更改设计。

（3）对只有经济性影响的产品，应从经济性角度考虑是否要更改设计。即使不更改产品设计，也不对其进行预防性维修。

4. 确定预防性维修工作间隔期和维修级别

对每项预防性维修工作都要确定其维修间隔期及维修级别，并把各项预防性维修工作按间隔期和维修级别按相同或相近的维修间隔期组合成为成套的预防性维修工作。

5. 维修间隔期探索

装备部署使用后，应进行维修间隔期探索，即通过分析使用与维修数据、研制试验与技术手册提供的信息，确定产品的可靠性与使用时间的关系，必要时应调整产品的预防性维修工作类型及其间隔期，使得装备的预防性维修大纲不断完善、合理。

可以通过抽样对一定数量的产品进行维修间隔期探索。在进行该项工作时应考虑以下信息：①所分析产品的设计、研制与使用经验；②类似产品的维修间隔期；③所分析产品的抽样分析结果。

3.3.3 结构以可靠性为中心的维修分析

1. 结构维修分析需要收集的信息

需要收集信息的主要内容包括：结构项目外部的预防环境损伤措施和所用防护层的种类；

重要结构项目的名称、编码、位置、范围、图形、设计方法、主要受力情况、检查通道、材料、内部结构项目故障后是否会有外部迹象、余度、研制费用与维修费用等;已有的静强度试验、疲劳试验、损伤容限试验和耐久性试验的数据;损伤容限结构项目设计中的结构检查计划;类似结构的使用经验;重要结构项目的损伤评级系统等。

2. 结构以可靠性为中心的维修分析的基本过程

(1) 确定重要结构项目。按故障后果将结构项目划分为重要结构项目(SSI,Structural Significant Item)和非重要结构项目(NSSI)。凡损伤会使装备削弱到对安全或使用产生有害影响的结构项目应为 SSI,其余为 NSSI。对 SSI 需要通过评级确定检查要求,对 NSSI 不需要评级,只需按以往经验或研制方的建议确定适当的检查。

SSI 的确定按结构的层次自上而下地进行,在每一层次上综合考虑故障后果、设计原理、环境损伤和偶然损伤的敏感性、结构分解检查数据等,凡是故障会对使用安全产生有害影响的项目、安全寿命或单途径传力损伤容限项目,以及在腐蚀性大的环境下使用的或易产生环境及偶然损伤的项目都是 SSI,按照这种方法分析,直到下一层次的项目不再重要为止。

(2) 进行故障模式及影响分析。对每个 SSI 进行故障模式及影响分析,分析时应考虑其所有的功能及其可能产生的故障模式。

(3) 应用逻辑决断图确定预防性维修要求。决断时应考虑的因素:

① 材料的特性,特别是复合材料和其他新材料;

② 损伤的种类,是疲劳损伤、环境损伤还是偶然损伤;

③ SSI 对每种损伤的敏感性和探测及时性;

④ SSI 故障模式和影响分析结果,包括:损伤对安全或任务的影响程度,多部位丛生的疲劳损伤,以及由结构项目的功能故障与系统和设备产品的相互作用所引起的对装备使用特性的影响。

⑤ 检查等级,分为一般目视检查、详细目视检查、无损检测三级。其中一般目视检查是指对明显损伤的目视检查,详细目视检查是对细微损伤的细致目视检查,可能需要适当的辅助检查工具。

⑥ 影响检查工作有效性的因素,包括:SSI 位置及可达性,可检损伤尺寸及损伤扩展速率,待检查的装备数量和装备的使用时间以及首翻期、检查的间隔期。首翻期是从结构项目投入使用或储存到应做首次检查的时间,检查间隔期是首次检查后重复进行检查的间隔时间。

结构的以可靠性为中心的维修分析逻辑决断图见图 3-5。分析从顶部方框开始,图中标有 $D_i(i=1\sim6)$ 的方框表示一项逻辑决断,按其决断结果为"是"或"否"决定流程的走向;标有 $P_i(i=1\sim6)$ 的方框表示一项处理过程。

决断过程如下:

① D_1:把结构项目分为 SSI 和 NSSI。

② P_1:对于 NSSI,按以往经验确定适当工作,如采用新材料或新技术时按承制方建议。

③ P_2:对 SSI 分别对环境损伤和偶然损伤进行评级,按评级结果选择下列各项要求:检查等级、首翻期、检查间隔期、维修间隔期探索计划。

④ D_2:评审所确定的 SSI 的环境损伤和偶然损伤检查要求是否可行,如有无检查通道、用户有无所需的检查设备等,如不可行,应修改该项目的设计。

⑤ D_3:把各 SSI 分为损伤容限或耐久性项目,安全寿命项目或静强度项目。

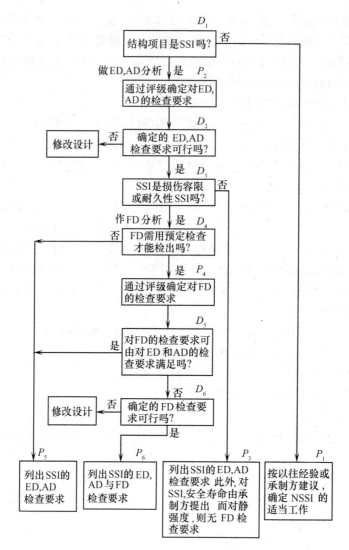

图 3 – 5 结构以可靠性为中心的维修分析逻辑决断图

SSI—重要结构项目；NSSI—非重要结构项目；ED—环境损伤；AD—偶然损伤；

FD—疲劳损伤；$D_i(i=1,2,\cdots,6)$——项逻辑决断；$P_i(i=1,2,\cdots,6)$——项处理过程。

⑥ P_3：列出安全寿命 SSI 或静强度 SSI 的环境损伤和偶然损伤检查要求。此外，对安全寿命 SSI，由承制方提出安全寿命值。对于静强度 SSI，无疲劳损伤检查要求。

⑦ D_4：分析确定疲劳损伤是否需要预定检查才能发现，若不需要则只需列出对环境损伤和偶然损伤的检查要求(P_5)，不必另定对疲劳损伤的检查要求。

⑧ P_4：通过评级确定对疲劳损伤的各项检查要求：检查等级、首翻期，检查间隔期、维修间隔期探索计划。

⑨ D_5：判定所确定的疲劳损伤检查要求是否可由环境损伤与偶然损伤的检查要求来满足。如果答案是肯定的，则对所分析的项目不必另定疲劳损伤预定检查要求，此时只需列出对环境损伤和偶然损伤的检查要求(P_5)。

⑩ D_6：判定确定的疲劳损伤检查要求是否可行，如有无检查通道、用户有无所需的检查设

56

备等。如不可行,应修改该项目的设计。

⑪ P_6:列出该 SSI 的三类损伤的检查要求。

(4) 损伤评级并确定检查要求。每个 SSI 都要进行损伤严重程度的损伤评级。评定该项目对损伤的敏感性和探测及时性的级号,以便按级号大小来确定相应的检查要求。通常级号小表示损伤影响大,对检查的要求高。

评定时要采用一定的评级系统。评级系统是按照一定的准则用评分的方法把各类损伤对结构项目的影响程度量化的一套程序。国家军用标准 GJB1378—1992 附录 D 中推荐了一种评级系统,订购方与承制方可协商选用某种评级系统,但要考虑尽可能选用与承制方的设计方法相适应的评级系统。

结构检查的主要目的是及时检出损伤。应按 SSI 对各种损伤的评级结果确定相应的检查要求,包括检查等级、首翻期和检查间隔期等。检查等级分为一般目视检查、详细目视检查和无损检测。对级号较大的且损伤有外部迹象的结构项目,可选一般目视检查;对级号较小的重要结构项目,可考虑做详细目视检查;对一些特定部位、隐蔽的或已知的出过问题的项目一般用无损检测。

(5) 维修间隔期探索。主要是通过领先使用计划进行,分为对疲劳损伤的领先使用和计划相对环境损伤的领先使用计划两种。领先使用装备应为使用时间超过某一数值的装备。

对疲劳损伤的领先使用计划。领先使用计划的目的在于提高对疲劳损伤的检出概率,它包括领先使用装备的条件、数量、要做检查的 SSI、首翻期和间隔期。

对环境损伤的领先使用计划。用于确定最佳的详细目视检查或无损检测期限,它包括领先使用装备的条件、数量、初定的首翻期与间隔期以及检查期限的调整幅度,只要可行,应在同一装备上进行对疲劳损伤和环境损伤的领先使用。

3.4 维修间隔期的确定

以可靠性为中心维修分析的内容之一是进一步确定预防性维修工作的时机或间隔期。维修间隔期是指维修工作类型或某级检查的间隔时间。对具有安全性或使用性后果的故障,工作间隔期过长则不足以保证所需设备的安全性或使用性要求,过短又不经济。对具有经济性后果的故障,间隔期过长或过短,都会影响经济性。间隔期的长短主要取决于维修工作的有效性。新装备在投入使用前,由于信息不足,难以恰当地确定其维修间隔期。因此,一般开始都定得保守一些,在装备部署使用后,随着信息的积累再进行修正。

系统和设备以可靠性为中心的维修分析,对重要功能项目决定的七种预防性维修工作类型中,保养工作的间隔期一般是根据设计要求确定的。例如,根据所用润滑油的寿命,确定润滑间隔期;对于一般的清洗、擦拭等保养工作因费用很低,所需时间较短,可安排在日常的保养计划中,无需单独确定其工作间隔期。操作人员监控工作是由操作人员在使用装备时进行的,也无需确定工作间隔期。综合工作的间隔期是由各有关工作类型的间隔期决定的。因此,这里所说的预防性维修工作间隔期指的是如下两类工作:一类是检查工作即使用检查和功能检测;另一类是定期报废和定期维修。

3.4.1 使用检查间隔期的确定

通过使用检查(只用于隐蔽功能故障)可保证产品的可用度,避免多重故障的严重后果。

对于有安全性影响和任务性影响的情况来说，可通过所要求的产品平均可用度来确定其使用检查间隔期。假设产品的瞬时可用度为 $A(t)$、检查间隔期为 T，则平均可用度为

$$\bar{A} = \frac{1}{T}\int_0^T A(t)\,\mathrm{d}t \tag{3-2}$$

由于在检查间隔期内不进行修理，故产品瞬时可用度即为可靠度 $R(t)$，则式（3-2）为

$$\bar{A} = \frac{1}{T}\int_0^T R(t)\,\mathrm{d}t \tag{3-3}$$

若故障时间服从指数分布，故障率为 λ，则由式（3-2）可得

$$\bar{A} = \frac{1}{\lambda T}(1 - \mathrm{e}^{-\lambda T}) \tag{3-4}$$

从上述公式可见，要求 $\bar{A}$ 越大，则 T 越短，若某项使用检查工作使 $\bar{A}$ 达到规定的可用性水平时的检查间隔期短得不可行，则认为该工作是无效的，反之则有效。

例 3-1 某重要功能产品，其隐蔽功能故障的时间服从指数分布，其平均故障间隔时间为 2000h。设为防止出现具有任务性后果的多重故障，要求该产品的平均可用度为 89%，试计算该产品使用检查工作的间隔期。

解：按题意有 $\bar{A} = 0.89$，$\lambda = \frac{1}{2000}$；代入式（3-4），可解得 $T = 500h$。

3.4.2 功能检测间隔期

功能检测只适用于发展缓慢的耗损性故障，且需要有确定潜在故障的判据。对于有安全性影响和任务性影响的情况来说，可通过检查次数 n 与潜在故障发展到功能故障（$P-F$ 过程）的时间 T_c 的关系确定其间隔期。

假设规定的安全性或任务性影响的故障发生概率的可接受值为 F，在 T_c 期间要检查的次数为 n，则有

$$F = (1 - P)^n \tag{3-5}$$

$$n = \frac{\lg F}{\lg(1 - P)} \tag{3-6}$$

式中：P 为一次检查的故障检出概率。

检查间隔期 $T = \dfrac{T_c}{n}$。若 T_c 很短，则该工作就是无效的。

例 3-2 某型涡轮发动机的导向叶片需要孔探仪做定期检查，如发现叶片有裂纹时应拆修发动机，以防叶片折断打坏发动机。叶片从出现裂纹发展到折断要经过 300h，一次孔探仪检查的精度为 0.9。现要求把叶片在 300h 内折断的概率控制在 0.001，则应该多少小时做一次孔探仪检查？

解：已知 $F = 0.001$，$P = 0.90$，由式（3-6）可得 $n = \dfrac{\lg 0.001}{\lg(1 - 0.90)} = \dfrac{\lg 0.001}{\lg 0.1} = 3$。

又因 $T = \dfrac{T_c}{n}$，已知 $T_c = 300h$，则 $T = \dfrac{300}{3} = 100h$。

3.4.3 参数漂移情况的检测间隔期

许多电子装备由于受温度、湿度、电压、电流等各种应力的冲击，存在着参数逐渐漂移的现象。但参数的变化有一定的限制，当超过规定的范围时，引起产品功能故障。如果能够找出参

数漂移的变化规律,则可以根据产品可靠度要求确定检测间隔期。

(1)参数漂移的分布。实际统计表明,不少参数的变化量 $X(T)$ 服从均值为 CT ,方差为 DT 的正态分布,即

$$X(T) \sim N(CT, DT) \qquad (3-7)$$

式中:T 为检测间隔期;C 为参数的漂移系数;D 为参数的扩散系数。

实践表明,检测间隔期越长,CT 也越大,DT 也越大。

设参数的额定值为 Y_0 ,那么 T 时刻后参数值为 $Y(T) = Y_0 + X(T) \sim N(Y_0 + CT, DT)$ 。

(2)C、D 的估计值。若按检测间隔期 T 多次检测得到的参数值 $Y(T)$ 的一个容量为 n 的样本为 $Y_1(T), Y_2(T), \cdots, Y_n(T)$,则可得到该参数均值的无偏估计,即

$$Y_0 + \hat{C}T = \frac{1}{n} \sum_{i=1}^{n} Y_i(T) = \bar{Y}(T) \qquad (3-8)$$

$$\hat{C} = \frac{\bar{Y}(T) - Y_0}{T} \qquad (3-9)$$

方差的无偏估计为

$$\hat{D}T = \frac{1}{n-1} \sum_{i=1}^{n} [Y_i(T) - \bar{Y}(T)]^2$$

$$\hat{D} = \frac{\sum_{i=1}^{n} [Y_i(T) - \bar{Y}(T)]^2}{T(n-1)} \qquad (3-10)$$

(3)设备可靠度与参数漂移量。设参数的允许值范围为 (Y_L, Y_H) 。若不考虑其他故障模式,参数从额定值 Y_0 开始,在经过一个检测间隔期 T 后,参数值 $Y(T)$ 仍然落在 (Y_L, Y_H) 内的概率,就是该设备在间隔时间 T 内的可靠度,记为 $R(T)$ 。即

$$R(T) = \Phi\left(\frac{Y_H - Y_0 - \hat{C}T}{\sqrt{\hat{D}T}}\right) - \Phi\left(\frac{Y_L - Y_0 - \hat{C}T}{\sqrt{\hat{D}T}}\right) \qquad (3-11)$$

式中:$\Phi(X)$ 为标准正态分布的分布函数,可由正态分布函数表查出。

若事先给定可靠度要求 R 值,则可由式(3-4)确定该参数的检测间隔期 T 。由式(3-11)解方程求 T 是困难的,但可通过逐次试算的办法来确定 T 的近似值。

例 3-3 某设备整流电源额定输出电压 Y ,允许误差范围为 (25 ± 2.5) V,该设备原定每周检测一次电源输出电压,在每次检测时记下参数值,检测后按规定将输出电压调至额定值。现从若干台设备中获得一个容量为 183 的样本(表 3-11),求保证设备可靠度 $R(T) = 0.995$ 的检测间隔期。

解:已知 $Y_L = 22.5, Y_H = 27.5, T = 7$ (天),由表中数据可算得

$\bar{Y}(7) = \frac{1}{183} \sum_{i=1}^{183} Y_i(7) = 25.0131$;$\hat{C} = \frac{\bar{Y}(T) - Y_0}{T} = \frac{25.0131 - 25}{7} = 0.00187$;$\hat{D} = 0.0555$;

由式(3-11),得 $R(7) = \Phi\left(\frac{27.5 - 25 - 0.00187 \times 7}{\sqrt{0.0555 \times 7}}\right) - \Phi\left(\frac{22.5 - 25 - 0.00187 \times 7}{\sqrt{0.0555 \times 7}}\right)$;

$$= \Phi(3.998) - \Phi(-4.03) = 0.99997 - 0.00003 = 0.99994$$

若取 $T = 14$ (天),则

$$R(14) = \Phi(2.805) - \Phi(-2.865) = 0.99752 - 0.00205 = 0.99547$$

表 3 – 11　整流电源输出电压实测值

电压/V	23.0	23.5	23.7	24.0	24.2	24.5	24.6	24.7	24.8	24.9
出现次数	1	4	1	8	3	22	2	2	7	9
电压/V	25.0	25.1	25.2	25.3	25.5	25.5	26.0	26.3	26.5	27.0
出现次数	70	10	5	1	17	1	12	1	4	3

由表 3 – 11 可见,一周内参数漂移是很小的,如果要求该参数可靠度在 0.995 以上,则其检测间隔期可延长到两周。

3.4.4　定时拆修(报废)间隔期的确定

定时维修有定时拆修和定时报废两种类型,这两种类型的预防性维修间隔期的确定方法是相同的,所以把它们放在一起进行讨论。这两类预防性维修工作都只适用于有耗损期的产品,因此,应当掌握产品的故障规律,特别是掌握进入耗损期前的工作时间 T_w。这两类预防性维修工作间隔期的确定方法是相同的,在此,仅以定时报废为例进行讨论。

1. 两种定时报废的更换策略

定时(期)报废是指产品使用到一定时间后予以报废并进行更换。按所用时间的计时方法不同,定时更换策略可分为工龄定时更换和全部定时更换。

工龄定时更换(Age Replacement),又叫个别定时更换,是指按每个产品的实际使用时间(工龄)进行定时更换,即在装备中的单个产品,在使用过程中即使无故障发生,到了规定的更换工龄 T 也要进行更换;如未到规定工龄发生了故障,则更换新品。无论是预防更换还是故障更换,都要重新记录该产品的工作时间,相当于对计时器清零,下次的预防更换时间,应从这一时刻算起。

全部定时更换又叫成批更换(Block Replacement),是指按装备在给定的时间做成批更换,即在装备的使用过程中,每隔预定的更换间隔时间 T,就将正在使用的全部同类产品进行更换,即使个别产品在此间隔内发生故障更换过,到达更换时刻 T 时也一起更换。

2. 工龄定时更换的间隔期

(1)对于安全性影响和任务性影响。这两类工作的有效性准则则已明确:工作的间隔期 T 应短于产品的平均耗损期 $\bar{T}_\omega$。由于 T_ω 是一个随机变量,若已知 T_ω 的分布,并给出工作间隔期 T 内过早达到耗损期的概率 F 的可接受水平要求,则可确定 T。

例如,已知产品 T_ω 服从正态分布,允许故障概率 $F \leqslant 0.2\%$,T_ω 的均值 $\bar{T}_\omega = 900h$,标准偏差 $\sigma = 20h$。由概率论可知:$T \leqslant \bar{T}_\omega - 3\sigma = 900 - 60 = 840h$ 时,无故障的概率将不小于 99.83%,满足故障概率要求,可初步取工作间隔期 $T = 840h$(还要考虑工作组合)。

(2)任务可靠度要求确定工作间隔期。对于工作的有效性,有时我们更关心这种情况:装备已工作到时间 t 后,再使用一段时间 Δt 任务期间的任务可靠度。任务期间的任务可靠度是指:在执行任务开始时刻 t 可靠的条件下,经使用 Δt 时间后仍可靠的概率,即

$$R(t + \Delta t | t) = \frac{R(t + \Delta t)}{R(t)} = e^{-\int_t^{t+\Delta t} \lambda(t)\,dt} \qquad (3 - 12)$$

对于指数分布,有 $R(t + \Delta t | t) = e^{-\lambda \Delta t}$,即指数分布时,任务期间的任务可靠度与任务开始以前所积累的工作时间无关,故不应做定时维修。对于威布尔分布,$r = 0, m > 1$ 时,有

$$R(t + \Delta t | t) = \frac{e^{-\frac{(t+\Delta t)^m}{\eta^m}}}{e^{-\frac{t^m}{\eta^m}}} = e^{-\frac{(t+\Delta t)^m - t^m}{\eta^m}} \qquad (3 - 13)$$

（3）平均可用度最大为目标的更换期。采用工龄更换策略的时序图见图 3-6，在每一更换周期 T 内，平均不能工作时间为

$$\overline{T}_{d} = R(T)\overline{M}_{pt} + [1 - R(T)]\overline{M}_{ct} \qquad (3-14)$$

式中：$\overline{M}_{pt}$ 为定时更换的平均停机时间；$\overline{M}_{ct}$ 为故障更换的平均停机时间；$R(T)$ 为 T 时刻系统可靠度，即 T 时间内系统不发生故障的概率。

在一个更换间隔期内，平均能工作时间为

$$\overline{T}_{u} = \int_{0}^{T} R(t)\,\mathrm{d}t \qquad (3-15)$$

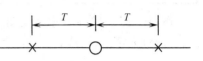

图 3-6　工龄更换策略的时序图
○—表示定时更换；×—表示故障后更换。

稳态可用度为

$$A = \frac{\overline{T}_{u}}{\overline{T}_{u} + \overline{T}_{d}} = \frac{\displaystyle\int_{0}^{T} R(t)\,\mathrm{d}t}{\displaystyle\int_{0}^{T} R(t)\,\mathrm{d}t + R(T)\overline{M}_{pt} + [1 - R(T)]\overline{M}_{ct}} \qquad (3-16)$$

为了求得最大可用度的最优更换间隔期 T^{*}，将上式对 T 求导数，并令其为零，得

$$R(T)\Big\{R(T)\overline{M}_{pt} + [1 - R(T)]\overline{M}_{ct} +$$

$$\int_{0}^{T} R(t)\,\mathrm{d}t\Big\} - \int_{0}^{T} R(t)\,\mathrm{d}t\Big\{R(T) - f(T)\overline{M}_{pt} + f(T)\overline{M}_{ct}\Big\} = 0$$

若 $\overline{M}_{ct} > \overline{M}_{pt}$，化简后有

$$\frac{\overline{M}_{pt}}{\overline{M}_{ct} - \overline{M}_{pt}} = \lambda(T)\int_{0}^{T} R(t)\,\mathrm{d}t - [1 - R(T)] \qquad (3-17)$$

按式（3-17）迭代法可求得最优更换间隔期 T^{*}。

当机件故障时间服从指数分布时，$\lambda(t) = \lambda$（常数），则式（3-17）右边为

$$\lambda \int_{0}^{T} \mathrm{e}^{-\lambda T}\,\mathrm{d}t - [1 - \mathrm{e}^{-\lambda t}] = 0$$

这时式（3-17）中含 T 的项消去，无法解出 T 来，且 $\overline{M}_{pt} = 0$。这也说明指数分布时，如果希望获得最大可用度，不需要进行定时更换。只有当 $\lambda(t)$ 是时间的增函数时，才需要进行定时更换。

最优更换间隔期 T^{*} 也可用统计数据作图求解。将式（3-17）变为

$$A_{a} = \frac{1}{1 + \dfrac{R(T)\overline{M}_{pt} + [1 - R(T)]\overline{M}_{ct}}{\displaystyle\int_{0}^{T} R(t)\,\mathrm{d}t}}$$

设　$\alpha = \dfrac{R(T)\overline{M}_{pt} + [1 - R(T)]\overline{M}_{ct}}{\displaystyle\int_{0}^{T} R(t)\,\mathrm{d}t}$，则　$A_{a} = \dfrac{1}{1 + \dfrac{T_{d}}{T_{u}}} = \dfrac{1}{1 + \alpha}$。

称 α 为不能用系数。显然，要使可用度 A_{a} 最大，就必须使不能用系数 α 最小。下面通过例子说明如何利用统计数据求最优更换间隔期。

例 3-4　某设备采用年龄更换策略维修，其故障更换平均停机时间 $\overline{M}_{ct} = 2\text{h}$，定时更换平均停机时间 $\overline{M}_{pt} = 0.5\text{h}$，可靠度随时间变化关系见表 3-12，求以最大可用度为目标的最优更换间隔期。

表 3 – 12 某设备可靠度统计数据

t/kh	0	0.2	0.4	0.6	0.8	1.0	1.2	1.4	1.6	1.8	2.0
$R(t)$	1	0.995	0.978	0.95	0.90	0.86	0.79	0.72	0.64	0.57	0.48

解:按表 3 – 12 中数据绘成图 3 – 7 的可靠度曲线。在图 3 – 7 将 $R(t)$ 曲线以 0.2kh 为单位,分成许多矩形,这些矩形的面积分别以 $S_2, S_4, \cdots$ 表示。由此有

$$\int_0^T R(t)\,\mathrm{d}t = S_2 + S_4 + S_6 + \cdots + S_T$$

计算的结果列于表 3 – 13。

表 3 – 13 某设备不可用系数 α 计算表

t/kh	$R(t)$	$1 - R(t)$	S_t	$\int_0^T R(t)\,\mathrm{d}t$	$R(t)\overline{M}_{\text{pt}}$	$[1 - R(t)]\overline{M}_{\text{ct}}$	$\alpha \times 10^2$
0	1.00	0.00					
0.2	0.995	0.005	199.5	199.5	0.498	0.01	0.255
0.4	0.978	0.022	197.3	396.8	0.489	0.044	0.133
0.6	0.950	0.050	192.8	598.6	0.475	0.10	0.0975
0.8	0.900	0.100	185.0	774.6	0.450	0.20	0.0839
1.0	0.860	0.140	176.0	950.6	0.430	0.28	0.0747
1.2	0.790	0.210	165.0	1115.6	0.395	0.42	0.728
1.4	0.720	0.280	151.0	1266.6	0.360	0.56	0.724
1.6	0.640	0.360	136.0	1402.6	0.320	0.72	0.742
1.8	0.570	0.430	121.0	1523.6	0.285	0.86	0.753
2.0	0.480	0.520	105.0	1628.6	0.240	1.04	0.0763

根据表 3 – 13 中的 α 值画曲线,得图 3 – 8。由图 3 – 8 的 α 曲线最低点 $t \approx 1.3\text{kh}$,此即最优的更换间隔期,其相应的 α 最小值为 $\alpha_{\min} \approx 0.0722 \times 10^{-2}$。

若设备故障时间为任意分布,且 $\lambda(t)$ 为增函数时,可采用该方法求解最优更换间隔期。

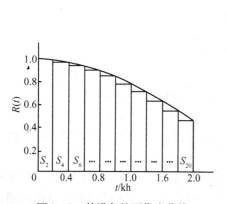

图 3 – 7 某设备的可靠度曲线

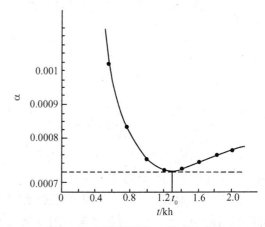

图 3 – 8 不能用系数 α 的变化曲线

3.5 航空装备维修级别分析

3.5.1 维修级别分析的基本概念

1. 维修级别的概念

维修级别(Maintenance Level),指根据装备维修的深度、广度及维修时所处场所(或机构)而划分的等级。一般分为基层级(O)、中继级(I)和基地级(D)三级。

2. 维修级别分析的定义

维修级别分析指重复地完成一系列修理级别分析,在经济性分析和非经济性分析的基础上获得有效的经济的维修体制与保障资源过程。维修级别分析的结果是做出在基层级、中继级、基地级维修或报废的决策。而做出决策的基础是:装备系统的工作要求、装备设计的技术性以及保障的经济性,由装备的工作要求所施加的约束条件,并根据机动性要求、各种保障资源的利用程度等,可以规定某些项目的维修级别。其他项目的维修级别决策可根据最佳维修费用效果与工作能力做出。

维修级别分析要反复迭代进行,它应用于系统寿命周期的所有阶段,但是它的应用深度和详细程度可以剪裁,以适合在系统寿命周期阶段进行维修级别分析时选择可用的信息量和等级。实施维修级别分析需要相当多的资料,因此,在方案论证阶段就开展维修级别分析可能不太适合,除非用户能将所涉及的不定性因素和风险定量化。当有适合的资料可用时,在全面研制阶段进行维修级别分析是最有效的。在装备研制过程中,进行维修级别分析可以从装备"优生"的角度大大地降低寿命周期费用,提高装备的作战效能。对于现役装备进行维修级别分析,可以评价装备现有的维修保障体制是否合理,并推荐可以降低现有保障费用的维修方案,这是后天的一种弥补工作。因此,根据资料的可用性,应尽早进行维修级别分析。

3. 维修级别分析的基本原则

维修级别的确定是航空维修内容分析的重要组成部分。确定的一般原则如下:

(1)维修级别的正确选择取决于完成维修任务时需要的保障设备、维修人员的技术水平、设施及维修装备对环境的要求等。

(2)实施维修所需的人力和物力等保障的要求应与该级维修能力相适应。

(3)在确定实施维修的场所和级别时,应考虑靠前维修的思想。尽量使装备接近装备的使用者,并尽可能用换件修理来保证其较好的机动性。

(4)最大限度地利用各级保障设备和现有技术条件来完成维修任务,以减少维修费用。

(5)在确定维修级别时应按照非经济性分析和经济性分析两类准则进行。经济性准则为总费用最低;非经济性准则是要求考虑其安全性、可靠性、维修性、任务成功性以及其他战术技术因素。

3.5.2 航空装备维修级别分析的程序与方法

1. 维修级别分析的程序

维修级别分析的一般流程如图 3-9 所示。

(1)划分产品层次并确定待分析产品。为了便于分析和计算,需要根据装备的结构及其复杂程度对所分析的装备划分产品层次,进而确定出待分析项目。

(2)收集资料确定有关参数。进行修理级别分析通常需要大量的输入数据,按照所选的分析模型收集数据、确定参数。进行经济性分析常用的参数有费用现值系数、年故障产品数、修复率等。

（3）进行非经济性分析。对每一待分析项目首先进行非经济性分析，推荐合理的维修级别。

（4）进行经济性分析。利用经济性分析模型和收集的资料，定量计算产品在所有可行的维修级别上维修的有关费用，以便选择确定最佳的维修级别。

（5）确定可行维修级别方案。根据分析结果，对所分析项目确定出可行维修级别方案编码。

（6）确定最优的维修级别方案。根据上述步骤所确定的备选方案，必须加以评审。评估后做出的维修决策可能与初始维修方案有出入，从而影响到系统设计和保障规划，这时就要进行反复权衡，在做出最终维修决策之前，充分评价维修方案变化所引起的后果，选择满足要求的最佳方案。

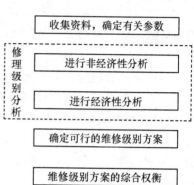

图 3-9　维修级别分析的一般流程

2. 维修级别分析的方法

维修级别分析模型与装备的复杂程度、类型、费用要素的划分、分析的时机等多种因素有关，采用的各类分析方法有其特定的应用范围。

（1）决策树法。

① 在装备上进行维修，不许将有故障的部件从装备上拆下来。这类工作比较简单，如保养、调校、检查和排除较小的故障等。其工作范围和深度取决于装备的维修性设计和基层级所具备的条件。

② 更换是否合理。当在装备上不能进行维修时，应考虑拆卸下的故障件是报废还是原件修复。这种决策要根据报废更新与修理的效费比做出。效费比分析的方法很多，若符合下式则应报废，即

$$\left(\frac{T_{\mathrm{MTBF}_2}}{T_{\mathrm{MTBF}_1}}\right)N < \frac{L+M}{P} \tag{3-18}$$

式中：T_{MTBF_1} 为新件的平均故障间隔时间；T_{MTBF_2} 为修复件的平均故障间隔时间；L 为修复修复件所需的人力（折算为货币）；M 为修复修复件所需的器材费用；P 为新件单价；N 为预先确定的可接受因子。

N 是一个百分数（50% ~ 80%），说明修复费用超过新件费用达到这个比值时，就得出报废决策。如是，具有耗损特性的产品可采用使用寿命代替平均故障间隔时间。

③ 当故障件复杂程度较高，或需要较高的修复技术和专用工具、设备时必须在基地级修理。在作 RCMA 时，也可能发现类似问题，应通过设计，尽量减少基地级修理的要求。

④ 明显的应在中继级修理是指所需人员水平不高，保障设备是通用而不复杂的。可以很明显地得出在中继级进行修理的决策。

如果故障件很难得出在哪级修理较优时，则需用费用模型协助做出正确决策，见图3-10。

（2）经济性分析模型。维修级别经济性分析模型实质是一个经济决策过程。根据不同装备及其维修要求，有很多经济性分析模型。分析各种与维修有关的费用，建立各级修理费用分解结构，并制定评价准则。国内外已有维修级别分析标准如 MIL—STD—1390D、GJB2961—

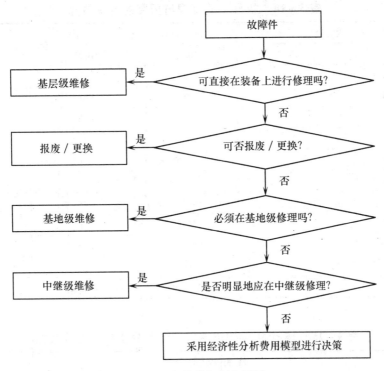

图 3 - 10　维修级别决策树

1997,详细规定了各类模型的应用方法。费用计算比较复杂,需要大量资料。费用构成要考虑全面,并将部队装备数量、年或月维修数量,同类零部件不同性质故障对费用的影响,维修效果评价原则以及不同零部件在不同维修级别进行维修的费用差异等做详细的分析研究,才能获得正确的决策。

下面列出某机件费用分析示例。

$$C_{DC} = C_{SE1} + C_{SEM1} + C_{TD1} + C_{TNG1} + C_{S1} + C_{PS} + C_{SS} + C_{RP} + C_{L1} \qquad (3-19)$$

$$C_{IC} = C_{SE2} + C_{SEM2} + C_{TD2} + C_{TNG2} + C_{S2} + C_{L2} \qquad (3-20)$$

式中:C_{DC}为某机件基地级维修总费用;C_{IC}为某机件中继级维修总费用;C_{SE}为保障装备费用;C_{SEM}为保障装备维修费用;C_{TD}为技术资料费用;C_{TNG}为训练保障费用;C_{S}为备件储存运输费用;C_{PS}为故障件包装、储存和运输费用;C_{SS}为库存费用;C_{RP}为修复件修理费用;C_{L}为人员工资。各符号中 1 表示基地级,2 表示中继级。

例 3 - 5　某装备共由 15 个机件组成,有故障的机件将在基层级加以拆卸并更换,故障件可送往中继级或基地级进行修理。机件的修理是通过更换组合件完成的,换下的组合件或是修理,或是报废。试按照寿命周期费用最佳的原则,确定各机件的修理或报废决策。

从给定条件可知,维修级别仅考虑中继级和基地级,各级的寿命周期费用由表 3 - 14 第一列各项费用构成,基地级和中继级费用因管理体制不同略有区别。机件 1 的修理与报废的费用估算见表 3 - 14。

同理可求得其他机件的修理与报废的费用估算,从而得到 15 个机件的维修级别费用分析与决策的数据,见表 3 - 15。

表 3-14 机件 1 的修理与报废的费用估算

估 算 内 容	中继级修理	基地级修理	故障时报废
1. 购置费用	10200	10200	96000
2. 维修劳力费用	12240	18360	—
3. 成套备件费用	8500	17000	326400
4. 零备件费用	10200	10200	—
5. 库存费用	3740	5440	65280
6. 专用测试和保障费用	60000	12000	—
7. 运输与装卸费用	—	12240	—
8. 维修训练费用	4500	900	—
9. 维修设施费用	5612	1918	—
10. 技术资料费用	6100	6100	—
11. 报废处理费用	408	408	4080
预计的总费用	213300	186566	491760

表 3-15 15 个机件的维修级别费用分析与决策的数据

机件	修理策略/元			维修决策
	中继级修理	基地级修理	故障时报废	
1	213300	186566	491760	基地级
2	130800	82622	75440	报 废
3	215611	210420	382452	基地级
4	141633	162912	238601	中继级
5	132319	98122	121112	基地级
6	112189	96938	89226	报 废
7	125611	142206	157982	中继级
8	99812	131413	145662	中继级
9	128460	79007	66080	报 废
10	167400	141788	314560	基地级
11	185850	142372	136740	报 废
12	135611	122453	111502	报 废
13	105667	113775	133492	中继级
14	111523	89411	99223	基地级
15	142119	120813	115723	报 废
设备总费用	2147905	1920808	2679555	基地级

根据表 3-15,可做出如下决策:机件 1 在基地级修理有利;机件 2 根本不需修理,故障后即予报废;机件 3 在基地级修理有利等。该表反映了对于每种机件应推荐的修理策略。此外,若将装备的 15 种机件作为整体组装对待时,则总的决策是以基地级修理为佳。

维修级别分析的基础是使用方案、维修方案和装备结构的约定层次。它涉及到装备的维修体制、编制、维修机构的部署、修理范围、修理能力和器材供应系统。在进行维修级别分析时需要有关的使用、保障数据和设计参数，决策时要考虑有关的非经济性因素和经济性因素。维修级别分析工作是借助一定的模型来完成的。

在未来战争中，随着战争持续时间的延长，为提高装备的作战能力、生存能力，将传统的三级维修转变为二级维修是一个有效途径。实现二级维修的方法是，在航空装备设计中，采用现代硬件组合技术和综合故障诊断技术，使研制出的新装备具有良好的自检、状态监控和综合诊断能力，减少对技术保障的依赖，缩短维修时间，提高装备使用率。

3.6 预防性维修大纲的制定与管理

3.6.1 预防性维修大纲的作用

制定预防性维修大纲，即以可靠性为中心的维修大纲（简称大纲），其目的和作用如下：

（1）通过逻辑决断法来确定既技术可行又值得做的预防性维修工作，以最少的资源消耗保持和恢复设备的安全性和可靠性固有水平。设备的安全性和可靠性固有水平是由设计与制造所赋予的，只有进行既技术可行又值得做的工作，这些水平才能充分地体现出来；如维修不良或不当，就会损害其固有水平或消耗过多的维修人力、物力资源。

（2）通过制定维修大纲，能发现将有重大影响或严重后果的设计缺陷，还是提高设备可靠性、维修性、保障性和安全性的重要途径。

3.6.2 预防性维修大纲的内容

预防性维修大纲包括预防性维修工作的产品和项目（干什么）、维修方式或维修工程类型（如何干）、维修间隔期（何时干）、维修级别（何处干和谁来干）等内容。具体包括：①需进行预防性维修的产品和项目；②需要采用的维修方式或维修工作类型；③每项预防性维修工作的维修间隔期；④每项预防性维修工作的维修级别。

3.6.3 制定预防性维修大纲的方法

如何制定有效而经济的维修大纲，一直是设备使用部门和研制生产部门探索的问题。过去制定维修大纲的方法，在一定程度上取决于从经验中学到的技艺，因人主观判断而异，缺乏理论上的分析。按照现代维修理论制定预防性维修大纲的方法是以可靠性为中心的维修分析。该方法包括：①系统和装备以可靠性为中心维修分析方法；②结构以可靠性为中心的维修分析方法；③区域检查分析方法；④预防性维修工作的组合。分析过程必须全部记录，以便评审和监控预防性维修大纲的适用性和有效性。

预防性维修大纲制定完毕后，对维修工作按维修间隔期、维修级别、专业划分等因素进行归并、组合，就可以得到一套维修规程或工作卡。维修工作规程或工作卡体现了可靠性理论与维修工作时间的有机结合，保证了以最少的资源消耗保持和恢复装备的安全性和固有可靠性水平。

3.6.4 预防性维修大纲的完善

预防性维修大纲是装备维修指导性文件，它不是一成不变的，而是随着装备的使用而不断地进行修改，特别是新研装备的预防性维修大纲，是在缺乏使用维修和故障信息的基础上制定的，因此，必须对初始预防性维修大纲进行修改。

另外,随着科学技术的发展,装备的诊断技术不断提高以及装备在使用中暴露的重大问题经研究后的装备改装,都需修改初始预防性维修大纲。

随着使用维修数据的积累,对装备的维修周期的探索的情况,也要对初始预防性维修大纲进行修改。为了能对维修周期进行探索,在新研装备投入使用后,应注意以下信息的收集:

① 装备实际出现的故障类型及其频度;

② 每个故障的后果,包括直接危及安全、严重的使用性后果、很高的维修费用、长时间的修理停用以及可推迟排除费用不大的功能故障;

③ 鉴定故障环境以确定故障是在正常使用中发生的,还是由于某种外界因素所造成的;

④ 验证部件在使用过程中,设计时所定义的维修类型是否有效;

⑤ 某些故障的机理,以决定是否重新设计或改造;

⑥ 初始大纲中作为暂定措施的工作是否适用和有效;

⑦ 对给出了维修间隔期的机件,若发生故障时应做详细记载,以便查明原因,若不发生故障,也要重新进行维修间隔期的探索。

修改过的预防性维修大纲,可在领先使用的装备上进行试用,然后再推广。在推广的使用中,要验证修改过的预防性维修大纲是否有效,以便不断重新进行预防性维修大纲的修改以确保装备的安全和任务的完成。

3.6.5　某型飞机维修大纲示例

某型飞机是我国自行研制的战斗机,在该机寿命周期过程中开展了可靠性、维修性、保障性设计等工作,制定了可靠性大纲、维修性大纲、综合使用保障大纲、测试性大纲等。这里从承制方的角度给出该机的维修大纲概要,参见表 3 - 16。

表 3 - 16　某型飞机维修大纲示例

引言
1. 综合使用保障大纲
1.1　对象及工作要求
1.2　必须考虑的工作项目,主要有:保障装备,供应保障,技术资料,人员与培训,保障设施,包装、装卸、储存及运输等。
1.3　维修方式。该型飞机采用的维修方式有三种:
(1) 定时维修。适用于故障后会直接危及飞机和人员安全的设备和机件。
(2) 视情维修。适用于能够对设备技术参数进行监测的设备和机件。
(3) 状态监控。适用于不存在耗损故障模式,而且故障后不直接危及飞机和人员安全的设备和机件。
1.4　维修级别。该型飞机实行三级维修。
(1) 一级维修(外场进行)。飞机在停机坪、起飞线上实施飞行前、飞行后、再次出动、机械日机务准备和部分定检工作。
(2) 二级维修(定检中队或师修理厂进行)。在部队修理厂(车间)和定检中队进行的部分定检工作与修理工作。
(3) 三级维修(大修厂进行)。在产品承制厂或部队大修厂进行的翻修工作。
1.5　可靠性、维修性及测试性要求
1.6　寿命要求
1.6.1　飞机寿命。飞机机体总寿命为 3000h,首翻期为 8 年 1000h。
1.6.2　发动机寿命。发动机总寿命为 1080h,首翻期为 270h。
1.6.3　机载设备寿命。总的原则按照有关寿命和可靠性工作相关文件要求执行。新研制的系统或设备必须有寿命、可靠性等要求,其指标根据产品类型、特点及其所采取的维修方式选取。已设计定型的成品,其寿命、可靠性等要求根据适用方与承制方签定的技术经济合同办理。
(1) 机载设备。机载设备的储存期一般为 3 年。

（2）保证期。保证期的长短由承制方和订货方商定，在订货合同中明确并在产品履历本上注明。

（3）首翻期。采用定时维修的机载设备首翻期原则上应与飞机一致，为8年1000h。个别下面确实满足不了的，可暂定为6年600h，不可修产品的适用寿命一般应大于或等于机体首翻期。

2 保障装备

2.1 飞机、发动机及机载设备均应满足由使用方提出的作战使用要求：主机与机载成品的四随、二线监测设备和场站设备要配套齐全，能保障飞行及飞机内、外场维修使用要求，二线检测设备在飞机交付前达到订货状态。

2.2 飞机保障装备配套目录

2.3 保障装备采办的优先顺序

2.4 保障装备本身所需要的后勤保障条件。

2.5 发动机保障装备

3 供应保障。飞机、发动机及机载设备的供应保障应考虑消耗性备件与修理周转备件两项内容。

4 技术资料。应提交：飞机的技术资料主要有飞行员手册、技术说明书、使用维护说明书、航材目录、地面保障设备配套目录、随机备件目录、随机资料目录等；机载设备的技术资料有技术说明书、使用维护说明书、履历本、航材目录、修理手册等；地面保障设备的技术资料有说明书、履历本、必要的图纸等；发动机的技术资料等。

5 人员与培训。每架飞机配1名机械师，3名~4名机械员，另外按机务中队配备专业师，包括特设、无线电、军械、雷达、座椅等专业人员。具有"师"称号的人员应具备中专以上文化水平，并经过专业培训；具有"员"称号的人员应具备技工文化述评，并经过专业培训，不合格人员不得承担该型飞机的维修工作。

6 包装、装卸、储存、运输。包括飞机转场、整机吊装和分解成部件运输。

7 保障设施。包括飞机和保障设备在部队使用时的设施要求，主要有场地、机库、公用设施、仓库、环境条件、动力源等。

复习思考题

1. 简述维修理论的含义。

2. 简要概括以可靠性为中心维修理论的主要内容。

3. 分析现代维修理论与传统维修理论的主要区别。

4. 简述维修理论的发展概况。

5. 以系统和设备以可靠性为中心的维修分析为例，说明以可靠性为中心的维修分析的基本过程和主要内容。

6. 什么是预防性维修大纲？预防性维修性大纲的主要内容有哪些？

7. 简要说明制定预防性维修性大纲的方法。

8. 从装备寿命周期过程出发，试说明预防性维修性大纲制定的基本过程。

第4章 全系统全寿命维修管理理论

科学技术的推动和使用需求的牵引,有力地促进了航空维修的发展,使航空维修从一种复杂的技艺性活动发展为一种技术与管理相融合的综合性工程技术和管理活动,确立了航空维修的系统观,并随着装备全系统全寿命管理理论研究和实践的深入,逐步形成了航空装备全系统全寿命维修管理理论。

4.1 航空维修系统

系统工程是20世纪开始兴起的一门涉及到许多专业学科内容的边缘学科,它把自然科学、社会学科中的一些思想、理论、方法等根据系统总体协调的需要有机地结合起来,追求最优化的系统或系统目标。系统工程理论和技术方法,应用于维修领域的时间并不长,直到20世纪70年代,随着航空装备系统结构的复杂化、使用和维修保障的规模化,系统工程的价值和作用才逐渐被认识,由此促进了航空维修改革,在维修改革实践中逐步树立起了航空维修的系统观。

4.1.1 系统和系统工程

1. 系统

系统是具有特定功能,由相互间具有有机联系的许多要素所构成的一个有机整体,每一要素可以称为单元,也可以称为子系统,而且它又是另一更大系统的组成部分。譬如,发动机是由诸如燃油、控制等子系统组成的,而发动机本身又是飞机这个大系统的一个分系统。

2. 系统工程

系统工程是一门新兴的边缘交叉学科,尚处于发展阶段,还不成熟,至今还没有统一的定义。简单而言,系统工程是追求系统优化的一门科学。

美国著名学者斯纳指出:"系统工程认为,虽然每个系统都是由许多不同的特殊功能部分所组成,而这些功能部分之间又存在着相互关系,但是每一个系统都是完整的整体,每一个系统都要有一个或若干个目标。系统工程则是按照各个部门进行权衡,全面求得最优解的方法,并使各组成部分能够最大程度地相互适应"。日本工业标准规定,"系统工程是为了更好地达到系统目标,而对系统的构成要素、组织结构、信息流动和控制极值等进行分析与设计的技术"。《中国大百科全书·自动控制与系统工程》卷指出:系统工程是从整体出发,合理开发、设计、实施和运用系统的工程技术。它是系统科学中直接改造世界的工程技术。

简言之,系统工程既是一个技术过程,又是一个管理过程,是系统形成的有序过程。为了成功地实现系统的最优化目标,需要从系统整体出发,综合自然科学、社会科学等领域中某些思想、理论、方法和技术等,在系统寿命周期内,应用定量与定性分析相结合的方法,对系统的构成要素、组织结构、信息沟通和反馈控制等进行设计分析。因此,系统工程是为实现系统优化目标而采取的各种组织管理技术的总称,是一种方法论。正如我国著名科学家钱学森同志所指出的那样:"系统工程是组织管理系统的规划、研究、设计、制造、试验和使用的科学方法","系统工程是一门组织管理的技术"。

4.1.2 航空维修系统

航空维修的基本目标是以最经济的资源消耗保持、恢复和改善航空装备的可靠性和安全性,最大限度地保证航空装备作战使用等各项任务的遂行,即航空维修的价值形成于维修及其相关活动过程中,最终体现在航空装备作战使用任务的完成上。航空维修的保障特性和维修最终目标的唯一性,要求人们从系统的角度来审视航空维修。从维修对象来看,航空装备是一种高新技术密集、系统结构复杂的大系统,航空装备的有效运行建立在系统整体性能稳定、可靠的基础上,必须从系统整体的角度来认识航空装备。从维修环境来看,航空维修是在一种复杂、多变和恶劣的环境中开展的,这些环境因素直接影响到维修工作的效率和维修质量,要求人们综合考虑这些环境因素对维修的影响,以降低不确定性因素,提高维修效率和效益。从维修活动来看,涉及到不同层次、不同种类的维修活动,如外场不同专业的维修、不同级别的修理、航材备件的供应保障、维修人员的培训、维修改革、维修活动的组织管理等,只有将这些活动构成一个相互影响、相互作用的有机整体,才能高效地达成航空维修目标。因此,必须抛弃过去那种从孤立的、局部的角度来认识和理解航空维修的思想观念,而树立有机联系、系统整体的观点来认识和观察航空维修的思想观念,逐步树立和深化航空维修系统的观念。

4.1.3 航空维修系统的特性

和一般系统一样,航空维修系统具有一般系统的基本特性,只有不断深化对航空维修系统特性的认识,才能更准确地把握和揭示航空维修系统的本质规律,推动航空维修系统的持续发展。

(1)整体性。是指系统是一个有机整体,系统中具有独立功能的系统要素以及要素间的相互关系应根据逻辑统一性的要求,协调存在于系统整体之中。这意味着任何一个要素不能离开整体去研究,要素间的关系也不能脱离整体的协调去考虑。

航空维修作为一个有机整体,系统中的任何一种活动都要考虑它对维修工作的作用和关系,研究其必要性和技术可行性,不能脱离系统整体来考虑;系统中的任何一级组织或部门都要从系统使命出发,考虑问题必须服从和服务于维修系统的总体目的和维修系统的综合效益。维修系统的整体性表明,维修系统的优化首先是系统整体的优化,系统构成要素和要素之间的相互关系应该服从系统整体目标优化的要求。维修活动必须在系统整体功能的基础上而展开,这些活动应构成维修系统整体的有机活动,以保障系统整体的高效运转。

(2)集合性。集合的概念就是把具有某种属性的要素(或因素)看成一个整体,从而形成一个集合,系统的集合性就是这种特性的反映。系统的集合性表明,系统是由两个或两个以上的可以相互区别的要素所组成的,这些要素可以是具体的物质,也可以是抽象的或非物质的软件、组织等,但它们应构成一个有机的整体。

作为一个有机整体,系统的集合性要求解决系统组成的合理性和科学性问题,系统要素应是一个不能多,一个不能少,凡是具有航空维修功能的各要素都应汇集到航空维修系统中,形成一种要素完备的有机体,以保障航空维修目标和任务的实现和完成。

(3)相关性。是指系统构成的各要素之间相互联系、相互作用的特性。相关性说明系统构成不仅应是完备的,而且应是有机联系和精干高效的。

从系统的观点来看,航空维修涉及采办、使用、外场维修、大修、保障、维修训练、维修科学研究等过程活动,需要开展计划、组织、指挥、控制、领导等组织管理活动,这些过程和职能活动都是相互依存、相互作用的,其中任何一项活动的开展都会直接影响到系统功能的输出。系统的相关性要求,系统要素之间应建立合理的、协调和高效的关系,最大限度地消除要素之间的冲突和干扰,实现"1+1>2"的系统放大功能。

(4)目的性。是指系统的构建和运行都是为了达到一定的目的,而且目的一般是多维度、多层次的,有时甚至是矛盾的。目的性要求对系统目的进行系统规划和有效控制。

系统的目的性,首先要求对航空维修系统整体的目的即系统的输出进行科学的界定,其次应使维修系统各层次系统要求赋予明确的目的,最终构成一个结构合理、层次分明、精干高效的系统。系统的目的性,在于进一步确认系统存在的价值和使命,明确系统功能,增强系统的有效性。

(5)环境适应性。是指任何一个都存在于一定的环境,它必然要与外部环境产生物质的、能量的和信息的交换,外部环境的变化必然会引起系统内部各要素之间的变化,只有与环境相适应,系统才具有生命力,才具有可持续发展的动力。

航空维修系统不是一个孤立的系统,它存在于军事系统和空军装备等大系统之中,受到航空装备、作战使用样式和后勤保障等多个系统的制约和影响,因此,航空维修环境具有较强的不确定性和复杂性,只有具有环境敏感性和对外部环境变化的快速响应能力,航空维修系统才能实现系统目标。航空维修系统的环境适应性,为进一步优化航空维修系统提供了更为宽阔的视野。

4.2 航空维修系统过程与活动

航空维修系统,和一般系统一样,输入在系统过程的作用下输出一定的系统功能,系统过程可用一个 IDEF0 图来描述,见图 4 - 1。

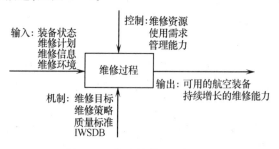

图 4 - 1　航空维修过程描述

集成计算机辅助制造定义(IDEF0,Integrated Computer - Aided Manufacturing Definition)是一个功能模型标准,始创于 1981 年,用途是定义生产过程。IDEF0 是一个标准过程定义图示,用于描述航空维修系统过程相关活动。该图描述了航空维修过程的控制、输入、输出和机制,刻画了将输入转变为输出这一过程的所有活动。控制(位于顶部)调节过程,输入(位于左侧)进入过程,输出(位于右侧)退出过程,机制(位于底部)支持过程。图中 IWSDB(Integrated Weapon System DataBase)是指综合武器系统数据库。

1. 过程控制

维修资源、使用需求和维修管理能力等直接约束着航空维修过程活动。维修资源涉及人、

72

财、物、时间、信息等,维修资源的有限性决定了航空维修实施科学管理的必要性,以降低维修过程的不确定性。使用需求直接牵引着维修过程活动,需求的不明确往往使维修过程活动处于无序和低效状态。维修管理能力直接影响到维修过程活动的有效性和维修资源利用的合理性。维修过程控制的作用就在于最大限度地保持维修资源的可视性、使用需求的可控性以及维修活动的可操作性。

2. 过程输入

航空维修系统是一种保持、恢复和改善航空装备可靠性和安全性的过程活动,这种过程活动的输入主要有:航空装备状态、维修计划、维修信息和维修环境等。航空装备是维修系统作用的对象,过程活动的实施必须了解和掌握航空装备的真实状态;维修计划是维修系统过程活动开展的依据;维修信息(如航空装备的使用信息、故障模式、故障影响和故障后果等)明确了维修过程的工作重点;维修环境直接影响到维修过程活动效率。过程输入描绘了维修系统过程活动的基本场景。

3. 过程输出

处于可用状态的航空装备和持续改进的维修能力为航空维修系统过程活动的输出。航空维修的直接目标是要保障航空装备始终处于可用状态;最终目标是保持维修核心能力的持续发展,使航空维修系统能快速响应航空装备的作战和使用过程中的各种不确定性因素。

4. 过程机制

机制是为维修系统过程活动中提供的方法、技巧、工具或其他手段。维修目标、维修策略、质量标准和 IWSDB 是航空维修过程活动管理需要用到的机制。量化的维修目标,为过程活动提供正确的方向;维修策略有助于确定应对故障的技术可行又值得做的各种可选择维修方式;维修质量标准明确了维修系统过程活动量度的尺度和行为规则;IWSDB 是一个关于武器装备使用和维修保障各种信息的集成数据库,包含了航空维修过程所有的相关活动及其相关信息,为航空维修科学管理提供技术支撑和工作环境。

4.3 航空维修系统工程

4.3.1 航空维修系统工程的界定

航空维修作为一种复杂系统,需要对一系列的过程活动进行统筹优化,实现以最经济的资源消耗最大限度地满足航空装备作战使用的需求,不仅要满足航空装备作战使用要求,同时还要讲究维修的经济性,所以,航空维修系统是一种复杂的军事经济系统。随着科学技术进步、航空装备发展和航空维修环境的急剧变化,系统工程思想、理论和技术方法逐渐被引入航空维修领域,逐步形成了具有使用和维修特色的航空维修系统工程。

根据系统工程的基本认识,航空维修系统工程,是以航空维修系统为研究对象,应用系统工程的理论和技术方法,从系统整体目标出发,研究和解决航空维修理论和实践问题,以实现系统优化的综合性工程技术和科学方法。航空维修系统工程,着重研究和解决航空维修思想、方针、政策、维修法规、体制编制、维修方式、维修方法、质量控制、维修革新、维修人才培养等问题;以现代科学技术成果和先进技术为依托,统筹规划,系统分析,民主决策,合理配置,科学管理,充分发挥、调动维修系统各环节、各部门、各组成要素的潜力和主观能动性,使系统达到结构合理、技术先进、运行高效、综合效益最佳。

4.3.2　航空维修系统工程的一般步骤和方法

　　航空维修系统工程,为科学分析和解决航空维修问题提供了一种方法论。航空维修系统工程,孕育于长期的航空维修工程和管理实践,因此,系统工程的技术方法可应用于航空维修系统工程。目前,在有关系统工程分析和处理问题的诸多方法中,最具代表性的为美国贝尔电话研究中心霍尔(A. D. Hall)在1969年提出的图4-2所示的三维结构,它形象地概括了系统工程中的一般步骤与方法,为解决复杂的航空维修问题提供了一般性思路和技术途径。

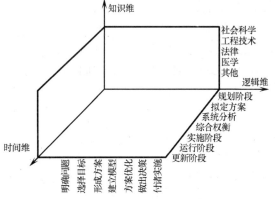

图4-2　系统工程霍尔三维结构

　　从航空装备寿命周期过程的角度来看,航空维修是该过程活动的一个有机组成部分,同时航空维修目标的达成也是一系列过程活动的结果,可以应用时间维来描述;从航空维修所面临的问题来看,航空维修具有复杂的军事经济活动特征,维修环境的不确定性,维修目标的多重性,维修管理的复杂性,需要一种比较系统的、规范的解决问题的方法和工具手段,可以用逻辑维来描述。从航空维修系统过程活动的角度来看,航空维修涉及到诸多的学科专业领域,不仅需要有关航空装备的设计理论和技术,同时还需要维修所需要的独特的专有技术和工艺、工具,还需要数学、经济学、行为科学、管理学等学科领域的知识,可以用知识维来描述。因此,霍尔的三维结构适用于航空维修系统工程。

　　1. 逻辑维

　　三维结构中的逻辑维也称思维过程,是指实施系统工程的每一个工作阶段所要经过的基本程序,一般包括七个阶段即明确问题、选择目标、形成方案、建立模型、方案优化、做出决策、付诸实施。

　　(1)明确问题:通过调查研究、收集整理数据资料,明确问题的历史、现状、趋势和本质,为解决系统问题提供依据和信息资料。

　　(2)选择目标:根据问题,提出解决问题需要达到的目标和评价标准,为后续的备选方案的比较和评价提供标准和尺度。这一步骤也称为系统设计。

　　(3)形成方案:按照问题的性质和目标要求,探索并制定解决问题的可能的系统方案。这一步骤也称为系统综合。

　　(4)建立模型:建立模型对各备选方案进行综合分析。这一步骤也称为系统分析。

　　(5)方案优化:根据系统目标和评价标准,对各备选方案进行分析评估,给出各备选方案的优先排列顺序。这一步骤也称为系统选择。

　　(6)做出决策:根据备选方案评价的基本结论,综合考虑各种影响因素,从备选方案中选择一个或几个,或者对备选方案进行重新优化组合,确定试行方案。

　　(7)付诸实施:将决策所确定的备选方案付诸实施,并对实施过程进行监控,不断反馈或修正上述各个过程所出现的问题,准备进入新的系统工程阶段。

　　2. 时间维

　　时间维是表示任何一项系统工程所必须进行的过程阶段,也称为工作阶段,按时间顺序划

分,一般可划分成七个阶段:

(1) 规划阶段:根据系统目标拟定系统工程活动的方针、设想和规划;

(2) 拟定方案:提出具体计划方案;

(3) 系统分析:对各种备选方案进行分析,确定优化方案;

(4) 综合权衡:综合各种影响因素,运用定性与定量相结合的方法对优选方案进行综合评价和权衡;

(5) 实施阶段:组织实施优选方案;

(6) 运行阶段:系统按预期目标运行,或按预定的功能和用途提供服务,即输出阶段;

(7) 更新阶段:改进、更新原有系统,不断改进系统效能。

3. 知识维

三维结构中的知识维,是指为完成上述各阶段的工作所需的各种知识和各种专业技术。这些知识可以分为系统学、管理学、经济学、工效学、概率论、数理统计、可靠性、维修性、保障性、测试性、安全性、故障诊断、自动检测、人工智能、维修技术、社会科学等。

4.3.3 基于并行思想的航空维修系统工程

20 世纪 70 年代以来,随着现代武器装备复杂性的增长,出现了使用和保障费用高,战备完好率不断下降,武器装备不能尽快形成应有的战斗力等问题,航空装备在这方面的问题尤其突出。特别是随着世界新军事变革的深入发展,航空装备的作战样式、使用环境和维修保障需求发生了根本性变化,如何适应变化,高效地保障航空装备的作战使用,业已成为航空维修面临的重大现实问题,迫使人们对航空维修进行系统思考,认识到航空维修不仅需要"后天"的精心维修,更要依靠"先天"的科学设计;不仅需要系统分析和科学设计来解决装备质量等根本性问题,更需要从管理入手,实施有效的全系统全寿命的维修管理,全面解决。并行工程就是在这种背景下引入航空维修领域的。

并行工程(CE,Concurrent Engineering),是对产品及其相关过程包括设计、制造、使用和维修保障过程实行同步的综合设计的一种系统方法,已在武器装备领域发挥了重要作用。

1. 并行工程的产生与发展

20 世纪 80 年代以来,以信息技术为核心的高新技术的飞速发展、广泛应用,以及与现代制造技术、电子商务相互渗透、相互结合,极大地促进了全球经济一体化的形成,长期的卖方市场变成了买方市场,对世界制造业提出了严峻的挑战,以最短的时间开发出高质量、低成本的产品投放市场成为竞争的焦点,TQCS 成为企业追求的目标即短时间(Time)、高质量(Quality)、低成本(Cost)和好服务(Service)。为了获取竞争优势,企业一方面不断地更新自己的技术与手段,另一方面纷纷寻求采用各种新思想与新方法改进产品开发模式。在市场需求的牵引和高新科学技术的推动下,以信息技术为基础的并行工程应运而生,已在工业、商业领域得到了广泛应用。

在武器装备领域,随着信息技术等高新技术的广泛应用,武器装备的性能质量、作战效能得到了显著改善,但武器装备领域的"拖、降、超"等痼疾仍没有得到很好的解决。然而,美国工业界为增强竞争力而创造的并行工程方法则效果颇佳,20 世纪 80 年代末,美国制造业重新获得了竞争优势。因此,美国国防部指示防务分析研究所(IDA)对并行工程进行调查研究,分析其在武器装备采办中实施的可行性。1988 年,IDA 提交了著名的 R - 338 报告,促进了并行工程在武器装备领域的应用,也推动了并行工程的发展。自此,并行工程在国防领域得到了深入应用,并行工程与信息技术紧密结合,相得益彰,成效显著。在 1991 年重新修订的 DoDD5000.1《国防采办》中,明确提出了在武器装备采办过程中采用并行工程方法的要求,并在此后的美国国防部指令中一再重申这一要求。1996 年以后,美国国防部的采办文件将并行工程提法改为综合产品与过程研制(IPPD,Integrated Product and Process Development),并将并行工程的思想融入了系统工程。

并行工程于 20 世纪 90 年代开始传入我国。我国"863"计划 CIMS 主题下专门列入了并行工程方面的研究课题,不少研究人员开始了这方面的研究,在企业界正逐步得到重视和应用。在军用领域,借鉴国外综合产品组的经验,近年来,我军装备管理部门逐步开始尝试,成立了跨部门的协调小组或综合性的管理部门;有些新研装备设立了由各职能部门代表,各类专家组成的不同层次的综合产品小组,特别是吸收维修保障人员、管理人员参加,对武器装备寿命周期过程进行审查、评价和监督作用,收效明显。

2. 并行工程的定义

与传统的串行工程模式相比,并行工程是以项目及其相关过程进行并行、一体化工作的一种系统化管理模式,业已成为实施装备全寿命管理的理论基础。

有关并行工程的定义很多,其中已被大多数人接受的是由维纳(Winner)在国防分析研究所 R - 338 研究报告中给出的,即"并行工程是对产品及其相关过程(包括制造和保障过程)进行并行、一体化设计的一种系统化的工作模式,这种工作模式力图使开发者们从一开始就考虑到整个产品寿命周期(从概念形成到产品的报废处理)中的所有关键因素(包括质量、成本、进度和用户需求)"。从中可以认识到,并行工程是一种管理模式,而不是具体的工作方法;并行工程要求在设计一开始就综合考虑装备寿命周期过程中的所有因素,旨在优化设计、制造和保障过程。

3. 并行工程的基本原理

作为一种新的管理模式,并行工程是对传统的串行模式的否定与创新,见图 4 - 3。

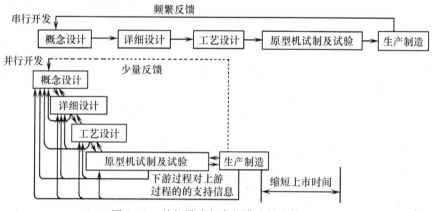

图 4 - 3　并行模式与串行模式的比较

传统的串行模式是一种"抛过墙"的模式,以邻为壑,论证、设计、研制、试验、使用和维修等过程序贯进行,过程之间相互分离,职能部门各顾一摊,以局部要求和部门利益为中心,工作缺乏相互的沟通和协调,因而上游和下游、部门之间冲突不断、重新设计、返工、周期长、成本高等问题积重难返,难以快速响应使用要求。

并行工程则打破了这种串行模式,按照系统观点组成多功能产品小组(IPT,Integrated

Product Team)，以使用需求为牵引，注重统筹规划，早期决策，从更高的层次上对武器装备寿命周期过程进行重组和并行思考，在武器装备开发的早期（上游阶段）就尽可能地考虑使用（下游特性）其相关过程（如制造、维修保障）的各种因素，在设计过程中就考虑并采取有效的措施解决武器装备生产性、装配性等制造过程中和维修、器材供应、人员训练等保障过程中的问题，通过武器装备寿命周期过程活动之间信息的共享与交换，既降低了冲突水平又显著改善了效率和效益。从中可以看出，并行工程与传统串行工程的根本区别在于，并行工程把武器装备寿命周期过程活动看成是一个有机整体和集成的过程并从全局优化的角度出发，对集成过程进行科学管理与有效控制，并利用各种先进的计算机辅助工具和信息化的产品数据管理技术手段对现有的产品开发过程进行不断的改造与提高。

4. 并行工程的特点

并行工程具有下列主要特征：以用户为中心；并行开发产品和过程；尽早进行并持续进行寿命周期规划；具有最灵活的优化方法；进行健壮设计，改进过程能力；按事件安排进度计划；多学科协同工作；充分授权和分权；拥有严密的管理手段；主动标识与管理风险。根据上述特征和并行工程的原理，并行工程具有以下主要特点：

（1）并行性。并行工程的并行性特点是显而易见的。在产品设计一开始就考虑影响产品的所有因素，在产品设计期间并行地处理产品及其寿命周期过程中的问题，从而消除串行模式"抛过墙"综合症，但由于将以前不属于同一时间域的问题（如设计、制造及维修保障等相关问题）提前进行系统考虑，同时也增加了管理决策的复杂程度。

（2）集成性。并行工程的集成性也称综合，它包括产品集成、过程集成与信息集成。由于实行并行设计解决产品与过程的集成，需要集成机械、电子、电气、热力、空气动力、结构等传统工程学科和集成可靠性、维修性、安全性、生产性、质量、人素工程等诸多的专门工程学科知识，需要多学科人员的密切协作，这样采用传统的面对面的讨论与会议工作方式，已不能满足并行工程对信息的及时、准确、高效的要求，而需要建立一种信息集成环境，实现信息共享和资源的综合利用。因此，集成性（产品集成、过程集成与信息集成）是并行工程的本质特性和最高目标。

（3）综合产品小组。实行并行工程需要改变传统的部门化或专业组开发人员组织，采用跨部门的、多专业的IPT。IPT是指由所有与装备设计、制造、使用和保障等有关的职能部门和专业的代表人员组成的一种并行工程小组，IPT由承制方、使用方和订购方等多方人员组成，专业涉及论证、设计、制造、工艺、采购、质量保证、使用和维修保障等，克服了来自传统的职能管理习惯意识以及狭隘的部门利益观，促进各职能部门专业领域人员的密切合作，构建信息共享机制，共享知识和能力，保障IPT的有效运行。

（4）面向产品寿命周期过程的整体优化思想。并行工程以产品寿命周期过程的整体优化为目的。现代系统观点要求对产品及其相关过程的优化设计必须从产品寿命周期的思想出发，如从全寿命费用最低为准则考虑产品的费用问题。并行工程正是通过集成地、并行地设计产品及过程，通过变革产品开发模式，使下游的过程活动（如工艺、生产、制造、装配、使用、维修保障等）尽早融入上游的过程活动，及时分析诸如质量、成本、生产性、保障性等问题，实现对资源的系统优化配置，保障产品的系统性能得以实现和优化。

5. 并行工程与航空维修系统工程

航空维修系统工程的基本目标是通过应用先进的思想理论、技术方法和工具手段，从系统整体的角度来解决航空维修系统中的矛盾和问题,使航空维修活动效率高、效益好、效能佳。同时,随着竞争的压力和使用需求的变化,航空维修也面临着"转型"的选择和时代的考验,需要吸收新鲜的养分来充实自己。并行工程作为一种先进的管理模式和管理思想,从技术和管理两个方面都提供了可供借鉴的东西,为航空维修系统工程活动创造了良好的平台。并行工程对航空维修系统工程以及维修活动的影响和作用主要体现在以下几个方面:

(1) 并行工程以使用需求为牵引,始终从使用的角度出发,赋予了航空维修优良的维修品质和维修环境;

(2) 并行工程为推行航空装备全系统全寿命维修管理提供了理论和技术支持;

(3) 并行工程为航空维修系统工程构建了协同工作环境;

(4) 并行工程为航空维修过程活动的开展提供了一种有效的组织管理模式——综合产品组。

4.4 航空装备全系统全寿命维修管理的内容体系

全系统全寿命维修管理,从多维度、多视角为航空维修提供了技术和管理支持,为航空维修创造了良好的管理环境。

4.4.1 全系统全寿命维修管理的基本内涵

航空装备全系统全寿命维修管理,集中体现了航空维修的目标需求,对航空维修实施全系统、全寿命、全费用的科学管理。

(1) 全系统。传统观念认为,航空维修只是维修组织对航空装备进行维护和修理的一种技术性作业活动,随着航空维修实践的深入和航空装备的发展,人们逐步认识到,航空维修已成为包括装备自身在内的由相互作用、相互依赖的各个要素(包括人、财、物、信息等)和各个部分(包括各级维修、训练、科研以及物资器材供应保障等)所组成的具有共同目标和特定功能的有机整体,即航空维修是一种复杂的军事经济系统,航空维修已从一种技术性作业活动逐步转变为一种技术与管理相融合的综合性活动,更好地满足了日益增长的航空维修需求。从系统的角度来看,一个完整的航空维修系统应包括在规定的工作环境下,使系统正常运行需要的各种要素,需要各部门的通力协作。按照综合保障工程理论,一个完整系统应包括使系统的工作和保障可以达到自给所需的一切设备、有关的设施、器材、服务和人员。航空维修的有效运转必须依赖于以下几种要素,即维修规划,人员数量与技术等级,供应保障,保障装备,技术资料,训练和训练保障,计算机资源保障,保障设施,包装、装卸、储存、运输和设计接口,这给出了航空维修系统静态的要素组成。从系统要素构成来看,并不是具备了这几种要素,就是一个完整的维修系统,这只是给出了航空维修系统的一个方面,更重要的是,如何使这些要素相互匹配,使这些要素在维修过程中发挥作用,这就需要采办机构、后勤保障机构、训练机构和科研机构等部门的协作支持,需要各级航空维修机构、不同维修专业的共同努力,而且,在维修过程中,航空维修还受到战争条件、装备状态、人员、物资、环境等许多不确定性因素的影响,需要对这些不确定性因素进行有效的控制和管理,因此,航空维修的多因素、多变动的活动特点及其复杂的相互制约的系统组成,要求从系统的角度来认识和管理航空维修,即运用系统分析工具对航空维修系统及其相关过程活动、要素进行统一规划、全面协调和系统管理,以使系统规模适度、布局合理、结构优化、体系配套。

（2）全寿命。航空装备作为一种人造的实物系统,也有其产生、发展和衰亡的过程,这个过程由立项论证、设计、生产制造、使用维修到退役、报废等一系列过程活动所组成,也称之为寿命周期过程。传统的维修观念把维修定位在使用阶段的技术性作业活动,而现代的维修观念认识到,航空维修是航空装备寿命周期过程活动的有机组成部分,维修特性是由论证设计所赋予、生产制造所形成、使用所体现。由于缺乏对维修的过程认识,传统的维修处于一种被动的角色。对维修规律缺乏科学的认识,导致维修过剩或维修不足。因此,航空维修必须从设计上保证航空装备具有良好的维修品质,从管理上有效整合和优化配置维修保障资源,面向航空装备寿命周期过程,在航空装备部署使用的同时建立一个经济而有效的维修保障系统,逐步形成全寿命维修管理。所谓全寿命维修管理,是指对航空装备从需求论证直到退役、报废处理的整个发展过程进行,以作战使用需求为牵引,对航空维修系统进行统筹规划和科学管理,通过有效整合维修资源以实现维修目标与责任的动态创造性活动过程,即对航空维修实施从"摇篮到坟墓"有效的连续管理过程。在论证和设计阶段,综合权衡和统筹考虑航空装备的性能、可靠性、维修性、保障性,系统规划维修保障计划和维修保障方案;在生产制造阶段,实施科学、严格的质量控制,生产制造出高质量的航空装备以及计划的、与航空装备匹配的各种维修保障资源(包括维修人员的培训等);在使用和维修保障阶段,在部署和使用航空装备的同时,充分发挥航空维修系统的作用,通过分析航空装备可靠性、维修性以及维修保障工作的数据资料,把握航空装备故障的规律特征,并持续改进维修保障系统,不断提高航空维修系统的效能;在退役(报废)阶段,通过对维修保障资源的综合评估,保留有效的维修保障资源,提出有关维修保障资源报废的技术性建议等。

对航空维修实施全寿命管理,改变了传统的"铁路警察各管一段"分散式维修管理模式,实现了航空维修的"前伸"和"后延",保证了对航空装备质量和维修活动的连续的系统管理,使维修从被动转为主动,从后台走向前台,使维修生产力得到了根本的保障。

（3）全费用。按照美国行政管理与预算局 A—109 号通告规定,全费用是指重要武器系统在其预计的有效寿命期内,在设计、研制、生产、使用、维护和后勤保障方面已经或将要承担的、直接和间接的、经常性和一次性的费用以及其他有关的费用之总和。全费用管理,是从全系统、全寿命来实施航空装备管理的一种系统管理方法,是从系统的角度,对航空装备寿命周期过程中不同阶段、不同类别的费用进行识别、量化和评价,以建立费用间的相互关系和确定各类别费用对总费用的影响,从而为航空装备的费用设计和经济性决策提供依据,指导和改进航空维修管理,在航空装备寿命周期过程以最经济的资源消耗完成航空维修使命。

全费用维修管理,反映了航空装备使用和维修保障费用管理的客观需求。①全费用管理改变了传统的维修是一种消耗性活动的偏见,维修也是一种高回报的投资;②全费用管理指出了寿命周期费用的先天性,即寿命全费用管理必须从设计入手;③全费用管理树立了费用管理的系统观,只有从全系统全寿命的角度对航空装备的使用和维修保障费用进行系统规划和科学管理,在装备决策论证和研制阶段就综合考虑维修问题,降低航空装备在使用阶段的维修保障费用,使所研制的航空装备不仅能买得起,而且能养得起、养得好。

4.4.2 全系统全寿命维修管理的主要观点

根据全系统全寿命维修管理的基本内涵,装备的性能水平是先天形成的,是设计出来的,生产出来的,管理出来的,因而必须从头抓起,对装备寿命周期过程实施科学管理,它在维修认识和实践上的主要作用体现在以下几个方面。

1. 装备的固有性能,是设计赋予的、生产制造形成的、使用和维修体现的

实施有效的航空维修,必须加强航空装备可靠性、维修性、保障性、测试性等专业工程设计和管理工作。国外开展专业工程的实践经验表明,在装备整个寿命周期内,对系统性能影响最重要的阶段是设计制造阶段,设计对可靠性的影响程度大约占40%,制造约占10%,原材料的影响约占30%。由此可见,航空装备的性能水平,主要取决于设计制造水平,因此当航空装备固有性能水平不足时,根本的解决途径是要从源头抓起,即提高航空装备的可靠性、维修性、保障性分析、设计和生产制造水平和技术,这也赋予了使用和保障部门新的职责,即航空装备使用和保障部门,要注重使用和保障信息的收集和整理,重视维修保障经验的总结和推广,建立与设计生产制造部门良好的信息沟通和反馈渠道,充分发挥好桥梁作用,培养装备全系统全寿命管理的科学意识,全程参与和有效监控装备的寿命周期管理过程,从装备立项论证、方案设计开始,直至生产定型和部署使用的全过程,加强装备可靠性维修保障性等工作的监控管理,认真把好设计定型、试验鉴定、生产定型、质量控制、评估验收等重要环节,保障装备系统具有良好的战备完好性。

2. 装备的固有特性,是航空维修工作的出发点和落脚点

装备系统是维修的对象,装备有无故障、故障的性质和数量是客观存在,是第一性的;而维修主体(维修人员)对故障的认识是主观对客观的反映,是第二性的。维修主体只能在准确判断故障和掌握故障规律的基础上,才能发挥自己的作用,收到应有的效果。因此,航空维修管理必须从客观出发,依据装备系统的固有特性和技术状况,尤其是装备系统使用的实际技术状况,只有这样才能做出正确的维修决策,制定科学的维修方针和维修制度,采取有效的维修措施,取得最佳的维修效果和维修效益。

维修方针政策,是维修思想的体现,是实施维修中应当遵循的各项原则。不同的飞机类型、不同的维修等级、不同的维修方式有不同的方针政策,但都是在对具体的飞机进行系统分析后科学决断的。维修制度一般是指某型飞机的具体维修内容、周期、工艺技术要求等方面的规定,通常以维修技术法规、技术文件的形式颁布执行。在国外以可靠性为中心的维修被用来作为制定具体的维修大纲、程序或维修方针政策的理论基础,在实践中收到了显著的效益。

3. 保持、恢复和改善装备的固有性能,是航空维修工作的一个主要目标。

装备的可靠性,是装备设计制造所赋予的,在设计、生产定型后,便成为装备内存的固有可靠性。在装备使用中,维修是直接影响着装备固有可靠性的一个重要的积极因素,因此,保持、恢复和改善装备的可靠性,是组织实施航空维修的一个主要目标,是实现航空维修其他各项目标如安全性、可用性和经济性等的技术基础和前提条件。所以,必须抓住可靠性这个关键性的主要目标,全面地科学地安排维修系统的各项活动,这是维修管理一项经常性的中心任务,包括围绕实现可靠性要求,制定工作规划,明确各级部门的任务要求,加强各维修机构的维修作业的全面管理;建立以可靠性数据为主要内容的维修管理信息系统,以及时、准确和全面地掌握各型装备的技术状况和故障规律,并据此采取有效的技术措施;建立以部队、工厂质量控制室为基础的质量控制系统,以便对装备的可靠性状况,全面地进行监督和控制;在条件具备时,采用全面质量管理、目标管理等先进管理技术,调动系统各个方面的积极性和主观能动性,保障系统可靠性各项指标的具体落实等。

4. 实现装备的性能指标要求,是航空维修有关各部门的共同目标和任务

装备的性能指标不仅是航空维修机构的主要目标,而且是与维修有关的部门如维修训练、

维修科研、维修器材订购和供应等的共同目标和任务。因此,航空维修有关部门必须从系统目标和需求出发,卓有成效地开展,在维修训练中应把可靠性理论、维修性理论、综合保障工程等作为专业基础理论之一来看待;在维修科研中同样应把它们作为科研项目的一重要技术指标来研究;至于在航空装备、器材以及地面保障设备的订购、研制、验收和供应保障中,更应严格执行各相关的技术标准和指标,保障装备、器材质量,并逐步提高其性能水平。

5. 采用先进管理技术和手段,实现航空维修管理现代化

管理技术,是对具体项目、内容进行管理的一些技法,科学有效的管理技术和手段,是管理工作的"倍增器"。采用现代先进管理技术和手段,是实现航空维修系统管理的必由之路,是管理现代化的一个重要标志。随着现代管理科学的发展,各种先进的管理技术、方法、手段不断涌现,其基本特点是采用定量与定性相结合管理技术来提高维修管理的科学性,积极应用现代信息技术来改善维修管理的有效性。根据航空维修管理的特点和内容要求,维修管理技术可分为管理基础技术和系统管理技术两大类:航空维修管理基础技术,主要是统计分析技术(如概率论和数理统计等)和维修过程管理技术(如主次排列图法、ABC 分析图法、因果图法、直方图法、相关图法等);航空维修管理的系统管理技术,是以系统科学理论为指导,为实现一定的管理目标而采取的一些综合管理技术,如决策技术、预测技术、线性规划、统筹法、目标管理、全面质量管理、库存管理,以及装备的可靠性、维修性、经济性分析技术等。

4.4.3 全系统全寿命维修管理的技术方法

全系统全寿命维修管理,作为一种新的科学维修管理模式和管理原则,对于它的应用必须有具体的技术和方法支持。随着人们对全系统全寿命维修管理研究的深入和广泛应用,越来越多的支持全系统全寿命维修管理技术和方法将被研究和开发出来。从全系统全寿命管理需求出发,目前支持全系统全寿命维修管理的技术和方法主要有,系统工程(SE)、并行工程(CE)、综合保障工程(ILS)、寿命周期费用分析(LCC)、目标管理、全面维修质量管理、质量功能部署(QFD)、故障模式及影响分析(FMEA)、统计过程控制(SPC)、信息技术、持续采办与寿命周期保障(CALS)等。

1. 目标管理

全系统全寿命管理的核心是目标管理,是一种综合的以工作为中心和以人为中心的系统管理方式。目标管理是由美国著名管理学家彼得·德鲁克首先提出并创立的。1954 年,他在《管理实践》一书中首先使用了"目标管理"的概念,接着又提出了"目标管理和自我控制"的主张,认为:一个组织的"目的和任务,必须转化为目标",如果"一个领域没有特定的目标则这个领域必然会被忽视"。哈罗德·孔茨强调:"目标管理是用系统化方式把许多关键的管理活动集合起来,有意识地引导他们并高效地实现组织目标和个人目标"。由于航空装备是一种高新技术密集的系统,其结构复杂、功能综合,需要统筹规划和综合权衡性能、进度、费用和维修保障等系统目标,因此,从航空装备论证设计始就必须确立明确的控制目标,然后在系统寿命周期过程中逐步修订和明确各阶段的性能、费用、进度和维修保障目标,并通过计划目标与实际结果的比较评审各阶段工作的绩效,利用目标让组织各成员参与制定目标,并在工作中实行自我控制,通过目标的激励作用来调动广大人员的积极性,确保航空装备开发、使用和维修保障目标的达成。

2. 寿命周期费用分析

全系统全寿命管理的先决条件是寿命周期费用分析,寿命周期费用分析是合理确定装备

性能指标和费用控制目标的依据,也是装备寿命周期管理的基本手段。世界主要国家特别是美国十分重视费用的管理与控制,制定了一系列的政策法规,开发了相应的费用模型和管理技术,并建立了有效的执行机构和运行机制。1983 年 4 月,美国颁布了 DoDD4245.3"按费用设计"(DTC,Design To Cost),要求设立费用目标,进行系统寿命周期费用分析与预计,据此进行系统的技术评审和实施寿命周期费用管理。1997 年,美国国防部在 DoD5000.2R 中提出了将费用作为独立变量(CAIV,Cost As Independent Variable)的费用管理新概念,在装备性能和费用之间建立起了有机的联系,强调装备的经济可承受性,进一步提高了装备承制方、使用方在装备整个寿命周期过程进行费用控制的主动性,并建立了有效的费用控制机制。目前,主要武器装备都已建立了相应的寿命周期费用分析模型,积累了丰富的费用数据,为航空装备开展寿命周期费用分析奠定了良好的基础。

3. 信息技术

全系统全寿命管理的基础是信息技术的开发与综合利用。全系统全寿命管理是一种系统管理模式,需要对众多的管理要素、管理目标实施有效管理,必须实施团队管理。由于团队来自不同部门、不同专业学科领域,因此,为适应多专业的协同工作,必须建立一个对装备寿命周期过程进行集成管理的信息集成环境,以实现信息共享,改善资源的有效利用。并行工程的作用就在于构建一种装备集成管理环境。目前,美国等发达国家,加大了利用信息技术在装备寿命周期过程的应用和开发力度。在研制阶段,广泛采用先进制造技术和管理技术(如 DFX、CAD、CAM、CAE、CAPP、ERP Ⅱ、MRP、PDM 等)。在使用和维修保障阶段,开发和应用了各类信息系统(如 MIS、DSS、IMIS 等)。在加强对航空装备寿命过程各阶段业务活动信息技术支持的基础上,进一步开发面向装备全系统全寿命管理的集成化管理信息系统 CALS 等,为航空装备科学维修提供完善、高效的信息支撑和管理支持。

4. 全面维修质量管理

全系统全寿命维修管理推行维修质量的全面管理,通过建立有效的质量管理体系,广泛利用现代科学技术成果来保证和改进装备质量,如质量功能部署(QFD)、故障模式及影响分析(FMEA)、田口(Tagushi)方法、质量统计过程控制(SPC)等。QFD 方法是一种结构化的系统设计规划方法,应用产品计划矩阵或质量屋(HOQ)反映用户的声音(VOC,VoiceI of Customer),准确定义用户的要求或需求,并将其转化为具体的产品特性,最大限度地满足装备用户需求;故障模式及影响分析是一种有效的故障管理模式,其作用在于发现装备寿命周期过程中的薄弱环节,消除装备研制或使用过程中存在的弱点,降低管理的复杂性;田口方法的目的在于优化设计中的基本参数,检测研制过程中可能影响产品质量的变量,增强产品设计方案的健壮性,减少测试的次数;统计过程控制目的在于解决装备寿命周期过程中装备质量之间一致性的问题。

4.4.4　全系统全寿命维修管理的组织

理论研究和实践证明,管理与组织相辅相成,密不可分。组织是管理的载体和对象,没有组织便不存在管理,管理效率取决于组织结构和组织管理。

1. 实行组织变革

传统的维修管理组织结构按照亚当·斯密的劳动分工理论,建立在职能和等级基础之上,组织的运行是围绕着职能及其分解后的职能部门、工作或任务来组建的,因而在这样的组合中,组织成员关注和解决问题的焦点是职能、工作或任务,每个部门主管最关心的是自己的职能部门而不是整个组织,导致了组织内部横向沟通障碍和部门之间协调合作的困难,使整个组织缺乏对外界环境和组织目标足够的认识,难以满足装备全系统全寿命维修管理的客观需求。全系统全寿命维修管理的基本特征是从系统和过程的角度来实施科学管理,追求的是系统整体的优化目标,而不是局部优化。因此,全系统全寿命维修管理首先必须实施组织变革,打破传统的、按部门划分的组织模式,建立装备业务流程为对象的流程型组织。以装备作战使用需求为牵引,以组织目标为驱动,以航空装备寿命周期过程为对象,通过对装备维修业务流程的整合和优化,将被割裂的流程和组织要素重新组合,使其构成一个连续的、完整的流程,最终实现管理绩效的根本性改善,并逐步形成一种追求卓越的团队管理模式和管理环境。

2. 建立综合产品组

全系统全寿命维修管理,强调及早考虑,强调各个活动并行交叉进行,强调面向过程和面向用户,强调系统集成与整体优化等,要达成这样的管理效果,一方或几个人是难以实现的,必须各方、各部门整体协作,这将导致信息的交流和沟通量的庞大,而且是多向的,因此,建立一个有利于信息流动的组织管理模式是实施装备全系统全寿命管理的基本要求。

在装备全系统全寿命管理中,IPT 一般可有三层:顶层 IPT、工作层 IPT 和项目层 IPT。顶层 IPT,主要负责装备发展的战略决策、战略指导、管理决策和评估,以及解决一些重大问题;工作层 IPT,主要负责解决确定和解决装备发展过程中的问题,决定装备的技术状态、管理策略和管理计划的制定,审查和提供各种文件素材等;项目层 IPT,主要负责装备研制工作,通常以装备型号为中心进行组建,成员包括各专业人员,如设计、制造、工艺、可靠性、维修性、保障性、安全性、使用和维修保障等。例如,F – 22 战斗机共成立飞行器、发动机、培训和保障装备四个主 IPT,每个主 IPT 又分为若干 IPT,如飞行器 IPT 包括机体、武器、动力系统、航空电子系统、通用系统和飞行器管理系统等 7 个 IPT,机体 IPT 还可细分为前机身等若干子 IPT。

IPT 这种跨部门的多功能小组,首先有利于资源的优化配置,由于机构职能明晰,责任明确,充分发挥各方的积极性,便于国防资源的优化配置,做到既突出重点,又统筹兼顾;既照顾当前,又着眼长远,使武器装备建设资源发挥出最佳效益。其次体现了集中统一管理职能,这种组织形式是相对独立的、充分授权的管理模式,能对武器装备从提出需求到退役、报废的全过程实行集中统一的管理:在发展阶段,实现了对装备发展规划、研制和采购的集中统一管理;在使用和维修保障阶段,实现了对装备使用、维修、供应保障、管理和退役报废的集中统一管理。第三,有利于实施寿命周期费用管理。

3. 重视法规和条例建设

全系统全寿命维修管理,作为一种新的系统管理模式,必须从传统的局部或分散的管理观念,转变到全局和全系统全寿命管理的认识上来,真正实现以使用需求牵引,真正体现使用方的主导地位,真正树立用户第一的观念。从美国等西方发达国家实行全系统全寿命管理的成功经验来看,确保这种转变的顺利实施,就是建立一个满足装备全系统全寿命管理的法律法规体系(包括政策、标准、规范、指南和手册等)。据统计,美国国防部颁发的与武器装备全系统全寿命管理的条例、指令有关的文件共有 1000 多个。而目前,随着我军武器装备全系统全寿命管理的逐步推行,这方面的建设相对滞后,因此,必须重视全系统全寿命管理法规和条例建设,加快制定我国武器装备全系统全寿命管理的政策和程序,完善我国武器装备全系统全寿命管理体系,制定相应的法规和条例,使全系统全寿命管理走向法制轨道。

4. 加强人才队伍建设

全系统全寿命维修管理,是一种综合的系统管理模式,其管理成效在很大程度上取决于全系统全寿命管理队伍的素质。航空装备高新技术密集、结构复杂等特点,进一步提高了对航空装备全系统全寿命维修管理人员的素质要求。全系统全寿命维修管理人员,不仅应具有高度的责任感和敬业精神,还需要掌握全系统全寿命管理的法律、法规、政策、条例、程序、现代信息技术、现代管理理论、可靠性、维修性、保障性、安全性、测试性、生产制造、工艺规划、质量保证以及专业技术等,因此,要实现全系统全寿命维修管理,必须加强人才队伍建设,注重人员的学习、培养和使用,以满足全系统全寿命维修管理的需求。

复习思考题

1. 简述全系统全寿命维修管理的含义。
2. 什么是航空维修系统?航空维修系统的主要特点有哪些?
3. 简要概括全系统全寿命维修管理的主要内容。
4. 简述霍尔的系统工程三维结构模型。据此构建航空维修系统过程与活动模型。
5. 什么是并行工程?并行工程与传统的序贯工程的主要区别是什么?
6. 从过程的角度描述航空维修系统工程活动。
7. 什么综合产品组?其特征是什么?
8. 什么是方法?实行全系统全寿命维修管理的技术方法有哪几类?各类方法侧重解决什么问题?

第5章 航空维修技术

航空维修的实质就是与故障作斗争的过程,维修的目的就是预防或排除故障,应用科学的方法对故障进行统计分析,掌握航空装备故障分布及故障规律,运用先进的维修技术快速诊断故障,高效地恢复航空装备的完好状态,是航空维修的基本要求。

5.1 常见故障分布及其应用

5.1.1 指数分布

指数分布是最常用的故障分布,许多航空电子设备和较复杂的机械设备在使用期内其故障大多服从指数分布,基本特点是故障率为常数。故障分布密度函数为

$$f(t) = \lambda e^{-\lambda t} \tag{5-1}$$

累积故障分布函数为

$$F(t) = \int_0^t f(t) \mathrm{d}t = 1 - e^{-\lambda t} \tag{5-2}$$

由于指数分布的故障率函数为一个与时间无关的常数 λ,意味着故障的发生是独立的,与以往情况无关,因而指数分布函数有一个重要的特性“无记忆特性”,即只要装备固有特性没有改变,即使装备工作一段时间后,装备将和“新品”一样,具有相同水平的任务能力。

5.1.2 正态分布

正态分布又称高斯分布或误差分布,记作 $T \sim N(\mu, \sigma^2)$,是一种具有广泛用途的分布函数。正态分布在故障统计分析中的用途主要有:①用于因磨损、老化、腐蚀而出现故障的装备的故障分析;②用于对所制造装备及其性能的分析和质量控制。若装备故障特性服从正态分布,则故障分布密度函数为

$$f(t) = \frac{1}{\sqrt{2\pi}\sigma} e^{-\frac{1}{2}\left(\frac{t-\mu}{\sigma}\right)^2} (t < \infty, \sigma > 0) \tag{5-3}$$

累积故障分布函数为

$$F(t) = \int_0^t \frac{1}{\sqrt{2\pi}\sigma} e^{-\frac{1}{2}\left(\frac{t-\mu}{\sigma}\right)^2} \mathrm{d}t \tag{5-4}$$

式中:μ 为均值;σ 为标准偏差。

设 $Z = \dfrac{t-\mu}{\sigma}$ 为标准化随机变量,则

$$F(t) = \int_0^Z \frac{1}{\sqrt{2\pi}\sigma} e^{-\frac{Z^2}{2}} \mathrm{d}Z \tag{5-5}$$

称

$$\Phi(Z) = \frac{1}{\sqrt{2\pi}\sigma} \int_0^Z e^{-\frac{Z^2}{2}} \mathrm{d}Z \tag{5-6}$$

为标准正态分布函数即拉普拉斯函数。对于标准正态分布,其累积故障分布函数可改为

$$F(t) = \Phi(Z) = \Phi\left(\frac{t-\mu}{\sigma}\right) \tag{5-7}$$

称

$$f(t) = \varphi(z) = \frac{1}{\sqrt{2\pi}}e^{-\frac{Z^2}{2}} \tag{5-8}$$

为标准正态分布密度函数,则故障率函数为

$$\lambda(t) = \frac{\frac{1}{\sigma}\varphi\left(\frac{t-\mu}{\sigma}\right)}{1-\Phi\left(\frac{t-\mu}{\sigma}\right)} \tag{5-9}$$

当装备故障服从正态分布时,若已知 μ、σ,可首先计算出 Z,然后根据 Z 的大小查正态分布表和正态分布密度函数表,得到 $\varphi(Z)$ 与 $\Phi(Z)$,即可得到相应的可靠度、故障分布函数、故障密度函数以及故障率的大小。

5.1.3 对数正态分布

若随机变量 t 取对数后服从正态分布 $N(\mu,\sigma^2)$,则 t 服从对数正态分布。近几年来对数正态分布在可靠性领域中得到重视,主要用于机械零件的疲劳寿命和装备维修时间的分布描述。当装备故障服从对数正态分布 $\ln t \sim N(\mu,\sigma^2)$ 时,则故障分布密度函数为

$$f(t) = \frac{1}{\sqrt{2\pi}\sigma t}e^{-\frac{1}{2}\left(\frac{\ln t-\mu}{\sigma}\right)^2} = \frac{\varphi\left(\frac{\ln t-\mu}{\sigma}\right)}{\sigma t} \tag{5-10}$$

累积故障分布函数为

$$F(t) = \int_0^t \frac{1}{\sqrt{2\pi}\sigma}e^{-\frac{1}{2}\left(\frac{\ln t-\mu}{\sigma}\right)^2}dt = \Phi\left(\frac{\ln t-\mu}{\sigma}\right) \tag{5-11}$$

故障率函数为

$$\lambda(t) = \frac{f(t)}{1-F(t)} = \frac{\varphi\left(\frac{\ln t-\mu}{\sigma}\right)/(\sigma \cdot t)}{1-\Phi\left(\frac{\ln t-\mu}{\sigma}\right)} \tag{5-12}$$

5.1.4 威布尔分布

威布尔分布在可靠性分析中得到越来越广泛的应用,特别适用于疲劳、磨损等故障特性的描述和分析。航空装备中的许多元器件如继电器、开关、磁控管等故障特性往往服从威布尔分布。威布尔分布被广泛应用于疲劳寿命试验的数据处理。当装备故障服从威布尔分布时,故障分布密度函数为

$$f(t) = \frac{m}{t_0}(t-\gamma)^{m-1}e^{-\frac{(t-\gamma)^m}{t_0}} \tag{5-13}$$

累积故障分布函数为

$$F(t) = 1 - e^{-\frac{(t-\gamma)^m}{t_0}} \tag{5-14}$$

故障率函数为

$$\lambda(t) = \frac{m}{t_0}(t-\gamma)^{m-1} \tag{5-15}$$

从上述讨论的威布尔分布函数可以看出,决定分布的参数主要有三个:形状参数 m,用来表征分布曲线的形状;位置参数 γ,用来表征分布曲线的起始位置;尺度参数 t_0,用来表征坐标尺度。威布尔分布函数在故障分析中具有广泛的用途,不同的形状参数 m,可以区分装备故障率随时间变化的不同类型:

当 $m < 1$ 时,故障密度函数 $f(t)$ 随时间单调下降,故障率 $\lambda(t)$ 随时间变化为递减型;

当 $m = 1$ 时,威布尔分布变成指数分布,故障率 $\lambda(t)$ 随时间变化为常数型;

当 $m > 1$ 时,故障密度函数 $f(t)$ 出现峰值,故障率 $\lambda(t)$ 随时间变化为递增型;

当 $m \geqslant 3.5$ 时,故障密度函数 $f(t)$ 趋于正态分布。

5.1.5 常用分布小结

表 5-1 给出了各种分布的适用范围和主要用途。

表 5-1 常用的几种分布类型及适用范围

分布类型	适 用 范 围
指数分布	具有恒定故障率的部件、无余度的复杂系统、在耗损故障前进行定时维修的装备、由随机高应力导致故障的部件、使用寿命期内出现弱耗损型故障的部件
威布尔分布	继电器、开关、断路器、某些电容器、电子管、磁控管、电位计、陀螺、电动机、滚珠轴承、航空发动机、蓄电池、液压泵、空气涡轮起动机、齿轮、活门、材料疲劳等
对数正态分布	半导体器件、硅晶体管、电动绕组绝缘、直升机旋翼叶片、飞机结构、金属疲劳等
正态分布	变压器、轮胎磨损、灯泡及某些产品

作为一种复杂系统,航空装备的故障特性是复杂的,因而其故障分布也是多种多样的,上述几种分布都可用于航空装备故障特性分析,而且可揭示不同阶段、不同型别航空装备的故障特征规律。

5.2 故障的宏观规律

航空装备故障的发生、发展的规律,是我们开展维修工作的基础和必须掌握的知识。航空装备的故障规律,有微观与宏观之分:宏观规律,是描述航空装备故障发生频率与使用时间关系的统计规律,这是可靠性理论研究的领域;微观规律主要描述航空装备故障机理规律,这是可靠性物理研究的领域。前者抽掉了故障的具体内容,把故障作为一个事件来看待,而不是从原子、分子水平进行分析,因而这种规律是宏观的;后者则从原子、分子出发来解释元件、材料的故障现象,因而所阐述的规律是微观的。故障的宏观统计规律可以帮助我们制定有效的维修对策,采取科学的维修管理措施,获得较好的维修效果和维修效率。

5.2.1 常用故障宏观规律曲线

虽然前面我们介绍了故障分布特性,但还不足以代表故障宏观规律。所谓故障宏观规律,就是指描述故障发生频率与机件使用时间关系的统计规律。通常,装备故障宏观规律是以故障率随时间变化的关系曲线表示的。故障率 λ 随时间的变化关系,有三种常见类型:

(1) 故障率递减型(DFR),指维修对象在使用初期容易发生的故障,越往后则越不容易发生故障的一种故障类型。描述这类故障规律的理论分布可用形状参数的威布尔分布和超指数分布。

（2）故障率常数型（CFR），指维修对象发生的故障是随机的，其故障率接近常数的一种故障类型。描述此类故障规律的理论分布可用指数分布。

（3）故障率递增型（IFR），指维修对象故障率从某时刻开始突然增大并有几种出现的趋势的一种故障类型，描述此类故障规律的理论分布为正态分布。

航空装备的故障率曲线，往往是由上述一种或多种类型的曲线组成。维修理论研究表明，适用航空装备的故障宏观规律，包括早期经典的浴盆曲线规律，新兴的复杂装备无耗损规律及维修理论新假说——全寿命故障率递减规律。

5.2.2 浴盆曲线

浴盆曲线的维修理论模型于1950年至1952年提出，1959年正式命名，是最经典的故障宏观规律。浴盆曲线分为早期故障期，偶然故障期和耗损故障期三种，见图5－1。

1. 早期故障期

早期故障期是装备的使用初期，其特点是故障率较高，但随时间增加而迅速下降。导致装备早期故障率高的原因主要是：元器件不合格；设计、制造和装配工艺缺陷，诸如原材料缺陷、绝缘不良、装配不当、设计有误、质量检验不认真等。通过加强原材料质量管理和可靠性筛选可以筛去不合格元器件；通过磨合、调试、试验和工艺检

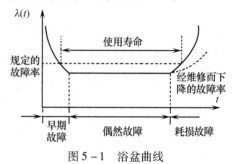

图5－1　浴盆曲线

验可排除设计、制造和装配不当的故障。在早期故障期，只能在发现故障后立即采取排除措施，不适合采取事前的预先更换措施。因为定期更换，反而会使平均故障率保持在高水平上。

2. 偶然故障期

偶然故障期是装备的有用寿命期，其特点是故障率低而稳定，近似为常数。在此期间内，装备故障是在任意时间间隔内偶然发生的，故障原因是由于设计缺陷、工艺缺陷、材料缺陷、使用维护不当、环境应力超过极限值等因素造成的。在偶然故障期，不宜采用定期预防更换的维修方法，因为定期更换并不能降低装备的故障率。

3. 耗损故障期

耗损故障期出现在装备有用寿命的末期，机件故障率开始随时间的增加而迅速增加，表现出故障集中出现的趋势。耗损故障期的显著特点是故障率随时间递增。故障原因主要是电子元器件和机械零件的老化、疲劳、腐蚀、磨损和损耗等。此时预防更换起作用，通过更换新品或工作时间少、性能良好的元件，可以控制住故障率递增的趋势，但预防更换的时机应选在装备进入耗损故障期之前。

4. 浴盆曲线的数学模型

故障率曲线是一条浴盆曲线，很难用某个函数具体表达出来，但在不同使用阶段，可选用适当的分布函数近似地表达。例如，在早期故障期选用威布尔分布函数（$m<1$）和超指数分布函数，在偶然故障期选用指数分布函数，在耗损故障期采用正态分布函数。

浴盆曲线的数学模型如下

$$\lambda(t) = \lambda_1(t) + \lambda_2(t) + \lambda_3(t) = \sum_{i=1}^{3} \lambda_i(t) \qquad (5-16)$$

式中：$\lambda(t)$为装备总故障率；$\lambda_1(t)$为早期故障率；$\lambda_2(t)$为偶然期故障率；$\lambda_3(t)$为耗损期故

障率。

浴盆曲线是 IFR、OFR、CFR 三种故障率曲线的综合,见图5-2。在早期故障期,存在 $\lambda_1(t)$ 和 $\lambda_2(t)$,而 $\lambda_3(t)$ 较小可忽略,故此阶段 $\lambda(t) = \lambda_1(t) + \lambda_2(t)$;在偶然故障期,$\lambda_1(t)$ 和 $\lambda_3(t)$ 较小且相反变化,此阶段 $\lambda(t) = \lambda_2$;在耗损故障期,$\lambda_2(t)$ 和 $\lambda_3(t)$ 对装备故障率都具有较大实际意义,故 $\lambda(t) = \lambda_2(t) + \lambda_3(t)$。下面作进一步的分析。

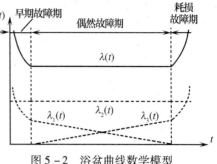

图5-2 浴盆曲线数学模型

浴盆曲线规律表明,预防维修只适用于即将进入耗损故障期的航空装备。

(1)早期故障期。装备投入使用前,如果磨合不充分,调试不适当,或者没有经过磨合,早期故障就会严重地影响到设备的可靠性。对于航空产品而言,早期故障在磨合期内应基本消除,使用中对设备可靠性没有多大影响,所以不专门去分析它。

(2)偶然故障期。在偶然故障期内,系统故障率可用偶然故障率来代替,故障率近似为常数 λ_2,故障时间服从指数分布。在实际使用中,当飞机及其设备或系统已工作了 t 小时以后,常需要计算它们在某一段使用时间 Δt(如一次飞行任务)的任务可靠度。有

$$R(t + \Delta t) = \frac{R(t + \Delta t)}{R(t)} \qquad (5-17)$$

当为指数分布时,有

$$R(t + \Delta t \mid t) = \frac{e^{-\lambda_2(t + \Delta t)}}{e^{-\lambda_2 t}} = e^{-\lambda_2 \Delta t} \qquad (5-18)$$

式(5-18)表明,任务可靠度与任务开始前的工作时间 t 无关,即当航空装备及其机件在故障率为常数的有用寿命期内,其任务可靠度与任务开始以前所积累的工作时间无关。这就意味着,只要装备工作中的故障率为常数,用工作时间短的装备来代替工作时间长的装备,并不能增加可靠性。因此,偶然故障不能用更换装备的办法来预防。

(3)耗损故障期。当装备使用到某一时期,某一类故障有集中出现的趋势,故障率显著增加,这表明装备使用已进入耗损故障期,这时,装备需要翻修或更换,需要确定合理的翻修间隔期限,这是以可靠性为中心的维修需要解决的一个主要问题,这里不做专门的讨论,具体方法参见相关文献。

故障浴盆曲线规律表明,预防性维修只适用于即将进入耗损故障期的航空装备。

5.2.3 复杂装备无耗损区规律

复杂装备无耗损区规律于20世纪60年代提出,它推翻了浴盆曲线适用一切情况的假设,动摇了传统的定时翻修的做法。复杂装备无耗损规律仍承认浴盆曲线对于简单装备和具有支配性故障模式的复杂装备的适用性,它是浴盆曲线的发展和补充。

复杂装备是相对简单装备而言的。简单装备是指只有一个或很少几个故障模式会引起故障的设备,如轮胎的故障模式主要是磨损,属于简单装备。复杂装备是指具有多种故障模式会引起故障的装备,如飞机、轮船、汽车及其各系统、设备和动力装置均属复杂装备。复杂装备无耗损区规律源于人们对航空机件故障率曲线的研究。人们发现,航空装备机件的故障率曲线有六种基本形式,见图5-3,图中纵坐标为故障率,横坐标为工作时间。不难看出,图中 A 曲

线有明显的耗损期,符合浴盆曲线,约占装备机件总数的4%;B曲线也有明显的耗损期,约占2%;C曲线无明显的耗损期,但随时间增长,故障率也在增加,约占5%;D、E、F曲线根本无耗损期,约占89%。因此,航空装备机件可分为有耗损特性和无耗损特性两类。有耗损特性(含图中A、B、C曲线)的只占总装备、机件数的11%,往往是单体机件或简单机件如飞机轮胎或飞机结构元件,这11%的装备、机件可以规定寿命;无耗损特性(含图中D、E、F曲线)的航空装备、机件占89%,往往是些复杂装备,如航空电子装备、飞机空调系统、液压系统等,这89%的装备、机件不需要规定寿命。这表明,大多数航空装

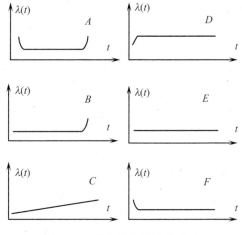

图5-3 航空装备故障率类型

备、机件在正常使用期内的故障率基本上是常数,而且随着航空装备复杂性的提高,导致其故障发生规律已不同于早期的航空装备。

5.2.4 装备全寿命故障率递减规律

20世纪80年代以来,出现了统一场故障理论。该理论认为,现代电子装备的故障发生遵从全寿命故障率递减规律,即在全寿命期内故障率随时间的变化,如同浴盆曲线早期故障期那段负指数一样一直递减。

装备全寿命故障递减规律的基本观点是:装备生产制造出来后本身就存在着一定的缺陷,在内外应力的作用下,缺陷导致装备发生功能故障;应力施加的速度快,故障就会提前出现;每个偶然故障都有其原因和结果,通过施加应力可以加速故障的发生;随着应力施加时间增加,装备缺陷总数按指数递减,因而故障率也将按指数递减,装备从制造、试验到使用都存在这种相同的过程。

统一场故障理论的实质是将筛选的概念扩大到使用阶段。装备在工厂筛选阶段故障率呈递减型,装备在使用时,受到内外应力作用,其缺陷最终发展为故障,经检查发现后加以排除,所以装备的使用过程就是一种筛选过程,与工厂筛选具有相同的性质,只是筛选的时间、应力大小和方式不同,如果把筛选概念移植到使用阶段,那么该阶段也将出现故障率递减的现象,即在同一组应力作用下,装备故障率将随应力施加时间的增加而递减。

5.3 故障数据的统计分析及其应用

航空装备在使用过程中,随着装备自身性能、技术状态、载荷条件、环境状况、作战使用以及维修保障等诸多不确定性因素的影响和作用,航空装备的技术状态将发生变化或发生故障,如何有效地利用这些故障信息和数据,监控航空装备使用性能的变化,保障航空装备良好的战备完好性,是航空装备科学维修面临的一个现实问题。

对故障数据进行统计分析,是航空装备故障宏观分析的一个重要方面。故障数据的统计分析是利用概率论和数理统计的方法,通过对航空装备大量的故障数据的统计分析,对航空装备的可靠性状况、发生或可能发生的故障原因进行量化分析,确定出航空装备的故障模式和故

障机理,明确故障的规律特征和发展趋势,以便及时采取措施确保航空装备可靠工作。

5.3.1　故障数据统计分析的基本过程

图5-4描述了故障数据统计分析的基本流程。

5.3.2　故障数据的收集与分析

故障数据的收集与整理,是贯穿航空装备寿命
周期过程的一项工作。在航空装备工程研制阶段,
既要收集同类装备的故障数据,同时还要对该阶段
研究和试验所产生的故障数据进行收集和分析,以
便为装备的改进和定型提供科学的依据。在生产
制造阶段,该阶段所产生的故障等数据,则反映了
装备的设计和制造水平。在使用阶段,对装备使用
过程所产生的故障数据进行收集和分析,则可直接
反映装备的技术状态变化和维修需求,为实施科学
维修提供依据,同时也可为装备的改进提供最有价
值的参考。由此可见,故障数据的收集和分析工
作,是航空装备全系统全寿命管理过程中一项基础

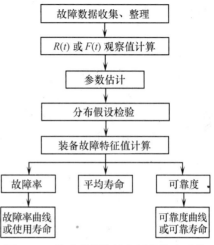

图5-4　故障数据统计分析的基本过程

性的工作,对航空装备的作战使用和维修保障发挥着重要的作用。

由于航空装备使用和维修保障涉及面广、环境恶劣、影响因素多,因而航空装备的使用和
维修保障具有很强的不确定性。为避免数据收集的重复,保证故障数据的质和量,故障数据收
集首先应进行数据需求分析,明确数据收集的内容、目的和标准,制定周密的数据收集计划;其
次要采用正确、适合的数据收集方法和技术,确保维修数据的准确性、完整性、及时性和可用
性,善于利用各种方法和工具,挖掘数据的内在联系,科学指导维修实践。

故障数据的收集与分析有许多有效的工具和方法,常用的有直方图、因果分析图、帕累托
图、控制图,以及随着信息技术发展起来的数据挖掘、便携式维修助理(PMA,Portable Mainte-
nance Aids)等。直方图等方法工具已有诸多的文献资料介绍,这里侧重对PMA做一概要
介绍。

PMA的含义是:在维修中采用的现代化自动处理设备,通常包括便携式电子显示设备、便
携式维修设备、技术数据读取机/浏览器等,有时候也包括其他一些硬件及其辅助软件,甚至包
括计算机等。随着武器装备的更新换代,技术数据的数字化,特别是由于航空装备所固有的结
构复杂化和使用的特殊性,如何方便快捷地对装备进行维修,将直接影响到装备的作战能力。
采用PMA,可以使维修人员在维修现场可以根据维修作业和装备现状,实时地输入维修数据,
为多个用户快速地提供可视化资料,使相关人员在维修作业期间接收详细的技术数据,为自动
识别技术和电子化维修手段的普及应用提供远程支持,允许与武器装备进行直接通信,便于故
障的定位,对不具备嵌入式自动故障诊断和预计功能的装备而言,PMA发挥的作用尤其重大。
目前PMA已在民用设备领域取得了广泛应用,而在军用航空领域,由于军用航空维修的特殊
性,PMA还存在着可靠性、安全性、可操作性,以及文化阻碍、标准化等方面的诸多问题,但已
引起了高度重视,并得到了初步应用。

5.3.3　故障分布参数的估计

在故障数据的统计分析中,人们经常遇到的问题是如何选取子样以及根据子样来对总体

的统计特征做出判断。实际工作中碰到的随机变量(总体)往往是分布类型大致知道,但确切的形式并不知道。要确定出总体的故障分布函数$F(x)$或故障密度$f(x)$,首先必须估计出总体的参数,这类问题就是参数估计问题。它一般有两种方法:一是点估计,就是以样本的某一函数值作为总体中未知参数的估计值;二是区间估计,就是把总体的数字特征确定在某一范围内。

1. 点估计

设总体X的分布函数形式为已知,但它的一个或多个参数为未知。如果得到了随机变量X的一组样本观察值$x_1, x_2, \cdots, x_n$,利用样本观察值来估计总体参数的值,这类问题称为参数的点估计问题。获得参数估计量的方法有矩法、极大似然法,这里主要介绍极大似然法。

设总体X的概率密度函数$f(x, \theta)$为已知,它只含一个未知参数θ。于是,总体X的一组样本$X_1, X_2, \cdots, X_n$的联合概率密度等于$\prod_{i=1}^{n} f(x_i, \theta)$。显然,对于样本的一个观察值$x_1, x_2, \cdots, x_n$,它是$\theta$的函数,记为

$$L = L(x_1 + x_2 + \cdots + x_n, \theta)$$
$$= \prod_{i=1}^{n} f(x_i, \theta) \qquad (5-19)$$

并把它称为似然函数。

极大似然法的基本思想是:如果在一次观察中一个事件出现了,则可认为该事件出现的可能性很大,利用这种思想,可以估计连续型总体的未知参数,如$\lambda \mu \sigma^2$等,据此给出下述定义:

设总体X仅含一个未知参数θ,并且总体分布的形式为已知,$x_1, x_2, \cdots, x_n$为随机变量X的一组观察值。若存在θ的一个值$\hat{\theta}$,使得似然函数$L(x_1, x_2, \cdots, x_n, \theta)$在$\theta = \hat{\theta}$时,有

$$L(x_1, x_2, \cdots, x_n, \theta) = \max$$

则称$\hat{\theta}$是θ的一个极大似然估计值。

由定义可知,求总体参数θ的极大似然估计值$\hat{\theta}$的问题,就是求似然函数L的最大值问题。在L关于θ为可微时,要使L取得最大值,θ必须满足

$$\frac{\mathrm{d}L}{\mathrm{d}\theta} = 0 \qquad (5-20)$$

由式(5-20)可解得θ的极大似然估计值$\hat{\theta}$。

由于L与$\ln L$在同一θ值处取得极值,所以可由

$$\frac{\mathrm{d}\ln L}{\mathrm{d}\theta} = 0 \qquad (5-21)$$

求得,这往往较之直接使用式(5-20)来得简便。

例5-1 设$t_1, t_2, \cdots, t_n$为指数分布的一个样本,试求参数λ。

解: 由题意,$f(t, \lambda) = \lambda \mathrm{e}^{-\lambda t}$,得似然函数$L = \prod_{i=1}^{n} f(t_i, \lambda) = \prod_{i=1}^{n} (\lambda \mathrm{e}^{-\lambda t_i}) = \lambda^n \mathrm{e}^{-\lambda \sum_{i=1}^{n} t_i}$,

$\ln L = n \ln \lambda - \lambda \sum_{i=1}^{n} t_i$。令$\frac{\partial \ln L}{\partial \lambda} = \frac{n}{\lambda} - \sum_{i=1}^{n} t_i = 0$,则故障率$\lambda$的极大似然估计值为$\hat{\lambda} = \frac{1}{n} \sum_{i=1}^{n} t_i$。

极大似然估计法也适用于分布中含有多个未知参数 $\theta_1,\theta_2,\cdots,\theta_n$ 的情形，此时，似然函数是这些未知参数的函数。令 $\ln L$ 关于这些参数的偏导数等于 0，即

$$\frac{\partial}{\partial \theta_1}\ln L = \frac{\partial}{\partial \theta_2}\ln L$$
$$= \cdots$$
$$= \frac{\partial}{\partial \theta_n}\ln L$$
$$= 0$$

解之，即可得各未知参数 θ_i 的极大似然估计值 $\hat{\theta}$。

2. 区间估计

人们在测量或计算时，常不以得到近似值为满足，还需估计误差，即要求更确切地知道近似值的精确程度。类似地，对于未知参数 θ，除了求出它的点估计 $\hat{\theta}$ 外，还希望能估计出一个范围，并希望知道这个范围包含参数 θ 真值的可靠程度。这样的范围通常用区间的形式给出，同时还要给出此区间包含参数 θ 真值的可靠程度，这种形式的估计称为区间估计。现在引入置信区间的定义。

设总体分布含有一个未知参数 θ，若由样本确定的两个统计量 $\underline{\theta}(x_1,x_2,\cdots,x_n)$ 及 $\overline{\theta}(x_1,x_2,\cdots,x_n)$，对于给定值 $\alpha(0 < \alpha < 1)$ 满足

$$P\{\underline{\theta}(x_1,x_2,\cdots,x_n) < \theta < \overline{\theta}(x_1,x_2,\cdots,x_n)\} = 1 - \alpha \qquad (5-22)$$

则称随机区间 $(\underline{\theta},\overline{\theta})$ 为 θ 的 $100(1-\alpha)\%$ 置信区间。$\underline{\theta}$ 及 $\overline{\theta}$ 称为 θ 的 $100(1-\alpha)\%$ 置信限（$\underline{\theta}$ 及 $\overline{\theta}$ 分别称为置信下限和置信上限），百分数 $100(1-\alpha)\%$ 为置信水平。

式（5-22）的含义如下：若反复抽样多次（每次得到的样本容量都相等），每组样本观察值确定一个区间 $(\underline{\theta},\overline{\theta})$，每个这样的区间要么包含 θ 的真值，要么不包含 θ 的真值，按柏努利定理，在这样的区间中，包含 θ 真值的约占置信限 $100(1-\alpha)\%$，不包含 θ 真值的仅占 $100\alpha\%$ 左右。例如，反复抽样 1000 次，则得到 1000 个区间中不包含 θ 真值的仅有 10 个左右。

例 5-2　设总体 $X \sim N(\mu,0.09)$，随机抽得 4 个独立观察值 x_1,x_2,x_3,x_4，求总体均值 μ 的 95% 的置信区间。

解：　由题意，$\alpha = 1 - 0.95 = 0.05$，样本容量 $n = 4$，$\sigma = \sqrt{0.09} = 0.3$。

因为样本均值 $\overline{X}$ 为 μ 的一个点估计，且

$$\frac{\overline{x} - \mu}{\sigma/\sqrt{n}} = \frac{2}{0.3}(\overline{x} - \mu) \qquad (5-23)$$

所服从的分布 $N(0,1)$ 是不依赖于 μ 的，因此，按双侧 100α 百分位点的定义，对于给定的置信水平 95%（即 $\alpha = 0.05$），有

$$P\{-z_{0.025} < \frac{2}{0.3}(\overline{x} - \mu) < z_{0.025}\} = 0.95 \qquad (5-24)$$

由不等式　$-z_{0.025} < \frac{2}{0.3}(\overline{x} - \mu) < z_{0.025}$，得　$\overline{x} - \frac{0.3}{2}z_{0.025} < \mu < \overline{x} + \frac{0.3}{2}z_{0.025}$。

因 $z_{0.025} = 1.96$，故 μ 的置信区间为 $(\overline{x} - 0.294,\overline{x} + 0.294)$。

例如，得到一组样本观察值为 12.6，13.4，12.8，13.2，得 $\overline{x} = 13$，代入式（5-24），得 $(13 - 0.294,13 + 0.294) = (12.71,13.29)$。

式（5 – 24）是 μ 的95%的置信区间，其意义是：若反复抽样多次，每组样本观察值（$n = 4$）按式（5 – 24）确定一个区间，在若干个这样的区间中，包含 μ 的约占95%，不包含 μ 的仅占5%左右。

利用上述方法可对航空装备故障数据进行点估计和区间估计。

5.3.4　故障分布检验

前文介绍了在掌握总体分布情况下根据样本值确定分布参数的估计值的方法，这是统计推断的一个重要问题，统计推断的另一个重要问题是如何根据样本信息来判断总体分布是否具有指定的特征。前文估计分布参数时，是在假设已知其分布的类型如指数分布、正态分布、威布尔分布等作为前提的，这种假设是否正确、合理，需要利用样本信息进行分析判断，这类问题称为假设检验。

所谓假设检验，是指在总体上做某种假设，并从总体随机地抽取一个子样，用它检验该假设是否成立。在总体上做假设可以分成两类：一是对总体的数字特征做某项假设，如已知样本来自正态总体，问是否有理由说它来自均值为 μ_0 的正态主体。这一类问题称为参数假设检验。二是对总体分布做某项假设，用总体中子样来检验该假设是否成立，这一类假设称为分布假设检验。如假设故障总体分布是指数分布，用总体中子样检验该假设是否成立，这是主要讨论故障分布的假设检验。

1. 故障分布假设检验的基本步骤

（1）对总体 X 提出假设 H_0，有时还需要提出备择假设 H_1。

（2）选取适当的显著性水平 α（$\alpha = 0.05$ 或 0.1）。

（3）确定检验用的统计量 U，在原假设 H_0 成立的前提下确定其概率分布。

（4）确定拒绝域。

（5）依据样本观察值确定接受还是拒绝原假设 H_0。

假设检验与参数区间估计之间有着密切联系。首先，参数区间估计中假设参数是未知的，需要用子样对它进行估计，而假设检验对参数值做了假设，认为它是已知的，用子样对假设做检验。从某种意义而言，假设检验是参数区间估计的反面。另外，假设检验的统计量的选取与区间估计相应问题中用到的函数形式有时是一致的，例如，对方差已知的正态总体而言，利用函数 $\dfrac{\overline{x} - \mu}{\sigma / \sqrt{n}}$ 做总体均值的区间估计，而用统计量 $\dfrac{\overline{x} - \mu_0}{\sigma / \sqrt{n}}$ 来检验总体均值的假设 $H_0 : \mu = \mu_0$。

故障分布检验的方法很多，限于篇幅，这里仅介绍 χ^2 检验法。

2. χ^2 检验法

（1）分布。设 $X_1, X_2, \ldots, X_n$ 是独立同分布随机变量，而每一个随机变量服从标准正态分布 $N(0, 1)$，则随机变量 $\chi^2 = X_1 + X_2 + \cdots + X_n$ 的分布密度为

$$f(t) = \begin{cases} \dfrac{1}{2^{\frac{n}{2}} \Gamma\left(\dfrac{n}{2}\right)} t^{-\frac{n}{2} - 1} \mathrm{e}^{-\frac{t}{2}} & t > 0 \\ 0 & t \leqslant 0 \end{cases} \tag{5 – 25}$$

式中：$\Gamma\left(\dfrac{n}{2}\right)$ 为伽马函数在 $n/2$ 处的值，这种分布称为自由度为 n 的 χ^2 分布，记为 $\chi^2(n)$。

（2）χ^2 检验。χ^2 检验用来验证统计得到的经验分布函数 $F_n(t)$ 与假设某总体分布 $F(t)$ 是

否一致。将观察得到的样本数据分组,选用 χ^2 统计量作为 $F_n(t)$ 与 $F(t)$ 之间的差异度 χ^2 统计量为

$$\chi^2 = \sum_{i=1}^{k} \frac{(f_i - Np_i)^2}{Np_i} \tag{5-26}$$

式中: k 为样本数据分组区间数; f_i 为落入第 i 区间的故障数,要求 $f_i \geq 5$; N 为子样容量,要求 $N \geq 50$; p_i 为理论上落入第 i 区间的概率, $p_i = P\{b_{i-1} < X \leq b_i\} = F(b_i) - F(b_{i-1})$; Np_i 为第 i 区间故障频数。

可以证明, N 足够大时, $F_n(t)$ 与 $F(t)$ 差异统计量 χ^2 的渐近分布服从自由度 $n = k-1$ 的 χ^2 分布。当所假设理论分布 $F(t)$ 的参数是用统计样本数据计算出来的时,自由度 $n = k-l-1$,其中 l 为所估计总体分布参数的个数,即对于给出显著性水平 α 有

$$P\{\chi^2 \geq \chi^k_\alpha(n)\} = \alpha \tag{5-27}$$

当 $\chi^2 \geq \chi^k_\alpha(n)$ 时,拒绝原假设 H_0 ;当 $\chi^2 < \chi^k_\alpha(n)$ 时,接受原假设 H_0 。

(3) χ^2 检验的基本步骤

① 以每组频数 $f_i \geq 5$ 为基准,将样本数据分组,统计各组频数,并提出假设 H_0 ;

② 估计参数;

③ 给定显著性水平 α ;

④ 计算样本统计量: $\chi^2 = \frac{(f_i - Np_i)^2}{Np_i}$;

⑤ 根据 (n, α) 查表,确定 $\chi^2_\alpha(k-l-1)$ 值;

⑥ 做出判断:当 $\chi^2 > \chi^2_\alpha(k-l-1)$,拒绝原假设;当 $\chi^2 < \chi^2_\alpha(k-l-1)$,接受原假设。

例 5-3 已知某机载雷达 81 个磁控管故障前工作时间数据如下(单位:h):125,284,201,27,106,195,177,225,152,131,198,95,30,87,296,1,267,67,336,310,400,379,23,190,103,191,162,176,152,11,229,41,74,49,29,92,148,13,302,91,68,180,489,175,331,127,266,4,56,583,620,261,32,188,243,84,66,289,105,636,39,49,161,50,126,198,126,119,7,167,112,261,389,251,230,16,259,591,653,631,547。显著性水平 $\alpha = 0.05$,试用 χ^2 检验判断其故障分布是否为指数分布。

解: (1) 做出假设: H_0 为指数分布 $f(t) = \lambda e^{-\lambda t}$ 。

(2) 估计参数 λ : $\lambda^* = r/T = 81/\sum_{i=1}^{n} t_i = 81/15957 = 6.267 \times 10^{-5}/h$ 。

(3) 显著性水平 $\alpha = 0.05$ 。

(4) 列表计算样本统计量: $\chi^2 = \frac{(f_i - Np_i)^2}{Np_i}$,见表 5-2。

(5) 由题意,自由度 $n = 8-1-1 = 6$,由 χ^2 分布表查得 $\chi^2_{0.05}(6) = 12.59$ 。

(6) 做出判断。因为 $\chi^2 = 10.39 < \chi^2_{0.05}(6) = 12.59$,故接受原假设 H_0 ,即磁控管的故障分布服从指数分布。具体计算结果见表 5-2。

通过故障分布检验,便可确定该装备的故障分布,利用该故障分布函数,便可确定其故障率的变化趋势,掌握该装备的故障特性,使维修更有针对性。

故障分布检验的方法还有很多,如 K-S 检验、概率纸图估法等。

表 5-2 χ^2 检验计算结果

序号	区间界限	$F(t_i)$	p_i	Np_i	f_i	$\dfrac{(f_i - Np_i)^2}{Np_i}$
1	1~50	0.776	0.224	18.14	16	0.253
2	51~100	0.602	0.174	14.09	10	1.189
3	101~150	0.467	0.135	10.94	11	0.0004
4	151~200	0.362	0.105	8.51	15	4.957
5	201~250	0.281	0.081	6.56	5	0.37
6	251~300	0.218	0.063	5.10	9	2.978
7	301~400	0.131	0.087	7.05	7	0.0003
8	≥401	0	0.131	10.61	8	0.643
合计				81	81	10.39

5.4 故障模式、影响及危害性分析

故障机理给出了故障模式的微观分析,但在航空维修实践中,由于航空装备功能结构的复杂性,如何有效地对故障模式进行系统而深入的分析,是故障分析的另一个重要问题。故障模式、影响及危害性分析(FMECA,Failure Mode,Effect and Criticality Analysis)提供了一种方法。FMECA 是故障分析的一种有效方法,可以系统而深入地分析航空装备零件、元器件、设备、系统所有可能的故障模式、故障原因及后果,便于发现薄弱环节,增强维修的针对性。下面首先介绍几个相关概念。

5.4.1 FMECA 概述

(1)故障模式。故障模式是产品故障的一种表现形式,它是一般能观察到的故障现象,如断裂、接触不良、泵漏油、仪表的参数漂移、电子元器件短路等。航空装备在使用过程中,故障模式是最基本的故障数据,由此可分析故障产生的原因,寻找薄弱环节,改进装备可靠性;在研制阶段,故障模式的分析是 FMECA 的基础,因此有必要弄清装备寿命周期过程中的全部故障模式。典型的故障模式有:工作中断、工作时续时断、工作性能下降、提前或滞后接通等。表5-3列出了常见的故障模式。

表 5-3 可能发生的故障模式

序号	故障模式	序号	故障模式	序号	故障模式	序号	故障模式
1	结构故障(破损)	9	内漏	17	流动不畅	25	输入过小
2	物理性质的卡死	10	外漏	18	错误动作	26	输出过大
3	颤振	11	超出允许上限	19	不能开机	27	输出过小
4	不能保持正常位置	12	超出允许下限	20	不能关机	28	无输入
5	不能开	13	意外运行	21	不能切换	29	无输出
6	不能关	14	间断性工作不稳定	22	提前运行	30	电短路
7	错误开机	15	漂移工作不稳定	23	滞后运行	31	电开路
8	错误关机	16	错误指示	24	输入过大	32	电泄漏

（2）故障影响。故障影响是故障模式对产品使用、功能或状态所导致的结果。对产品故障后所造成的影响应考虑：①引起工作能力下降或功能的丧失；②引起昂贵的维修费用；③与安全有关；④某一故障模式高频率地发生。

分析时将其分为局部的、高一层次的和最终影响三级。对飞机上的机载设备而言，三级是指设备级、系统级和飞机整机。一般来讲，对安全造成影响的是那些没有冗余或替代工作的模式，如有冗余或替代工作模式，则需考虑多重故障造成的影响，如应急装置同时故障造成的严重后果。对每一级的影响根据不同程度分成不同级别。对航空装备而言，具体可分为：

自身影响（产品本身），分为三级：Ⅰ级，产品功能丧失；Ⅱ级，产品功能下降；Ⅲ级，产品有故障征候。

对上一级影响（系统），分为四级：Ⅰ级，系统完全丧失功能；Ⅱ级，系统功能下降；Ⅲ级，有故障征候；Ⅳ级，无影响。

最终影响（飞机），可分为严重等级事故、等级事故、影响任务完成、停飞、计划外维修、无影响等几种情况。

（3）危害度。危害度是指某种故障模式所产生后果的严重程度。可分为四类：Ⅰ类（灾难性），造成人员伤亡、飞行器、船舶、车辆被毁；Ⅱ类（严重），造成人员严重伤亡、重大经济损失或导致任务失败的系统严重损坏的故障；Ⅲ类（临界），造成人员轻伤、一定经济损失或系统性能下降；Ⅳ类（轻度），不足以导致人员伤害、一定的经济损失或系统损坏的故障，但导致计划外维修。

5.4.2 基本分析过程

故障模式、影响与危害性分析的基本过程如下：

（1）定义系统。通过对所分析对象的深入了解，明确系统的组成、任务（功能），描述系统的运行或工作程序及方式，规定系统的使用环境条件，明确系统故障定义和判据，绘制系统的功能框图和可靠性框图。

（2）填写 FMEA 表格。表 5-4 是一种典型的 FMEA 表格，在实际应用时可适当剪裁。

表 5-4　故障模式影响分析表

初始约定层次　　　　任　　务　　　　　　　　　审核　　　　　　　第　页共　页

约定层次　　　　　　分析人员　　　　　　　　　批准　　　　　　　填表日期

代码	装备或功能标志	功能	故障模式	故障原因	任务阶段与工作方式	故障影响			故障检测方法	补偿措施	危害度类别	备注
						局部影响	上一层次影响	最终影响				

表中各栏填写如下：

代码：被分析装备代码。

装备或功能标志：被分析装备功能的名称。

功能：简要填写装备所需完成的功能。

故障模式：确定并说明装备约定层次中所有可预测的故障模式，根据系统定义中的功能描述及故障判据的规定要求，假设出各装备的故障模式。

故障原因：说明各故障模式对应的各种原因，如设计缺陷、元器件选用不当等。

任务阶段与工作方式：简要说明发生故障的任务阶段与工作方式。

故障影响：指各假设的故障模式对装备使用、功能或状态所导致的后果，应评价每个故障模式对局部、上一层次和最终的影响。

故障检测方法:记录维修人员的检测方法,如目视检查、仪器检测或自动报警等。

补偿措施:指出并评价消除或减轻故障影响的补偿措施,包括设计补偿措施和维修应急措施。

危害度类别:根据故障模式的最终影响确定每个故障模式及装备的危害度类别。

备注:记录有关的注释与说明。

(3)填写 FMECA 表格。FMECA 表格见表 5 – 5。前面各栏与 FMEA 表格相同,其余各栏填写如下:

故障概率或故障率数据源:定性分析时,应列出故障模式发生概率的等级,并据此绘制出危害性矩阵;定量分析时,使用故障率数据来计算危害度,应列出故障数据来源。

故障率 λ_P : $\lambda_P = (\pi_A \pi_E \pi_Q) \lambda_b$,式中 λ_b 为装备基本故障率,π_A 为应用系数;π_E 为环境系数;π_Q 为质量系数。

故障模式频数比 α_j :表示装备以故障模式 j 发生故障的百分比。

表 5 – 5　故障模式影响及危害性分析表

初始约定层次　　　　　任　　务　　　　　　　审核　　　　　　　第　页共　页

约定层次　　　　　　　分析人员　　　　　　　批准　　　　　　　填表日期

代码	装备或功能标志	功能	故障模式	故障原因	任务阶段与工作方式	危害度类别	故障概率或故障率数据源	故障率 λ_P	故障模式频数比 α_j	故障影响概率 β_j	工作时间 t	故障影响危害度 C_{mj}	装备危害度 C_r	备注

故障影响概率 β_j :表明装备以故障模式 j 发生故障而导致系统功能丧失的条件概率。β_j 取值及其含义:$\beta_j = 1$,系统功能实际丧失;$0.1 < \beta_j < 1$,系统功能实际很可能丧失;$0 < \beta_j < 0.1$,系统功能有可能丧失;$\beta_j = 0$,系统功能不受影响。

工作时间 t :装备每次任务工作小时数或工作循环次数。

故障模式危害度 C_{mj} :装备第 j 个故障模式的危害度 $C_{mj} = \lambda_P \alpha_j \beta_j t$。

装备危害度 C_r :装备所有故障模式危害度的总和 $C_r = \sum_{j=1}^{n} C_{mj}$。

(4)危害性分析。这是 FMECA 的最后一步。危害性分析可分为定性和定量分析。若装备故障率数据或技术状态数据不足,应选择定性分析,按照故障模式发生的概率等级来评价响应的故障模式,并据此绘制出危害性矩阵,见图5 – 5;若数据充足,则应采用定量分析。定量分析就是根据式 $C_r = \sum_{j=1}^{n} C_{mj} = \sum_{j=1}^{n} \lambda_P \alpha_j \beta_j t$ 来计算装备的危害性。

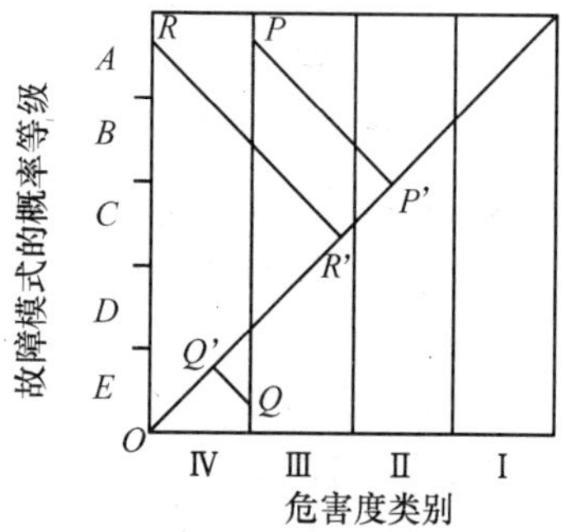

危害性矩阵横坐标为危害度类别,纵坐标为装备故障模式的发生概率等级,同时还可列出危害度 C_r。利用危害性矩阵,可将装备每个故障模式发生概率等级对应其危害度类别标在相应位置,即可表示装备各故障模式的危害性分布。若

图 5 – 5　危害性矩阵

某故障模式的分布点在矩阵对角线上离分布点投影越远,该模式的危害性越大,越需尽快采取措施。利用危害性矩阵,可用来确定和比较装备每一故障模式的危害程度,进而为确定改进和维修措施提供依据。

5.4.3 FMECA 在航空维修中的应用

FMECA 作为故障分析的一种有效方法,主要用于设计和研制阶段,随着该方法应用的深入和扩展,已逐渐延伸到使用和维修保障阶段。随着航空装备的使用,新的故障模式不断出现,技术数据不断积累,因而可以利用所积累的故障数据进行 FMECA,找出危害性较大和故障概率等级较高的故障模式,进一步制定出有针对性的维修措施,增强维修的有效性。

下面以某型机载雷达收发机磁控管为例进行 FMECA 分析。限于篇幅,只给出其 FMECA 表(表5-6)和危害性矩阵(图5-5),具体的定性和定量分析,读者可参考有关文献。

表5-6　某型机载雷达磁控管 FMECA 表

代码	装备名称	功能	故障模式	故障原因	故障概率及等级	危害度类别	故障影响		故障危害		措施
							分机	全机	人员	物品	
V₁	磁控管	产生大功率微波振荡	振荡不稳	腔体残余气体	0.25/A	Ⅲ	大	大		危险	老炼
			打火	腔体漏气	0.015/E	Ⅲ	严重	严重		危险	换管
				灯丝引线碰地	0.1/B	Ⅲ	大	大		危险	预防检查
				灯丝滤波电容击穿	0.05/E	Ⅲ	大	大			预防检查
				输出装置接触不良	0.165/C	Ⅲ	大	大		危险	维修
			振荡弱	阴极耗损	0.30/A	Ⅳ	大	大			换管
				磁铁 H 降低	0.02/C	Ⅲ	较大	较大			充磁
			不振荡	灯丝开路	0.05/C	Ⅲ	严重	严重		危险	预防检查
				灯丝滤波电容开路	0.05/C	Ⅲ	严重	严重			预防检查

注:故障概率以磁控管总故障数为1来计算

表5-6给出了磁控管的四个故障模式:振荡不稳、打火、振荡弱和不振荡,为方便起见,仅对振荡不稳(模式 P)、打火(模式 Q)、振荡弱(模式 R)三种模式绘制了危害性矩阵。振荡不稳的发生概率为0.25,概率等级为 A 级,危害度为 Ⅲ 类;漏气打火的发生概率为0.015,概率等级为 E 级,危害度为 Ⅲ 类;因阴极耗损而导致振荡弱的概率为0.3,等级为 A 级,但其危害度仅为 Ⅳ 类。由图5-5可看出,模式 P 的投影长度 OP' 最长,即振荡不稳的危害性最大,因此,老炼磁控管是预防磁控管振荡不稳的有效措施。

5.5　故障诊断技术与方法

故障诊断技术的发展及其在航空维修领域的广泛应用,可消除或有效控制重大突发故障,为预测装备的维修周期提供了技术支持,增强了航空维修的计划性、针对性和主动性,避免了维修的盲目性,改善了维修质量,降低了维修负荷,缩短了维修周期。因此,故障诊断是航空装备科学维修的重要前提和技术保证。

5.5.1 故障诊断概述

1. 故障诊断的基本含义

故障诊断,简单而言是对故障的诊断。"诊"在于客观状态检测,包括采用各种测量、分析和诊别方法(物理的或者化学的);"断"则需要确定故障的特性、故障的模式、故障的类别、故障的部位,乃至说明故障产生的原因等。故障诊断侧重研究突发性、破坏性、随机性的故障,最大限度地消除或控制严重后果的产生。故障诊断突出了诊断的目的性,即寻找和发现故障状态而进行诊断,也包括无故障状态在内,但强调故障状态的重要性。故障诊断是检测领域的一个重要分支,主要包括故障检测和故障定位。

(1)故障检测,又称故障探测,其目的在于发现故障,是根据对装备检测的结果,按照一定的逻辑进行推理后来判断装备是否已经发生故障。

(2)故障定位,又称故障隔离,发现故障后,找出故障的具体部位称故障定位,故障定位的等级随诊断的目的不同而不同。

2. 故障诊断过程

故障诊断包括识别状态和预测未来两个方面,具体的诊断过程分为状态监测、分析诊断和治理预防三个阶段。

(1)状态监测。故障诊断的第一步工作,就是采集装备在运行中的各种信息,对信号进行处理,得到反映装备运行状态的参数,从而实现对装备运行状态的监测和利于开展下一步的诊断工作。

(2)分析诊断。根据状态监测所提供的能反映装备运行状态的征兆或特征参数的变化情况,或与某故障状态参数(模式)进行比较,识别装备是否正常运转,或存在故障,诊断故障的性质和程度、产生原因或发生部位,并预测装备的性能和故障发展趋势。

(3)治理预防。当分析诊断出装备存在异常状态,就其原因、部位和危险程度进行研究,决定其治理修正和预防的办法,包括调度、更换、检修、改善等方面工作。如果经过分析认为装备尚可继续做短时运行,就要对故障的发展进行重点监视,或巡回监视,以保证装备运行的可靠性。

3. 故障诊断的作用

故障诊断是指通过各种监测手段,判别装备工作是否正常;如果不正常,经过分析与判断,指出发生了什么故障,以便于维修;或者在故障未发生之前,提出可能发生故障的预报,以便于尽早采取措施,避免发生故障。这就是装备故障诊断的任务,也是发展装备故障诊断技术的目的。故障诊断的重要意义在于:一方面,它可以迅速而准确地确定故障的部位及其严重程度,有利于确保飞行安全并减少投入维修的人力、物力,缩短飞机的停用时间,提高其利用率;另一方面,它又是实现"以可靠性为中心维修"以及"状态监控和视情维修相结合"维修方式的必要手段和前提条件。

4. 故障诊断的发展

故障诊断是根据装备运行状态信息查找故障源,并确定相应决策的一门综合性的新兴科学。20世纪60年代,故障诊断一出现就受到了人们的青睐,经过40多年的发展,已取得了长足的进步。从以信号分析为基础的一般诊断方法发展到以知识处理为基础的智能诊断系统,在航空、航天、能源、石化、交通、冶金、电子等许多重要领域都得到比较广泛的应用。故障诊断的发展方向是与容错控制、冗余控制、监控控制和余度管理等可靠性系统设计相结合的,最终实现主动维修、监测控制、容错控制、自治控制、可信性设计等。

从技术发展背景方面看,20世纪60年代是计算机和电子技术大发展的年代,快速傅里叶变换和算法语言的出现,把信号分析技术从硬件到软件推向了新的高度,促进了装备可靠性工程的发展以及零件失效机理的研究等;另外,如声发射技术、红外测温技术、油样分析技术、振动信号谱分析技术以及各种无损检测技术的出现和发展,都在硬件和软件两个方面极大地推动了装备诊断技术的发展。但最重要的是,随着人们对装备可靠性、维修性、可用性、经济性与安全性认识的提高,要求进行全系统全寿命管理,而装备故障诊断是装备管理与维修现代化中不可缺少的重要组成部分。

5.5.2 故障诊断的原理与技术

故障诊断中常用的技术,包括声振诊断、无损诊断、温度诊断、污染物诊断以及综合诊断技术与专家系统等,也包括智能神经网络诊断、计算机辅助诊断、基于 Internet 的远程故障诊断和基于信息融合的故障诊断技术。

1. 故障诊断的基本内容

故障诊断过程的本质是对装备状态的识别过程。如果将模式识别的概念加以扩展,使其不仅包含数值计算过程,也包括知识处理、符号推理的过程,则装备故障诊断过程就是模式识别过程。故障诊断的基本内容是在准确掌握装备特性及工作环境的条件下:

(1)采用合适的观测方式(包括合适的传感装置、人的感官、设备调试),在设备的合适部位,测取装备有关状态的特征信号。

(2)采用合适的征兆提取方法,从特征信号中提取有关状态的征兆。此时,要求征兆的表达形式最简单,而其包含有关状态的信号最多。

(3)采用合适的状态识别方法,从特征推理中识别出有关的状态。此时,要求推理方式最简单、花费最少,而得到的结果精确。

(4)采用合适的状态分析方法,从征兆与状态推理而识别出有关状态的发展趋势,包括故障的早期诊断与故障预测。

(5)采用合适的决策形成方法,从有关状态及其趋势形成正确的干预决策;或深入系统下一层次继续进行诊断;或已达到指定的系统层次,导出调整、控制、自诊治、维修等决策。

2. 故障诊断系统的技术结构

故障诊断系统的技术结构见图5-6。

第一部分(Ⅰ)状态监测,是对装备工作状态采用各种监测仪表(实时的或非实时的,在线的或离线的,定期的或连续的)进行监测,同时经过必要的处理,首先确定其工作状态是否正常,这是第一步。第二部分(Ⅱ)故障诊断,即诊断阶段,运用统计识别、模糊逻辑、灰色理论、神经网络等,对收集和提取的各种征兆参数进行辨识,识别和诊断出装备故障模式,决策判断其性质、影响等,这是系统中的关键步骤。第三部分(Ⅲ)治理预防,决策判断出故障特性与后果影响之后,据此考虑装备故障的治理问题和预防问题,其中也包括对某些关键部件或组件的剩余寿命的估计。

3. 故障诊断技术

装备故障诊断技术和方法很多,但必须结合装备故障的特点,获取故障征兆信号的有效性,相应地采用不同的诊断技术和方法。现将常用的典型诊断技术和方法简述如下。

(1)振动诊断技术。利用正常机器或结构的动态性(如固有频率、振型、传递函数等),与

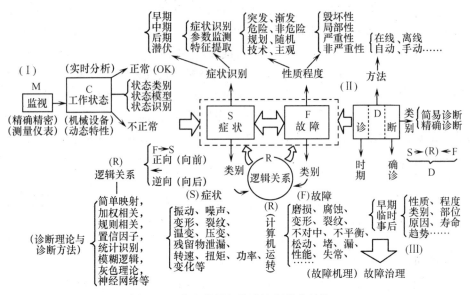

图 5-6 状态监测与故障诊断技术结构

异常机器或结构的动态特性的不同,来判断机器或结构是否存在故障的技术叫做振动诊断技术。对于连续运转的机器设备,根据它在运转中产生的代表其动态特性的振动信号,采用振动诊断技术可以在不停车的条件下实现在线监测和故障诊断;对于静设备和工程结构,可以对它施加人工激励,然后根据反映其动态特性的响应,采用振动诊断技术可以诊断出是否存在损伤或裂纹。振动诊断技术所采用的方法有很多,如振动特征分析、振动谱分析、振动倒谱分析、振动包络分析、振动全息谱分析、振动三维图分析、振动超工频或亚工频谱波分析、振动时域分析、振动模态分析等,振动诊断技术在装备故障诊断中应用得十分广泛,方便而且可靠,在故障预报中用得也较多。

完整的振动诊断技术包括下列四个方面:振动信号的采集、振动信号的处理、故障识别、故障预报。在装备无损检测中,振动诊断也有它的特殊地位,例如,焊接和胶接的质量用超声波或 X 射线透视无法判别的情况下,用振动诊断可以明显地区别开。

(2)声诊断技术。声诊断技术是利用声学原理进行故障诊断的技术,有声和噪声诊断、超声波诊断和声发射诊断。

① 声和噪声诊断法。根据设备在运行中发出的声和噪声来判别其是否发生故障的技术叫做声和噪声诊断技术。送话器或传声器把声音信号送到放大器放大后,直接读数或进行信号处理,也可以先记录在磁带上再进行处理,对这些信号可以进行频谱和倒频谱、频率和倒频率的分析,根据这些分析的图形进行故障诊断。

② 超声波诊断法。包括:回波脉冲法,用一个探头同时发射和接收反射回来的超声波;穿透传输法,用一个探头发射超声波,另一个探头接受超声波;共振测量法,利用超声波共振来判别被测物的厚度。超声波监测常用于管壁腐蚀、铸锻焊件缺陷等关键零件的现场监测。

③ 声发射诊断法。金属材料内部的结晶位错、晶界位移和裂纹发生及发展都要释放弹性波,叫做声发射现象,其频率范围为从能听到的声音到超声波。声发射的特点是只有在载荷作用下零件或结构裂纹发生和发展时才有声发射可接收,它是试件本身发射的弹性波。声发射诊断用于检测和诊断构件的裂纹发生和发展、中子辐射脆化、应变老化、周期性超载和焊接质

量等。

（3）温度诊断技术。许多机械设备的运行状态与温度有关，根据系统及其周围环境温度的变化，可以识别系统的运行状态的变化。随着现代热学传感器和检测技术的发明和发展，温度诊断技术已成为故障诊断技术的重要方向。常用的方法如下：

① 一般温度监测诊断技术。以温度、温差、温度场的变化为检测目标，采用各种类型的温度传感器，进行不同状态量的比较和分析。

② 红外监测诊断技术。采用红外测温或红外热成像方法进行不同状态的识别、分析和诊断。

（4）铁谱分析技术。铁谱分析技术，泛指磨损残粒分析技术或油样分析技术。以润滑油中的磨损残粒（简称磨粒）进行分析，是一种不解体的检验方法，可监控磨损、疲劳和腐蚀等状态变化，主要用于闭式润滑和液压系统，如齿轮箱、发动机曲柄箱和液压附件等。

（5）其他诊断技术

① 振声诊断。振声诊断技术是对诊断的对象同时采集振动信号和噪声信号，分别进行信号处理，然后综合进行诊断，可以大大提高诊断的准确性。

② 光学诊断技术。利用光学仪器进行监测和诊断，也是故障诊断技术中的一个重要方向，常用的方法有：用光学观察仪器直接观察、分析和诊断；光谱诊断法；光导纤维监测和诊断技术。

此外，还有腐蚀监测、泄漏监测、压力监测、流量监测、电参数监测、表面形貌监测、性能监测等诊断方法。

5.5.3 航空装备典型故障及其诊断

介绍典型故障发生机理及其常用或可能采用的诊断方法和诊断技术原则，侧重介绍旋转机械、机械零件、液压设备与电气设备等的故障诊断。

1. 旋转机械故障诊断

旋转机械是装备中应用最广、数量最多，而且最具有代表性的机械设备之一。基于振动分析的旋转机械故障诊断技术相对已比较成熟。这里介绍旋转机械的典型故障诊断：转子故障及其诊断、油膜涡动和油膜振荡的诊断、旋转失速的诊断、喘振的诊断。

（1）转子系统的故障诊断。对于转子系统可以采用各种方式，依靠测取振动、噪声、强度、磨屑或声发射等物理量，用以早期发现转子在运转中的异常现象，并采取适当的维护措施，以防止破坏性事故的发生。转子系统的故障，往往都是以异常振动的形式表现出来的。显然，从转子系统的振动及其频谱分析中，一般可以获得较多的、重复性好的、可靠性高的故障信息，据此来判断故障。所以，依靠处理分析转子系统振动信号来诊断故障的方法，便成为最有效和广泛使用的一种方法。

（2）油膜涡动。油膜涡动是在某一种突然开始的转速下，轴承中发生的流体动力不稳定性，其特点是产生某些正比于转轴径向幅偏移的切向力，在油膜内各力的作用下，引起油膜涡动，它是一种转子的中心绕着轴承中心转动的亚同步振动现象。

（3）油膜振荡。随着转子回转频率的增加，油膜涡动频率也增加，两者保持着约为50%的恒定比。当转子的回转频率约为其一阶临界回转频率的两倍时，随着转子回转频率的增加，涡动频率却保持不变，即等于转子的一阶临界回转频率。油膜涡动频率与转子回转频率无关。这种不同步的油膜涡动将引起交变的作用力，在不同步的油膜涡动和系统共振两者共同作用下,将出现剧烈的振动现象,即所谓油膜振荡。

（4）旋转失速与喘振。旋转失速和喘振是压缩机工作时,由于气动现象而引起的叶片受激振动,其中旋转失速是压缩机中最常见的一种不稳定现象。

① 旋转失速。旋转失速产生的基本原理见图5-7,压缩机流量的减小,会使叶片进口冲角增大到临界冲角,此时在某种流动干扰或叶片加工、安装误差的影响下,在叶片2的背面将发生流体分离,出现失速。叶片2失速后,不能产生足够的压力来保持它周围气体的规则流动,形成流量减少区

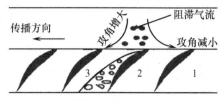

图5-7 旋转失速的基本原理示意图

域,流道将部分或全部被堵塞。被阻滞的气流又会使周围的气流偏转,从而引起叶片3上的冲角增大和叶片1上的冲角减小,即偏转气流使阻滞区一边的叶片(叶片3)进入失速,而另一边的叶片(叶片1)脱离失速,因而气流失速区从每一叶片的压力面向负压面方向移动,也就是说失速区会以一定的速度向叶片旋转运动的反方向传播。实验观察结果表明,失速区传播的相对速度低于叶片旋转的绝对速度,因此,相对坐标而言,观察到的失速区沿转子的旋转方向移动,故习惯上将失速区的这种相对叶片的旋转运动称为旋转失速。

② 喘振。喘振一般是由旋转失速加剧而引起的,但喘振除了与压缩机内部气体流动情况有关之外,还与相连的管路系统的工作特性有密切的联系。

（5）齿轮故障诊断。用振动频谱来分析齿轮传动存在的问题看起来很简单,但解释它们却很困难,要发现早期的齿轮缺陷尤其困难,主要原因是传感器的安装受到限制和多振源产生一个复杂的频谱。在传动中,一般存在啮合频率和自振频率。此外,由于齿轮的频率分量常被齿隙、偏心、载荷以及其他缺陷造成的脉冲所调制,从而出现旁瓣或边带。当在啮合频率处有峰值时,意味着齿轮有问题;当出现啮合频率的高次谐波时,意味着劣化程度加剧;当出现边带且边带峰值达到一定值时,意味着齿轮故障已很严重,到了故障的边缘。

（6）滚动轴承故障诊断。对滚动轴承进行状态监测和故障诊断的实用方法是振动分析。滚动轴承的振动可以分为与轴承的弹性有关的振动和与轴承滚动表面状况有关的振动两种类型。前者无论轴承正常与否,都会产生振动,在一定程度上代表了振动系统的传递特性,而后者则反映了轴承的损坏状况。此外,在滚动轴承的运转过程中还可能存在由于润滑剂而产生的流体动力振动和噪声。概括起来滚动轴承的主要故障形式有:疲劳剥落、磨损、塑性变形、腐蚀、滚动轴承的胶合、保持架损坏。但在实际应用中最常见和最有代表性的故障类型通常只有疲劳剥落损伤、磨损和胶合。

2. 液压系统故障诊断

液压系统中有许多故障与机械、电气系统中的故障不同,其故障的特点是具有"扩散性",即系统中某一元件发生了故障,往往会导致一系列元件发生故障。例如,滤油网发生破损后,通常会引起泵、阀和执行元件的损坏故障。因此,对液压系统进行在线监测,及时发现和排除故障,对保证液压系统使用的可靠性具有特殊的重要性。

根据液压系统故障的特点,已形成多种专用的故障诊断方法,而其中较有效的方法是:以分析诊断对象的逻辑关系、系统参数以及系统的热力学过程为基础的诊断方法。

液压系统发生故障时,常常不易立即找出故障部位和根源。因为液压系统的压力和流量不像电气系统的电压和电流那样容易检测,而且故障的根源有多种可能性。为了避免盲目查

找故障,必须根据液压系统图,按一定的思考方法,合乎逻辑地来分析故障所在,减少怀疑对象,逐渐逼近,找出故障发生部位,这种查找故障的方法就是常用的逻辑逼近诊断法。

故障逻辑逼近法是一种预诊的方法。当一个复杂的液压系统出现故障时,是绝不可能将所有的液压元件都逐个拆开检查,也不能漫无边际的乱拆、乱查,而只能根据故障产生的现象,分析故障产生的原因,找出引起故障的元件后,再进行拆卸、检查和排除。当查找液压系统故障时,通常有两种出发点:

(1) 从主机故障出发:液压系统故障引起主机本身的故障,使执行机构不能正常工作。

(2) 从系统故障出发:液压系统故障在短时间内,没有影响到主机,如过多的泄漏、温度的变化等。

对某一个被检元件组成的液压系统进行基本检验,来分析判断该被检元件故障时,均以热、噪声、泄漏等作为线索,这对诊断液压系统故障极为有效。一般诊断主机故障,可参考如下顺序:

第一步:执行机构在启动时,明确已产生的故障。例如,运动速度不符合要求、输出的力不合适、没有运动、运动不稳定、运动方向错误、动作顺序错误、爬行等。不论出现哪种故障,都可以指出故障的基本方向,如流量、压力、方向、方位等。

第二步:查阅液压系统图。从系统的每个组成,可以识别每个元件在系统中的作用。

第三步:列出对故障可能发生影响的元件目录。

第四步:从元件目录中列出检查的重点和部位,进行初步的试验,并进行分析。

第五步:在完成初步试验的基础上,进行调整与校正,并判断反常信号,如过高的温度、噪声过大、有振动等。

第六步:根据初步检查中所找出的故障元件进行修理和更换。如果初步检查未找出故障元件,则应利用各种附加仪器对每个零件进行更彻底的检查。

第七步:在重新启动主机前,要考虑每个元件对故障的影响,并防患于未然。

液压系统的故障形式及故障诱因很多,在进行故障诊断中,了解液压系统中常见的典型故障及其诱发原因,既有助于选择简便而有效的诊断方法,又有利于获得准确的诊断结论。

3. 数字系统故障诊断技术

数字系统故障诊断技术的发展,是同数字系统中的元件、结构和应用,尤其是数字计算机的发展紧密联系的。处理故障有两种基本的策略,均可用硬件和软件结合起来实现。一种策略是采用冗余技术,将故障的影响掩盖起来。这种策略主要用于高可靠性的,而且在一段时间内既要保证连续运行,但又无法修理的地方,如航空航天等。但是随着故障的增多,最后故障的影响总不能全部掩盖起来。另一种策略是及时诊断,及时修理。

数字系统故障诊断的基本思想是暗箱理论,即被测对象是一个"神秘"不可及的"暗箱",在不允许打开"暗箱"但又要了解"暗箱"的情况下,只有施加一系列的激励,再根据相应的输出响应去分析和"猜测""暗箱"中的"奥秘",其中测试器要完成四项工作:①向被测对象送出测试的激励信号;②接收被测对象在相应激励下的响应信息;③根据激励与响应之间的关系分析并决策下一个激励矢量;④根据激励序列和响应序列来确定故障的类型和地点。

4. 某型发动机磨损故障分析

(1) 故障现象。某型发动机在工作时出现"发动机综合故障"信号,并伴有语音报警。发动机停止工作后,对发动机进行了检查。发动机滑油量为14L,滑油消耗量正常,滑油呈黑色;

发动机外部无明显渗漏现象;检查磁塞及滑油滤均发现有金属屑;检查高、低压转子,发现低压转子转动时有异常声音,高压转子转不动;滑油光谱分析:Fe元素浓度值93.42×10^{-6},Al元素浓度值7.199×10^{-6},Cu元素浓度值7.99×10^{-6},Cr元素浓度值9.82×10^{-6},Ag元素浓度值3.44×10^{-6},Ti元素浓度值19.00×10^{-6},以上金属元素含量均严重超标。根据发动机地面检查情况和油液分析报告,初步判定造成该起故障的原因可能是发动机轴承损坏。

发动机分解后检查发现以下情况:

① 低压涡轮轴有一处断裂,断口部分呈熔化状态。小段断轴断口附近有擦伤,因磨擦过热,呈高温氧化色;大段断轴断口严重变形,断裂部位与高压涡轮盘相磨呈缩颈状态。

② 发动机高压涡轮盘内孔磨损,见图5-8。

③ 高压压气机鼓筒磨损。

④ 高压压气机转子叶片叶尖磨损,高压涡轮叶片叶尖磨损,高压压气机静子叶片叶尖磨损,由前到后依次加重。

⑤ 低压涡轮盘的上、下封严圈严重磨损,后轴间轴承上的部分滚棒烧结在保持架上,部分滚棒呈半圆状态,烧结在内钢套上,还有部分滚棒已焊接在一起;外钢套严重变形,滚道有严重剥落,内钢套被挤压变形,滚道上有压痕和沟痕;保持架磨损变形,并有3处裂纹。

图5-8　发动机高压涡轮盘内孔磨损

⑥ 检查中,还发现高压涡轮轴颈严重损坏,各处封严装置严重损坏等。

⑦ 发动机除后轴间轴承外,其他轴承均正常。

（2）故障原因分析。

① 后轴间轴承损坏,造成发动机振动过大引发"发动机综合故障"信号。后轴间轴承是该型发动机的薄弱环节。后轴间轴承内滚道固定在低压涡轮轴上,外滚道固定在高压涡轮前缘内。承受的是高、低压涡轮的相对转速,转速虽不很高但承受的载荷复杂多变,且润滑、冷却条件较为恶劣。由于后轴间轴承所承受的是相对转速,滚棒的接触点存在线速度的差异,因此,容易造成滚棒的滑动摩擦,滑动摩擦将造成接触面和亚表面形成疲劳微裂纹和剥落。

查阅记录系统可以看到:正常时,发动机振动为27.37mm/s;后突然增大到88.95mm/s,出现第一次"发动机综合故障"信号;在第二次出现"发动机综合故障"信号时,振动已达到103.89mm/s;在最后一次出现"发动机综合故障"信号时,振动已达到138.33mm/s,然后发动机停止工作,进行故障检查。

② 低压涡轮损坏情况分析。虽然低压涡轮轴断口磨损严重,但从残存的磨损较轻的低涡轴小断口看,绝大多数断口呈45°形貌,这是一次性过载引起的瞬断,断口周围有被研磨的过热痕迹,磨损表面有高温合金材料。从高压涡轮盘内环被磨看,低涡轴首先被高压涡轮盘内环磨伤,使低涡轴在高热下失去了原来的强度而突然拉伸断裂,因此,低压涡轮轴是被害件,它不是首断件。

5.5.4　诊断仪器及其应用

1. FFT动态分析仪

基于FFT变换的数字式频谱分析仪又称傅里叶分析仪。信号经放大器进入低通滤波器,滤去高于分析频率量程的频率成分,防止高频成分混叠到分析频率之内,然后再通过模数转换变成数字量,经过中央处理机或者专用的信号处理芯片进行快速傅里叶变换,即可实现频谱分析的功能。FFT 运算部件及分析处理软件:①由通用计算机或微型计算机的 CPU 来进行;②由专用的 FFT 硬件来执行,可以用逻辑电路和运算部件组成或由专门的 DSP 信号处理芯片(如 TMS320 系列)来完成;③由软硬件结合的方式来进行。

用软件来做 FFT 以及相应的自、互功率谱,相关函数,相干函数,传递函数,概率统计,数字滤波等,具有极大的灵活性和扩展性,而且价格也较为便宜,但速度慢、实时性差,而硬件处理则实时性好,但扩展性差,选用哪种方式的频谱分析仪要根据应用场合,主要是由实时性要求以及扩展性和价格等因素来决定。选用注意事项包括:分析频率量程;频率分辨力;动态范围和最小的电压输入量程;道间匹配和幅值精度。FFT 动态分析仪典型分析功能有:①时间域:时间波形、瞬态记录,自、互相关函数,脉冲响应,倒谱;②频率域:线性谱,自、互功率谱,相干函数,相干输出功率,传递函数;③幅值域:振幅概率密度函数,振幅概率分布函数,阶比分析,各种计算功能。

在考虑分析处理功能和实际运用中,请注意选取使用重叠处理和平均技术,包括 RMS 平均(功率平均)和线性平均(时域平均、频域平均)。

对于连续运转的机器装备,根据它在运转中产生的代表其动态特性的振动信号,采用频谱分析仪分析信号的特征,可以在不停车的条件下实现在线监测和故障诊断;对于静设备和工程结构,可以对它施加人工激励,然后根据反映其动态特性的响应,同样可以诊断出是否存在损伤或裂纹。在产品的无损检验中,振动诊断也有它的特殊地位,例如,焊接和胶接的质量用超声波或 X 射线透视无法判别的情况下,用振动诊断可以明显地区别开;轴的裂纹检测常用振动诊断技术,对转子的不平衡诊断常用振动诊断技术。齿轮诊断,采用啮合谐频分析方法。

2. 超声波诊断仪

超声波诊断仪亦称超声波探伤仪,是一种用于探测固体材料内部各种缺陷的仪器。通常,超声波诊断仪由同步器、时基器、发射器、接收器、显示器和电源、探头等部分组成。

超声波诊断技术在工业中的应用日益广泛,由于诊断对象、目的要求、工况、诊断方法等方面的不同,目前市场上供应的超声波诊断仪品种繁多,可按照发射波的连续性、缺陷显示方式、通道数分为若干类别。在利用固体声波进行缺陷诊断的声学仪器中,超声波诊断仪属于被动性探伤仪,因为它是靠人为的向固体内发射超声波,再依据超声波在固体内传播时,由于各种缺陷所引起的传输特性的变化而工作的。另一类声学诊断仪则是靠直接拾取固体内部的声信息而工作的,称为能动性探伤仪,如声发射诊断仪等。目前大量使用的是脉冲反射式超声波探伤仪。

超声波监测常用于管壁腐蚀、铸锻焊件缺陷、活塞式发动机活塞裂纹等关键零件的现场监测。

3. 红外仪器

红外技术是设备状态监测和故障诊断的高新技术,与那些已很成熟的行业相比,红外仪器的应用尚在发展中。红外仪器可概括为两类即红外点温仪和红外热像仪。当前,工业民用热像仪的水平已相当高,它在检测的速度、精度方面都是先进的。红外点温仪的种类很多,用途十分广泛。在许多应用中,热像仪和几个点温仪一起使用。热像仪多用于高级的诊断和大范围复杂的检测,点温仪则多用于检测单独的连接处和对小面积进行简易诊断。这两类非接触式红外测温设备,在设备状态监测和故障诊断中有不可取代的作用。

4．润滑油分析仪器

润滑油分析是实现机械设备诊断的重要手段之一。采用润滑油分析技术进行机械设备状态监测和故障诊断的特点是：不拆机，无需安装传感器（随机监测除外）；操作易于掌握，有的方法十分简单和直观；信息量较大；需有一个严密的管理体系（如油样的递送、装备状态的反馈等），作为维修工作的组织保证；需要建立一个数据库，以完成大量数据的管理工作。润滑油分析仪器主要有发射光谱仪和直读式铁谱仪。

（1）发射光谱仪。发射光谱仪采用各种激发源将被分析物质的原子打到激发态，再将受激后发出的辐射线经分光系统按波长（频率）分开。通过对特征谱线的考察和对其强度的测定可以判断某种元素是否存在以及它的浓度值。图 5－9 是美国 Baird 公司 MOA 直读发射光谱仪的原理图，它是目前比较适合开展润滑油光谱分析、进行技术诊断的设备之一。激发光源采用电弧，一极是石墨棒，另一极是缓慢旋转的石墨转盘。石墨盘的下半部浸入盛在油样盒内的被分析油样中。当它旋转时，便把油样带到两极之间，电弧穿透油膜使油样中微量金属元素受激发出特征辐射线；经光栅分光，各元素的特征辐射照到相应的位置上；由光电倍增管、接收辐射信号，再经电子线路的信号 A/D 转换处理，便可直接读出油样中各元素的含量。整个分析序可由计算机控制，电动打字机自动将结果打印在打印纸上。该光谱仪分析速度快，40s 便可得出 20 种元素的测量结果。

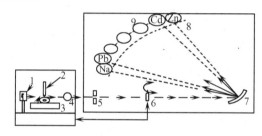

图 5－9　MOA 型直读发射光谱仪原理方框图

1—汞灯；2—电极；3—油样；4—透镜；5—入射狭缝；6—折射板；7—光栅；8—出射狭缝；9—光电倍增管。

（2）直读式铁谱仪。直读式铁谱仪是在分析式铁谱仪的基础上发展起来的，其原理见图 5－10。被分析油样在虹吸作用下流经位于磁铁上方的玻璃材质的沉积管内。油中磨粒在磁场的作用下，按其粒度大小依序沉积在玻璃管内壁上，见图 5－11，由光导纤维将两束光引至大磨粒（大于 5μm）和小磨粒（1μm～2μm）的沉积位置；再用光敏探头接收穿过沉积磨粒层后的光信号，并完成光电转换；仪器内的电子线路将这个与磨粒沉积量相关的电信号放大和进行

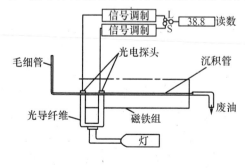

图 5－10　直读（DR）式铁谱仪简图

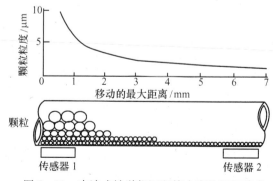

图 5－11　直读式铁谱仪沉积管内磨粒沉积状态

A/D 变换,最终在数显屏上直接显示出分别表征油样为大、小磨粒浓度的两个相对读数 D_L 和 D_A。

直读式铁谱仪分析速度快、重复性好,因此,被称为铁谱技术中的定量方法,它更适用于开展装备状态跟踪监测工作,先由它完成大量油样的磨粒浓度测定,建立监测基准线,一俟发现磨损急速发展,再采用分析式铁谱仪系统观察磨粒形态,分析磨粒成分,探明磨损机理,判断失效类型。因此在采用铁谱技术开展设备故障诊断应用时,直读式和分析式铁谱仪应成套购置,配合使用。

5.6 战场抢修技术与工艺

5.6.1 战场抢修与航空装备战场抢修

1. 战场抢修的基本内涵

战场抢修是指对在战场遭受各种损伤的武器装备运用应急诊断和修复等技术,迅速恢复其作战使用的一系列活动。战场抢修包括对装备战场损伤的评估和修理,外军称之为"战场损伤评估与修复"(BDAR,Battlefield Damage Assessment and Repair),其根本目的就是使装备能在战场上继续执行作战任务,为部队作战胜利奠定基础。

与战场抢修密切相关的一个术语是战场损伤(Battlefield Damage)。战场损伤是指装备在战场上需要排除的妨碍完成预定任务的所有事件,包括战斗损伤、随机故障、耗损性故障、人为差错、偶然故障,以及维修供应品不足和装备不适于作战环境等不能完成预定任务的事件。战场损伤涉及众多因素,其中,战斗损伤是人们最熟悉的因素,是指航空装备在作战使用时因敌方武器作用而造成的损伤。过去,装备的战斗损伤主要是枪弹、炮弹、炸弹、导弹造成的硬损伤;现在,战斗损伤具有广义性,不仅包括硬损伤,还包括诸如电磁、激光、计算机病毒等造成的软损伤。据美军资料统计,战斗损伤约占全部战场损伤的 25% ~ 40%,而我军在抗美援朝中高达 80%。显然,战斗损伤的比率与战斗强度、武器装备及兵力对比有关。

随机故障、耗损性故障和人为差错不仅在平时可以造成武器装备不可用,在战时同样也可以发生。在高技术条件下,这些故障所造成的损坏在战时可能会加剧(如使用强度的增大,心理紧张造成的人为差错增多,指挥、控制和协调不到位等),还可能产生一些平时难以见到的新的故障模式或损伤模式。因此,对这些故障或损伤,不仅在平时应注意研究,而且应结合战时作战使用需求进行具体研究。

在战场上得不到供应品(包括油、液、备件、材料等)也是时常发生的。这一问题在战场上要比平时突出得多,这是因为战场上的供应线常常被破坏,指挥、控制和信息渠道会出现中断或干扰,而维修保障的时间又很紧迫,等不到后方供应往往造成装备不能正常使用、贻误战机,所以也应将其列入战场损伤的一个因素。

"装备不适于作战环境"是海湾战争后美军提出的,作为战场上需要排除、处理的一个问题,归入战场损伤的一个因素。众所周知,美军从其全球战略的需要出发,历来重视武器装备的环境适用性,对装备的耐环境设计提出了非常苛刻的要求。尽管如此,在海湾战争中,装备不适于海湾地区环境的问题仍很严重。特别是在信息化条件下的局部战争中,由于作战使用需求的复杂多变,武器装备使用环境的快速变化,尤其是航空装备快速机动、高强度、大纵深的作战使用特点,将进一步突出航空装备的环境不适应问题。

另外需要说明的是,战场损伤对于单个武器装备而言经常被称为战伤或者战损。战伤与战损是相对而言的:战伤装备是指那些发生损伤,但是还有可能恢复作战使用的武器装备;战损装备是指那些彻底损坏而无法再利用的武器装备。

2. 航空装备战场抢修及其特点

航空装备战场抢修,也称为"飞机战伤抢修",是指在战时条件下,通过有效地发挥和使用一切可以利用的力量及资源,在对航空装备战时各种损伤和故障情况做出快速判断和评估的基础上所进行的应急修理,甚至使用一些临时的办法,尽快使之恢复到继续执行战斗任务状态,或者使其恢复完成部分任务的能力。美国空军称之为"飞机战斗损伤评估与修理"(AB-DAR,Aircraft Battle Damage Assessment and Repair)。航空装备战场抢修具有其自身的特点。

(1)高安全性、可靠性。航空装备发生损伤后,如果不进行修理一般不能使用。航空装备不同于地面或者海上其他武器装备,是一种"准单次系统",对安全性、可靠性要求要高,发生损伤不经适当修理就没有安全保障,只好停在地面,不能升空执行任务,这也就是说发生损伤的航空装备,如不进行必要的修理就等于失去了作战能力。

(2)高损耗。在现代战争中,航空装备的空中和地面损伤将会很严重。在信息化条件下的局部战争中,一方面,随着制空权争夺的加剧,未来的空中战斗会变得更加激烈,航空装备遭受损伤的可能性将显著增大;另一方面,随着航空装备生存性的不断改善,航空装备遭受直接摧毁的可能性在降低,带伤返回的可能性将不断提高。据统计,20 世纪 50 年代至 60 年代,一次空中作战的战损飞机与战伤飞机的比例约为 1∶3 ~ 5;1973 年的中东战争约为 1∶7;而在飞机生存力和保障条件良好,敌人威胁力中等,通过计算机模拟得出,未来空战中战损与战伤之比将会达到 1∶15 ~ 1∶20。例如,在 1991 年的海湾战争中,A - 10 攻击机的损伤比基本上是这个比率。此外,航空装备在地面也会遭到袭击而造成大量损伤。例如,在第三次中东战争中,以色列空军出其不意地轰炸了敌方的机场,不仅将敌方作战飞机大部分摧毁于地面,而且使其跑道和地面设施也遭受到了严重破坏,从而一举夺得了制空权。总之,由于现代战争的突然性、残酷性,战时有可能在短期内会使大量航空装备在地面或者空中战伤。

(3)高速度。航空装备战场抢修最主要的特点就是"快"。现代战争瞬息万变,强调速战速决,所以,航空装备战场抢修要快速判断和评估战时航空装备发生的一切损伤,要快速抢修,使飞机迅速恢复到作战使用状态,它不仅要求抢修人员在艰巨的任务面前,要竭尽全力发挥一切可以发挥的力量,而且所使用的方法也有可能是一些临时性的、创造性的、替代性的维修办法,这一切都是为了适应战时紧迫的需要、快速的节奏和多变复杂的环境。

(4)高技术。航空装备战场抢修的技术性要求相对高。航空装备造价高昂、技术复杂,所以,其修理所需的技术含量相对要高一些,另外,所使用的抢修方法和技术必须能完成任务和保证飞行安全,尤其是动力和飞行控制系统,因此,对于航空装备战场抢修人员的要求相对要高,要求抢修人员不仅要懂航空装备的原理和结构,能够迅速判断出故障所在,而且要求掌握各种抢修技术、工艺、手段和应急措施。

(5)高效能。战场抢修是航空装备战斗力的"倍增器"。在与强敌对抗的过程中,可以升空作战的飞机数量极易成为制约航空兵作战的瓶颈。如果没有了可以升空作战的飞机,空军就等于失去了作战能力,而进行有效的飞机战场抢修就是避免这种情况发生的一种有效的方法:可以弥补战时作战飞机严重短缺的问题,具有"战斗力再生作用",可以提高空军的持续作战能力,同时这种作法也是目前最直接、最经济、最有效的办法,被誉为航空装备战斗力的"倍增器"。

3. 战场抢修与平时维修的差别

航空装备的战场抢修跟平时维修截然不同,从事平时维修的人员,不掌握航空装备的战场抢修特点,没有进行战场抢修训练,难以完成战时繁重而复杂的战场抢修任务。为了加深对该问题的认识,下面对航空装备战场抢修与平时维修的差别进行分析。

(1) 维修的目的与工作重点不一样。平时维修的目的是保持和恢复航空装备的固有性能与安全性,强调完全修理和确保飞行安全,工作内容包括预防性维修和修复性维修两种,主要是预防性维修工作。而战场抢修的目的是保证航空装备的最大出动强度和持续作战能力,要求在最短时间内把损伤装备恢复到可再次投入战斗的状态,工作内容除预防性维修、修复性维修以外,主要是战伤抢修工作。

(2) 时间的要求不一样。平时修理安全是首要的,如果战时还像平时那样按部就班地修理,修得再好也不能及时排上用场。战场抢修的时效性非常强,主要是为了快速及时地补充战斗力,增加出动强度,"快"是最重要的。

(3) 维修的标准不一样。平时的维修标准是为了恢复或保持航空装备的固有可靠性和安全性而制定的,强调完好修理,修理后要能恢复航空装备全部的性能,维持其使用寿命,并一直使用到下次规定的修理期限;技术标准中所规定的维修方案和数据也是根据设计和试验的结果,结合平时正常使用条件下可能出现的磨损、裂纹、断裂、变形等情况来规定的。而战时,由于时间紧迫,按照所要求完成的作战任务而只需恢复必要功能,所以抢修的标准强调恢复必要的任务可靠性,而对保证安全性的技术和性能标准则有所下降。由于平时规定的寿命和预防性维修时限、安全系数、强度等都有一定的安全裕度,偏于保守,这为降低维修技术标准,实施抢修提供了可能。

(4) 维修的故障不一样。平时的故障比较少,容易排除,而且有规律可循。战时的故障很多是平时遇不到的,故障模式,损伤模式具有较高的不确定性。例如,战时除了要做平时的某些维修工作外,还要完成结构、蒙皮、管路的焊、铆、补、粘等工序,以及机体内的损坏设备的拆除、更换等。

(5) 维修的方式不一样。平时的维修多是正常维修,维护保养性的工作多一些,遇到故障要求完全排除。战场抢修主要是针对各种损伤和故障的维修,可以是临时性的、替代性的,甚至是简单的拆除,只需要航空装备具有执行任务所必要的任务可靠性,以最大限度地保持航空装备的出动强度。

(6) 人员的要求不一样。航空装备战场抢修的速度和难度要求具备特殊的专业知识、技能、技巧和体力,只有经过专门训练才能完成迅速评估和有效修理,尤其是从事结构修理的人员和采取临时性以及替代性抢修工艺的人员,不是一般的维修人员所能做的,所以,平时就应该有针对性地开展战场抢修训练,注意培养各类战场抢修专业人员,既要使战场抢修各类专业人员保持一个合理的比例,同时还要注意培养战场抢修人员的一专多能。

(7) 备件的需求不一样。平时维修的故障规律比较稳定,备件容易准备和筹措,而且平时的工作多是检查、维护、保养,备件更换也比较少。战时各种损伤造成的故障规律不稳定,为了提高抢修速度,一般多是更换零部件,所以备件需求不仅种类多,而且需求量大。为了完成抢修任务,最好应成套准备飞机备件,甚至将报废的飞机用于拆件修理;此外,还要准备结构、蒙皮等部位的修补备件和器材,这也是平时用不到的。

（8）面临的环境不一样。航空装备在空中发生损伤，很多时候需要立即着陆或者迫降，因此，战时靠前修理和战场环境下的修理任务会非常多，抢修人员面临的困难也是平时维护所不可能遇到的，如环境恶劣（缺水、停电、寒冷等）、抢修条件差（缺少工具、设备及保障等）、面临进攻威胁（地面袭击、空中轰炸等）等，这不仅对人来说是不利的，对于装备来说也是很不利的，要求维修人员不仅要适应复杂环境，而且要保护好装备，创造条件完成艰巨复杂的抢修任务。

4. 战场抢修的作用、意义

现代战争中，航空装备将被用于首次突击的任务，并且要求全程使用，执行空战、空袭、火力支援等任务；现代对空武器精度高、杀伤能力强，航空装备会遭到敌方防空和作战飞机的各种打击。由于现代航空装备具备高机动性和较大的结构强度，并且采取多余度设计、新型防御技术，极大地提高了航空装备的生存能力，战伤将成为制约战时航空装备完好率的重要因素，制约航空装备的出动强度和持续作战能力，正如美国太平洋空军总部在一项研究报告中所指出的那样："在冲突开始的最初 5 天内，影响飞机战斗出动强度的各项因素中影响最大的是战伤"，所以，战时的抢修就显得尤为重要。例如，在历时 18 天的第四次中东战争中，以色列空军损伤飞机大半，而且其中绝大部分损失是在前 5 天造成的，战伤比例很高，以色列空军就是通过出色的战场抢修，达到了在 24h 内修复了战伤飞机 72% 的高水平，不少飞机甚至经过了 2 次以上的抢修，从而将开始的被动转化为最后的胜利。一位当时参加过战斗的战伤抢修专家说："如果没有有效的快速抢修，以色列空军在战争的第八天将没有可升空作战的飞机"。再如，英阿马岛之战，英军通过有效的飞机战伤抢修，将飞机战伤抢修发挥得淋漓尽致，受伤的 40 架飞机中 36 架得到修复，"鹞"式战斗机完成任务带伤返回后，从来没有发生过在 3 天之内没有修理的现象，90% 的作战力量迅速投入战斗；而阿空军由于战争准备不足，抢修能力低下，飞机完好率不到 60%，随着战争的延续逐渐失去了作战能力。在海湾战争中，美国空军后勤司令部在责任区内部署了 42 个飞机战伤抢修组，抢修人员总共达到 621 人，其中 6 个中队（144 架）的 A-10 飞机给派了 4 个抢修分队，保证了 70 架战伤 A-10 的及时抢修，其中 50% 以上的 A-10 攻击机在经过 4h 的快速战伤抢修后便可投入战斗使用，为其进一步确定空中优势打下了基础。

航空装备除在空中会造成战伤（损）外，还可能会在地面发生大量损伤。美国空军条令明确指出："摧毁敌空军最有效的方法是在地面攻击它"。摧毁敌机于地面，是夺取和保持制空权的有效办法。在第二次世界大战中，英美共击毁德军飞机 32800 架，其中 69% 是在地面摧毁的。第三次中东战争，开战后仅 3h，埃及空军作战飞机总数的 80% 就被摧毁于地面。同时，战时航空装备的频繁转场、换防和高强度出动，也会造成较平时要多得多的故障和损伤。在海湾战争中，美军飞机由于风沙造成发动机故障。战时较为恶劣的维修条件和环境，以及人员的压力增加等情况，都会造成较多的人为差错、故障和损伤。

针对战场的各种损伤问题，航空装备战场抢修越来越受到重视。航空装备复杂的系统结构，特殊的维修保障要求以及快节奏、高强度、高消耗的作战使用特点，使航空装备战场抢修具有特殊的意义。战场抢修这种应急性维修，使大量损伤的航空装备得以重返战场，实现了航空装备作战能力的再生，对保持航空装备出动强度和持续作战能力具有重要的作用。目前，提高航空装备战场抢修能力，加强航空装备战场抢修力量建设，是当前世界各军事强国普遍重视的问题。我国空军正处于战略转型和航空装备跨越式发展的关键时期，为适应信息化条件下航空装备的作战使用需求,应不断加强和深化航空装备战场抢修研究与实践。

5.6.2　抢修性及其量度

1. 抢修性的含义

抢修性称为装备的"战斗恢复力"(Combat Resilience),其定义为:抢修性是指在作战条件下和规定的时间内,以应急手段和方法维修时,使损伤装备恢复到完成某种任务所需的功能或自救的能力。简单地讲,抢修性就是指装备本身利于抢修的各种特性。

抢修性包括固有的利于快速修理、恢复作战使用的设计特性,也包括与之配套的抢修工具、器材、设备和必要的抢修技术。在航空装备论证、设计和制造阶段进行相应的抢修性设计,开展包括抢修性在内的综合保障设计,是提高航空装备战场抢修能力的有效方法。抢修性类似于装备的可靠性、维修性,属于装备的固有属性。

2. 生存性

抢修性除了与维修性有较为紧密的关系外,它还与生存性有着更加密切的联系。按照HB/Z266—1994,生存性或生存力(Survival Ability)的定义为:"飞机躲避或承受人为敌对环境而没有削弱完成制定任务的能力"。装备的生存性或生存力就是指它能在敌对环境下生存并保持作战能力,主要表现在四个方面:①不易被敌方察觉,如隐身武器系统;②即使被察觉,也不易被敌方火力命中,如用电子干扰敌方发射的导弹;③即使被命中,不易被击毁,如装甲防护;④如受伤,能迅速修复或自救。其中④涉及到抢修及自救能力即抢修性。

航空装备的生存性一般是指其本身的生存能力,就是航空装备在受损的情况下从空中返回地面的可能,而不是指航空装备救生系统的性能。例如,Su-27飞机,具备先进的机动性能和各种干扰手段,机体大量使用高强度的钛合金,并设计有防燃和防漏油箱,以及四余度电传操纵等,这些都是提高其自身生存性的技术,而它本身先进的弹射救生座椅则并不是生存性所要研究的问题。

3. 抢修性的量度

抢修性与维修性的差别,主要反映在时间上,而抢修时间又是个由很多因素影响的随机变量,因此,抢修性的量化可以与维修性一样,根据抢修时间的概率分布来进行。

由于抢修过程的随机性很大,目前定量分析的手段还不可能做到精确,所以,这里使用一些简单的量化公式进行估算。

(1) 抢修度。抢修度是指战伤的航空装备在规定的战场抢修条件下和规定的时间内,按照抢修的标准和要求,由损伤状态恢复到可以继续执行原来能够执行作战任务的概率,记做 $C(t)$。抢修以小时为单位,其数学表达式为

$$C(t) = P\{\tau \le t\} \tag{5-28}$$

式中:t 为规定抢修时间,τ 为抢修时间。显然航空装备损伤程度越严重,其作战效能恢复得越慢。

抢修度 $C(t)$ 也可用下列公式来估计,即

$$\hat{C}(t) = \frac{n(t)}{N} \tag{5-29}$$

式中:N 为需要抢修损伤的装备数;$n(t)$ 为在 t 时间内通过抢修恢复基本功能的装备数。

若抢修时间服从指数分布,则有以下简化形式,即

$$C(t) = 1 - e^{-Kt} \tag{5-30}$$

式中：K 为待定的系数，与损伤区域多少以及损伤度 $D_a(X)$ 有关。

（2）抢修率。抢修率是指航空装备在 $t = 0$ 时发生战场损伤，经过 $(0,t)$ 修理后，在 $t + \Delta t$ 单位时间内恢复其作战能力的条件概率，记做 η，其估计公式为

$$\eta(t) = \frac{n(t + \Delta t) - n(t)}{[N - n(t)]\Delta t} \qquad (5-31)$$

若抢修时间服从指数分布，即抢修率为常数 η，则式 $(5-30)$ 可改写为

$$C(t) = 1 - e^{-\eta t} \qquad (5-32)$$

（3）战损率。航空装备的战伤率包括空中战伤率和地面战伤率。空中战伤率是指航空空中战伤（含战斗飞行事故）的架次与战斗出动总架次的百分比；地面战伤率是指航空装备在地面损伤架次与总数的百分比。地面损伤应该通过有效的防护、隐蔽、疏散和伪装等措施来避免。各国关于战损率都有公开的报道，而对战伤率很少报道，战伤率只能采取估算的形式。各机种战损率可参照《空军物资消耗标准计算方法和依据》提供的数据，见表 5-7。

表 5-7　飞机空中战损率

机　种	歼击机	强击机	轰炸机	运输机	直升机
空中战损率/%	1~2	3~4	5~7	0.25~0.3	0.3~0.35

根据一般经验，每战损一架，将有 2 架~5 架飞机战伤需要修理，高性能飞机可达 4 架~8 架。

（4）损伤度及损伤区。航空装备发生战伤，损伤的程度不同，损伤区域也可能不同，造成的影响也不同，所需要做的抢修也不同，所以，必须对战伤航空装备用损伤度和损伤区来描述。进行战伤评估时必须首先明确所有的损伤区及其损伤度。

航空装备的损伤区可以根据不同部位和组件来划分，如将飞机划分为座舱、机身、机翼、尾翼、其他，分别编号 1、2、3、4、5，针对各部分还可以细分，如机翼可以划分为外翼、前梁、后梁、襟翼、副翼、安定面、舵面等，分别编号为 3.1、3.2、3.3、3.4、3.5、3.6、3.7 等。航空装备的损伤度 $D_a(X)$ 与其损伤区相对应，用百分比来表示，X 为飞机编号。100% 表示完全损坏，0 为没有损伤。显然，航空装备损伤区域越多，损伤度越大，造成的损伤就越多、越复杂，从而使抢修代价越高、抢修难度越大、抢修时间越长。

（5）抢修性的其他量度参数。抢修性参数是度量抢修性的尺度，可用于抢修性能力的评价。抢修性参数类似于维修性参数，多是一些时间参数。抢修时间参数是装备抢修性的重要参数，它将直接影响装备的作战效能。

平均抢修时间（$\overline{M}_{ABDR}$）。平均抢修时间就是损伤航空装备基本恢复任务功能所需时间的平均值。抢修的实际时间包括损伤评估时间和损伤修复时间，但不包括由于指挥或后勤保障的原因引起的停机时间。平均抢修时间可用实际抢修时间由下式估算而得，即

$$\overline{M}_{ABDR} = \left(\sum_{i=1}^{n} t_i\right)/n \qquad (5-33)$$

最大抢修时间（$\overline{M}_{maxt}$）。最大抢修时间是指装备损伤后被恢复到足以完成当前任务或基本功能的最大可能时间。类似于最大修复时间，通常给定抢修度 $C(t)$ 为 90% 或 95% 时所对应的抢修时间。最大抢修时间通常是平均抢修时间的 2 倍~3 倍，如果最大抢修时间大于执行作战任务容许的最长时间，抢修便失去意义。

114

5.6.3　战场抢修工艺技术

1. 常用修复方法

（1）更换。有足够的备件时，这是一种快速有效的修理方法。

（2）切换。是指通过电路开关断开损伤部分，接通备用部分或者将原来担任非基本功能的完好部分改换到基本功能电路。例如，电器设备的线路被毁，可接通冗余部分；若无冗余部分，可以将担任非基本功能的线路移植到基本功能电路中，从而实现基本功能。

（3）拆换。指拆卸本装备、同型装备或异型装备上的相同单元来替代损伤的单元，也称为拆拼修理。例如，担任重要功能部件的标准件损坏了，可以拆换非重要部位的标准件。

（4）剪除。是指把损伤部分甩掉或剪断，使其不影响基本功能项目的运行。

（5）重构。是将损伤装备的有关部分重新构成，以恢复装备的基本功能，执行当前任务。

（6）替代。是指使用性能相似或相近的单元或原材料暂时替换损伤或缺少的单元或资源，以恢复装备的基本功能或能自救。

（7）原件修复。直接对原件采取修复的方法，这对维修人员的技术水平和创造能力要求较高。

战场抢修具备很大的灵活性，抢修人员应因地制宜，灵活运用各种修复技术和方法。

2. 抢修工艺

航空装备的抢修工艺是战场抢修的需要，遵循快速、高效、安全等基本原则，运用有关科学原理和技术，结合科学试验，在实践过程中不断积累和开发挖掘航空装备战场抢修工艺方法和技术经验。

（1）胶接工艺。在飞机结构部件中，金属与复合材料的胶接，与铆钉、螺栓或其他机械紧固件相比，有强度高、抗疲劳性好、质量小和成本低等显著优点。在国内外较先进的飞机上，已广泛采用胶接工艺，尤其是对飞机座舱结构结合处进行胶接密封，是保证飞机高空高性能的一种重要修理工艺。实践证明，在飞机某些部位，用胶接方法可以代替铆接或者焊接工艺方法。这种方法不仅结合力强、强度大、充填性好、固化快，而且操作简便、易于掌握、节省时间。

（2）复合材料及修理工艺。为了减轻飞机质量，提高飞机战术技术性能，现代航空装备对于结构材料提出了新的要求。轻质、高强度、高模量的新型复合材料的应用已有相当的发展。为了提高抢修能力，部队修理厂必须熟悉复合材料的特性，以便采取相应的修理工艺。复合材料常见的缺陷有裂纹、内伤（分层、鼓包）和损伤（主要是蒙皮与承力构件连接处及蜂窝夹心与蒙皮连接处），以及中弹损伤等。对于深的压伤，长的穿透性裂纹和外蒙皮的弹孔的修理，通常应选用与蒙皮结构相同的复合材料，制成盖板，用胶黏剂将盖板补上。

（3）蜂窝结构的修理工艺。蜂窝结构是近代飞机普遍采用的新型结构。飞机金属蜂窝结构，一般是由蜂窝夹心与蒙皮、边肋垫板、隔板等零件用胶黏剂组合后，加温、加压和固化而成型的。蜂窝结构的修理方法根据不同的损伤情况，可分别采取填补法、灌补法、镶补法和挖补法。

5.6.4　战场抢修工具

抢修工具是航空装备战场抢修的重要组成部分，是实施抢修的基本手段。组织实施战伤飞机的抢修，特别强调就地性和快速性，所以，航空兵部队修理机构除配备常用的维修工具以外，还必须配备航空装备战场抢修工具。航空装备战场抢修工具应在一般维修工具的基础上，经过专门研究和不断改进，努力达到高效、安全、易于操作、轻便、多用途、便于携行、综合配套、利于储备的要求。

复习思考题

1. 阐述故障统计分析的含义及其主要内容。
2. 什么是故障宏观规律?
3. 什么是浴盆曲线? 它对航空维修的作用体现在哪些方面?
4. 什么是复杂装备无耗损区规律? 其主要观点是什么?
5. 什么是故障模式、影响及危害性分析? 其基本过程有哪些?
6. 故障诊断的含义是什么? 故障诊断包括哪些内容?
7. 以航空装备故障诊断为例,描述航空装备故障诊断系统的技术结构。
8. 描述几种典型的故障诊断仪器的功用、特点。
9. 简述航空装备战场抢修的含义。它与平时维修有何区别?
10. 何谓战场损伤? 研究战场损伤有何意义?
11. 阐述抢修特性与维修性的异同。
12. 何谓 BDAR 分析? 其分析的一般步骤是什么?

第6章 航空维修管理

管理作为提高效率、效益的活动,始终与社会协作性劳动相生相伴。航空维修一经产生,就同时出现了以提高维修效率、效益为目的的维修决策、计划、组织、领导和控制等管理活动,航空维修管理科学也因此应运而生。在航空维修发展过程中,航空维修逐步由经验维修向科学维修迈进,航空维修管理也由经验管理迈向了科学管理。

6.1 航空维修科学管理原理

随着社会经济、文化、科技等领域的发展进步,尤其是社会新理论、新知识、新技术的相继问世,管理科学不断取得进展,新的管理原理、原则和观念不断涌现。航空维修管理作为管理科学的重要组成部分,正是在维修实践持续发展的进程中,不断吸收和融合现代管理新理念,逐步推进航空维修管理向更高阶段发展。

6.1.1 管理科学的现代观

管理作为一种社会实践活动,其历史十分久远,但是成为一门科学则是从20世纪初期开始。在管理科学百年发展过程中,人们对管理的认识不断深化,形成了一批熟知的理论观点,如管理的组织论、科学管理论和管理的系统论、决策论、过程论、层次论、阶段论等。进入新的历史时期,在知识经济快速发展的推动下,以企业发展与管理再造为主线的管理理论研究思潮成为主流,所得到的不少研究结论和重要观点对于推进航空维修管理向科学管理迈进大有裨益。

1. 企业成长论

现代企业在经历了制度创新、技术创新、产品创新之后,又通过事业的多元化扩张和重构,其在股份公司基本制度基础上发展到了顶峰。然而,以经营资源及其结合方式为研究主线,兼顾企业制度与经营管理创新的企业成长论则不断推出新观点。企业成长论认为,企业永远是个可持续成长的组织体,这是因为企业内部积蓄的经营资源中永远有一部分是未利用资源,未利用资源与外部竞争压力的不均衡矛盾,是企业成长过程中的主要矛盾,是企业不断发展、革新的原动力;企业的可持续成长一般会从制度创新开始,从而在一个新制度平台上进行产品、技术、事业结构等一系列创新,最终又递进到新一轮制度和产品、技术、事业等创新上来;从总体上看,企业成长既可根据经营资源变化形式分为"量的成长"与"质的成长",又可根据经营资源获取方式分为"内在成长"(自我积蓄)与"外在成长"(外部引进),这些成长内容构成了企业规模经济、多元化经济和革新经济及其复合形式——复合经济的直接基础,从而成为企业经济目标的核心要素。

2. 业务流程再造论

现代管理理论诞生以来,研究如何做事、如何提高做事效率问题的重点,主要集中在组织"分层"和职能"分工"等方面。从泰罗、法约尔到孔茨、罗宾斯等都是如此,所得到的结论对于组织设计和提高工作效率起到了重要作用。但是,由于市场的复杂化和信息化的飞速发展,企业的业务边界,甚至企业与企业的边界呈现出模糊化、虚拟化趋势,传统的以"分"为原则的组织形式已不能满足现代企业发展的要求。以哈默(Hammer)、钱皮(Champy)等为代表的管理学者,从整合的角度研究了企业的分工问题,明确提出:尽管提高效率仍然是企业成功的重要条件,但如何保持企业的核心竞争力和持续成长力已成为管理的关键课题;要运用先进的信息系统、信息技术和管理手段,再造业务流程(BPR,Business Process Reengineering),最大限度地减少对产品价值增值无实质作用的环节和过程,建立起科学的组织结构和业务流程,使产品质量和规模发生质的变化,从根本上改善企业的经营导向和工作目标,以提高企业的核心竞争力和持续成长力。

3. 矛盾管理论

唯物辩证法认为,世界上任何事物都充满着矛盾,矛盾运动是一切事物发展的动力。按照矛盾运动的观点去思考企业的管理问题,就形成了矛盾管理论。概括起来,主要有四个方面的观点:一是矛盾的普遍性,即在企业管理中矛盾是普遍存在的,解决与缓和矛盾就是管理的主要任务,也是企业持续发展的基本动力;二是矛盾的阶段性,即在企业的不同发展阶段存在着主要矛盾,主要矛盾的运动与解决将导致企业的阶段性发展;三是矛盾的复杂性,即管理的本质就是要对企业的各种矛盾进行不断的识别、判断、处理和创新,以寻找、控制和利用企业成长的原动力,推动企业持续向前发展;四是管理理论自身的矛盾性,即管理理论作为管理实践的反映,存在着许多相互对立的管理概念,如领导方式有权威型领导与民主型领导,组织形式有单兵组织与团队组织,系统有命令式系统与自主式系统,管理方式有科学管理与人本管理等,正是这些对立统一的概念和矛盾的运动,才构成了完善的管理理论体系和丰富多彩的管理实践活动。

4. 知识管理论

随着人类社会由工业经济向知识经济迈进,现代企业正在发生着重大变化。企业财富增长速度明显加快,比尔·盖茨的微软公司十几年的财富积累就超过了工业经济时代老牌企业几百年的成就;企业中的权利分化出现了逆转,有知识的人正在迅速取代仅有资金的人而成为企业权力和财富的拥有者;企业的竞争力,也不再由企业规模和财力所决定,而是由拥有知识的质和量来决定等。这些变化预示着,知识正在成为企业发展的决定性因素,知识管理论正是在这种形势下应运而生。这一理论围绕知识型企业、企业中的知识和知识价值的实现等基本问题进行了深入研究,明确阐述:知识经济的重点在于知识企业;企业中的知识就是资源、财富,就是价值的构成要素,就是竞争力的源泉;知识商品化、资本化、职权化和按知分配等,将是知识实现其价值的基本途径。

5. 范式创新论

范式是指组织所共有的有关组织自身、组织环境和组织人员观念、思维模式等硬、软件的总和,是组织发展过程中形成的、为企业核心人物倡导及多数人拥有的东西。企业范式一旦形成,就会在原来制度平台上形成较大的惯性,如现代企业普遍存在的保守、官僚、低效等所谓"大企业病",就属于旧范式惯性所致。范式创新论就是针对这一问题,着力研究一个组织如何认识和变革原有范式、建立新范式的理论。范式创新论认为,为适应发展的需要,组织原有的范式就必须转换,并具体提出了反常识思考、价值链重组、创造性破坏、知识的共有和企业自我革新等一系列范式转换概念,还对企业范式创新的操作问题进行了多方面探讨,如日本的加护野忠男教授提出了范式转换四阶段理论:①领导发动;②中层干部突击;③变革的连锁推进;④新范式的加固等。与范式创新论密切相关的还有企业再生论,或称企业蜕变论,后者是关于主力事业绝对老化的企业如何激活老事业、开发新事业、恢复生长力的理论。另外,风行于美日等国的业务流程重整,也可以看做是一种范式的创新。

上述现代管理新观念,对于推进航空维修管理向科学管理迈进具有重要的借鉴和指导意义。航空维修向科学维修迈进,是一个不断深化对维修客观规律认识的过程,也是一个逐步优化、调整和完善维修系统构成要素、运行机制和输出功能,使维修实践活动逐渐符合维修客观规律的发展过程,借鉴"企业成长论",可以深化对航空维修发展的成因、动力、方式和内容等要素的管理,从而提高航空维修发展过程管理的科学水平。"业务流程再造论"告诫我们,在现代条件下要更加重视依托高新技术优化调整航空维修系统建设,当前要特别重视运用信息、信息技术和先进的管理手段等来优化维修内容、改革维修体制、创新保障模式和整合维修资源,最大限度地提升航空维修综合效益。"矛盾管理理论"是管理实践中的唯物辩证法,揭示了一切管理活动中矛盾运动的一般规律,对于更加深刻地认识和准确地把握航空维修管理活动的客观规律,更好地运用航空维修系统固有的矛盾运动来提高科学管理水平,具有非常重要的借鉴和指导意义。"知识管理理论"是人类社会由工业经济向知识经济迈进的客观要求和必然结果,该理论深刻揭示了知识在现代经济社会、现代企业经营中的地位和作用,探讨了知识价值实现的基本途径,航空维修实践作为高新技术活动,科技含量高、技术更新快、系统构成复杂,一定要按照"知识管理"要求,加速发展知识维修、知识管理体系,不断提高现代科学技术知识在航空维修系统中的地位和作用,逐步使知识成为推进科学维修进程、提升维修管理效能、加速维修发展建设的决定性因素。"范式创新论"作为研究一个组织如何适应发展、加速变革的新兴管理论,倍受管理界、产业界的重视,航空维修活动是一个充满"变数"的复杂过程,无论是维修主体、维修客体,还是维修条件、维修环境等,都无时不在发展变化,因此,借鉴"范式创新论"的研究成果,加速航空维修管理的创新发展,是适应航空装备科学维修深入发展的迫切需要。总之,现代管理科学正快速发展,新的管理理论不断涌现,我们一定要注重学习、吸收和消化一切先进的东西,坚持以学促用,学用结合,努力推进航空维修管理的持续发展。

6.1.2　航空维修科学管理

管理作为一个科学概念,至今尚无统一的认识。管理活动通常认为是由管理主体、管理客体、管理目的、管理职能和方法、管理环境或条件等基本要素,围绕一定的目的、按照一定的关系相互作用的过程。因此,根据这些要素在管理活动中的地位、作用及相互关系,从一定意义上可以把管理理解为:在一定的环境或条件下,管理主体为了达到一定的目的,运用一定的管理职能和手段,对管理客体不断进行决策、计划、组织、领导和控制的过程。航空维修管理是对航空维修活动的管理,因而其概念必须体现航空维修的特殊性。

1. 航空维修管理的含义

由管理的基本内涵,航空维修管理一般应包括以下构成要素:一是管理的主体,即各级航空维修管理机关及管理人员;二是管理的客体,即航空维修系统中的人员、设施设备、器材备件、经费和技术、质量、时空、信息等;三是管理的目的,即保证"保持、恢复和改善装备的可靠性"等维修目标得以实现;四是管理的职能和方法,即不断进行维修决策、制定维修计划、组织维修实施、领导和控制维修过程等;五是管理的环境,即在一定的维修环境下开展有效的维修活动。因此,航空维修管理就是上述五种因素按照维修活动客观规律相互作用、有机运动的过程。具体地,航空维修管理的概念可表述为:航空维修管理,是指在特定的维修环境下,为确保维修目标的实现而对维修系统中的人员、设施设备、器材备件、经费和技术、质量、时空、信息等要素及其关系系统,不断进行决策、计划、组织、领导和控制的动态创造性活动过程。

2. 航空维修管理的特性

航空维修管理作为一项特殊的管理活动,具有以下三方面的特性:

(1)系统性。从实践角度看,航空维修管理是一项系统工程活动,既依赖于航空维修技术系统、航空维修保障系统和航空维修人员系统的支持,又要有机协调机械、军械、火控、特设、雷达和无线电等专业活动,以及密切配合指挥、后勤、气象和通信等部门的活动,这客观上就要求航空维修管理要从全局出发,按照系统要求搞好管理工作。从理论角度看,航空维修管理作为管理科学的重要组成部分,具有完整的原理、原则和方法体系,是一门不断走向完善的学科体系。

(2)全面性。主要体现在两个方面:一是全员参与,按照职责的不同,航空维修人员系统可分为管理层和技术层,然而,由于航空维修的特殊性要求,航空维修管理要依赖于管理层和技术层的共同参与,所有维修人员不仅要肩负具体维修任务,还要积极承担维修管理责任。维修实践表明,只有管理层、技术层的共同参与,才能确保维修系统的稳定高效和安全可靠。二是全寿命过程管理。随着航空维修论的深入发展,航空维修管理已从航空装备的使用过程前伸到装备的设计、研制和生产制造阶段,通过维修要求早期介入等途径对提升航空装备的固有可靠性、维修性、保障性和各项战术技术性能发挥着重要作用,形成了全系统全寿命维修管理的理论、方法和手段体系。

(3)科学性。航空装备科技含量很高,维修活动必须按照装备的技术状态要求,遵循维修客观规律,运用科学的理论、方法和手段去组织实施科学的维修,这就决定了维修管理必须具有很强的科学性。这种科学性具体体现在维修内容的确定与优化、维修体制的设计与改革、保障模式的形成与创新、维修资源的配置与整合等一系列管理活动之中。维修实践反复证明,只有坚持科学维修和科学管理,航空维修才能出效率、出效益,才能出战斗力、出保障力。

3. 航空维修科学管理

推动航空维修深入发展,只有运用科学的管理理论、方法和手段,对维修系统诸要素进行科学整合和控制,有力保证维修活动的科学性,才能确保科学维修得以实施。因此,航空维修科学管理是推进航空维修深入发展的必然要求。

随着科学技术发展和维修实践的深入,航空维修已进入航空装备科学维修这一新的发展阶段,对航空维修管理提出了新的要求。航空装备科学维修,其本质要求就是要按照维修客观规律进行维修。其中,树立科学的维修指导思想、制定科学的维修目标、确定科学的维修内容和时机、选择科学的维修方式和策略、实施科学的维修行动、科学调配维修资源等既是科学维修的基本问题,也是航空维修科学管理要认真解决的问题。因此,航空维修科学管理可理解为运用科学的管理理论、方法和手段,依托先进的科学技术,通过对航空维修活动基本问题的逐步解决,不断提高航空维修科学水平的过程。可具体描述如下:

航空维修科学管理,就是运用科学的管理理论、方法和手段,依托先进的科学技术,在对维修的指导思想、维修目标、维修内容和时机、维修方式和策略、维修活动和质量、维修资源和配置等要素,不断进行决策、计划、组织、领导和控制的同时,逐步提高航空维修科学水平,确保航空维修目标得以实现的创造性活动过程。

航空维修科学管理,是维修管理向科学化发展的新阶段,应包括两个层面的管理:一是对维修系统常规层面的管理,这就是通常讲到的航空维修管理,是对维修系统的人(各级、各部门维修干部和维修人员)、财(维修经费)、物(装备、航材、维修器械等)、信息(各类维修信息,如装备实力信息、故障信息、人员在位信息等)、时空(维修发生的时间与空间)等要素,进行决策、计划、组织、领导和控制的过程,可靠保证维修目标的实现;二是对维修系统科学层面的管理,在长期的维修实践探索中,人们始终把探索维修客观规律、按照维修客观规律实施维修作为维修发展的基本方向,确立怎样的维修思想、维修目标、维修内容和时机、维修方式和策略,如何组织和控制维修行动及其质量、调整和配置维修资源,怎样才能保证维修的军事、经济等综合效益的最佳化等,这些都需要运用科学的理论、方法和手段加以管理。航空维修科学管理必须在完成常规层面管理的基础上,适应航空维修的需要,着力完成科学层面的管理任务。

航空维修科学管理,是航空装备科学维修的重要保证。科学维修的实质就是要按维修客观规律实施维修,因此,必须着力解决长期制约航空维修科学性的一系列问题。航空维修科学管理,从理论、方法和手段等多个方面,为航空维修基本问题的有效解决提供了支持和保障。航空维修科学管理,是生成、保持和提高装备战斗力、保障力的重要机制,航空维修效率、效益的"倍增器"。航空维修科学管理,运用科学的理论、方法和手段,在对航空维修的指导思想、目标、内容、时机和维修资源配置、维修行动控制等问题提供支持的同时,必然使维修效率、效益成倍增加,从而对航空兵部队战斗力、保障力的生成、保持和提高具有重要作用。

4. 航空维修管理的基本原则

航空维修管理的突出特征在于管理的科学性,即运用科学的思想指导管理、运用科学的方法和手段实施管理,并最终运用科学的管理推进航空维修进程、提高航空维修水平。为保持和提高维修管理的科学性水平,在维修管理实践中主要应坚持以下基本原则:

(1)系统优化原则。是指在航空维修科学管理中要坚持用系统科学原理来指导管理实践。其具体含义是:在航空维修科学管理活动中,把所管理的对象看做一个整体系统,运用系统的一般理论,通过对系统环境的客观分析,对系统结构的科学设计,对系统诸要素的有机协调和配置,实现系统结构优化、功能优化、效益优化,从而达到科学管理的目的。坚持系统优化原则,其核心问题就是要通过优化、协调等途径使维修系统诸要素间产生"协同力",正如恩格斯所指出的那样,"这种力和它的一个个力量的总和有本质的差别"。这种"协同力"在管理中就会起到增效作用。航空维修系统中的优化问题很多,如维修体制的优化、维修内容的优化、保障方式的优化、资源配置的优化等,只有认真做好这些具体的优化工作,才能保证维修综合效益的最优化。

(2)以可靠性为中心的原则。以可靠性为中心是我军确立的航空维修指导思想,也是航空维修科学管理必须坚持的一条重要原则。在管理实践中,只有坚持了这一原则,才能保证更好地运用可靠性理论、方法和技术去解决维修内容和时机、维修方式和方法、保障模式和程序等实际问题。坚持以可靠性为中心的原则,一是要以可靠性为维修决策的主要依据,运用可靠性分析、数理统计和逻辑决断等方法来科学确定维修内容、时机和方式,积极克服维修中可能出现的"维修不足"和"维修过度"等问题,努力保持、恢复和改善装备的可靠性。二是要以最小的经济代价来实现维修目标,通过优化资源配置、组织方式、维修内容等科学行动,实现综合保障效益最佳化。

（3）依托科技进步原则。航空维修是一项技术性很强的活动,维修对象、保障装备和维修手段的高科技含量特点,以及维修人员的高素质特点,直接决定了航空维修科学管理必须时刻跟踪现代科技发展前沿,积极运用高科技管理手段,不断更新管理方法,努力提高管理的科学水平。在航空维修管理的发展过程中,管理技术手段的更新都推动了维修管理向科学化迈进:计算机、网络和管理软件等信息技术手段的运用,提高了维修管理的网络化、自动化、智能化水平;飞参判读、油液分析、无损探测等技术手段的运用,提高了维修质量监控的科学水平;可靠性、数理统计和逻辑决断等方法技术的运用,提高了维修优化设计水平等。当前,要继续发展高科技管理手段,特别要加大信息技术开发应用的力度,努力实现维修管理的信息化;要把量化管理、模型管理、优化管理、质量认证等一批先进的管理方法引入到维修管理中来,努力降低维修管理的人为因素,真正实现航空维修的科学管理。

（4）规范化原则。坚持规范化原则,是管理的一般要求,主要是靠制定和执行一系列法规、制度和标准等方式来规范各项管理活动。航空装备科学维修是一项技术性很强的专业活动,对维修行为的规范性要求很高,这客观上对维修管理的规范化提出了更高要求。在航空维修科学管理实践中,既要遵循一般通用性管理法规,如国家宪法、军队三大条令、全军《装备条例》和《武器装备管理条例》等;又要执行有关专业性法规和技术标准,如《空军装备管理工作条例》、《空军航空机务工作条例》和有关维修大纲、维护规程、技术文件等;还要依据有关法规精神,结合维修实际,补充制定配套的规章制度,并在实践中抓好贯彻落实。坚持规范化原则,就要加强法规教育,不断强化法规意识,提高依法维修、科学维修的自觉性,在全系统中树立有法必依、执法必严、违法必究的良好氛围,用规范化管理保证规范化维修。

（5）平战结合原则。平战结合,是指航空维修科学管理必须兼顾平时需要与战时需要,以作战需求为牵引,加强管理建设。航空维修活动是航空装备战斗力、保障力的重要组成部分。坚持平战结合的原则加强维修管理建设,是确保战时"打得赢"的客观需要。只有平时加强管理,保持较高的科学维修能力,战时才能发挥应有的维修效能,确保战争的胜利。要加强军、地结合的维修力量建设,在积极发展军队维修力量的同时,适当发展战时能随时征用的地方维修力量;要在平时的维修管理中,加强战时维修训练,要有完善的战时维修预案,以便能够随时做出快速反应。

6.1.3 我军航空维修管理的发展历程及现状

我军航空维修管理,大体可分为建军初期、经验管理和向科学管理迈进三个发展阶段。

（1）初始阶段。空军初创和抗美援朝时期,是我军航空维修管理的初始阶段。这一时期,航空维修管理在机构组建、人员编配等方面进行了许多工作,相继成立了空军和军区空军工程部,师、团也都组建了机务处,并初步建立了一些规章制度。维修管理的内容、形式和方法都很简单,除了掌握装备实力外,主要抓现场维修工作的组织实施,组织形式是空地合编、以单机包干为主要方式。从总体上看,这一时期的维修管理基本处于摸索经验、逐步发展的状态,维修保障效能还比较低。

（2）经验管理阶段。从抗美援朝结束到 20 世纪 70 年代末期,是我军航空维修管理的经验管理阶段。这一时期,在经历了抗美援朝战争锻炼的基础上,我军开始总结航空维修和管理工作经验,启动了一系列正规化建设,维修管理水平有了很大的发展和提高。维修体制几经改革,实现了空地勤建制分开,成立了机务大队;实现了定检与保障分开,成立了定检中队。陆续颁发了航空工程机务条例、各种维护规程和各项规章制度,多次在全军范围内组织召开了预防故障和维护经验交流会,内外场维修信息和信息交流工作开始受到格外的重视。锻炼和培养了大批熟悉专业技术、有维修经验的工程技术骨干。总之,这一时期的维修管理基本处于依赖经验进行管理的阶段,维修管理的科学性还不强。

(3)向现代管理迈进阶段。20世纪70年代末、80年代初以来,我军航空维修管理开始向现代管理迈进。这一时期,由于歼七、歼八等第二代国产飞机大量装备部队,航空装备科技含量大幅度提高,原有维修思想和方式已无法满足维修客观需求,所以空军加强了维修理论研究,对维修指导思想、维修政策、维修制度、维修体制、维修方法和手段等许多方面进行了比较深入的探讨,先后确立了以可靠性为中心、维修系统管理和全系统全寿命维修管理等先进思想,建立了完善的维修信息和质量控制系统,开始将可靠性理论、逻辑分析、数理统计等新知识、新技术、新方法,大量运用于确定维修内容、维修方式和使用时限等维修实践中,研制和使用了一批原位检测、无损探伤和综合测试等设备,"视情方式"、"状态监控"逐步得到使用,航空维修开始向科学维修迈进,航空维修管理也随之走向一个崭新的发展阶段。进入90年代以来,随着新一代飞机的部署使用,航空装备的科技含量显著提高,空军加快了科学维修进程,在新一代飞机的维修内容优化、维修体制改革、保障模式创新等方面做了大量卓有成效的工作,航空维修管理在理论和实践两方面都产生了前所未有的发展。

经过几十年的发展,我军航空维修管理取得了巨大发展。一是逐步完善了维修管理组织机构,自1998年实行装备集中统管以来,空军航空维修系统健全了维修管理机构和维修作业体系,使维修保障体制更加完善。二是确立了科学管理观念,在维修管理实践中逐步引进了以可靠性为中心、维修系统管理、全系统全寿命管理和提高综合保障效益等思想观念。三是维修法规逐步完善,建立了由机务工作条例、飞机维修大纲、飞机维护规程和配套的技术文件等构成的维修管理法规体系。四是管理手段的科学水平不断提高,建立了电子计算机网络、综合维修信息系统,在维修实践中广泛运用了运筹学、数理统计、系统分析、数据分析,以及预测决策等方法技术,大大提高了管理的效率和效益。但是,近年来由于新一代飞机大量装备部队,航空维修保障与装备发展不相适应的矛盾越来越突出,这使得航空维修管理的难度加大,也暴露出一些亟待解决的问题。例如,管理思想和观念有待更新,维修体制、维修内容和保障方式的优化需要科学的方法和手段,维修管理信息化水平还需要大幅度提高,维修管理人才队伍建设还需要加强等。因此,随着航空装备的快速发展,一定要进一步提高维修管理水平,用科学的管理加速推进科学维修的发展进程。

6.2 航空维修管理的基本职能

管理职能也称管理功能,是对管理工作应承担任务的浓缩和概括。航空维修科学管理是对维修活动的一种高级管理,其主要职能性活动应包括决策、计划、组织、领导和质量控制等内容。

6.2.1 决策职能

管理的决策观认为,决策是管理活动中最基本、最重要的内容,贯穿于管理全过程和各个方面,事关管理工作的成败。航空维修科学管理决策活动贯穿于维修系统工程活动之中,要求航空维修决策者必须掌握科学决策的理论和方法,运用现代科学成果,遵守科学的决策程序,努力做到决策的民主化、科学化、最优化。

决策是航空维修科学管理的首要职能活动。任何一项维修行动,总是要先作决策,再制定计划,并依据决策意见和计划方案组织实施,在实施过程中发生的领导、协调和控制等行为中也都存在着形式不同、内容各异的决策活动。因而决策活动既是航空维修科学管理活动的首要环节,又贯穿于维修管理的全过程,在维修管理中具有核心地位和作用。

6.2.2 计划职能

计划职能,在航空维修科学管理中处于重要的地位。就科学维修过程而言,无论是航空维修政策、法规和策略的制定,还是维护、排故、修理的实施,乃至装备的退役、报废等,都需要制定计划来组织实施。

管理中的计划有两种解释。一种从狭义的角度认为,计划是管理人员筹划未来行动的活动,即针对某一既定的决策目标,研究和选择实现目标的方式、途径和方法。另一种从广义的角度来解释管理计划,认为预测、决策和研究、选择实现目标的方式、途径、方法等都是计划职能的内容。显然,广义的解释把决策纳入计划之中,认为决策是计划的一个环节。从理论上讲,上述两种解释都是可行的,但从实践看,狭义的管理计划含义更有利于突出决策在管理中的核心地位。所以,一般应选取管理计划的狭义含义,即围绕某一既定的组织目标,研究和选择实现目标的方式、途径和方法,对实现组织目标的活动过程进行详细的规划。

航空维修科学管理的计划工作,按照计划期的长短,可分为飞行日计划、周计划、月计划和年计划等,还可分为短期、中期和长期计划等;按照计划的内容可分为专项计划和综合计划,如机械日、定检、排故等属于专项计划,安全大检查、评估等属于综合计划。按照计划的约束力可分为指令性计划与指导性计划,如年度工作任务就是指令性计划,而有些技术方案可能就是指导性计划。

制定计划,一般应遵循一定的程序,采取一定的办法,只有这样才能保证计划的质量。一般可分为以下几个阶段:

(1)准备阶段。主要任务是调查研究和收集掌握与计划有关的信息情报资料,并分解决策目标,用定性或定量的指标体系予以描述和表达。常用的调查研究方法有现状调查法、历史比较法和未来预测法等,所列的指标一般包括数量指标、质量指标、实物指标、价值指标、考核指标等。

(2)草案拟制阶段。主要任务是依据准备阶段所搜集的资料及对资料处理所得的结论,在综合试算平衡和核定各类计划指标的基础上,提出一切可行的计划草案。在这一阶段,要处理好各指标间的协调平衡、各任务执行单位间的协调平衡等关系,要大胆创新,拟出尽可能多的可行方案,并要进行初步的可行性论证。

(3)计划确定阶段。主要任务是对草拟出来的每个方案进行可行性分析和综合评审论证,并确定一个报批计划方案、一至两个备用计划方案,作为入选计划报有关领导或上级主管部门批准。待批准方案下达后,计划制定工作才宣告结束。这一阶段包括草案评估、方案确定和上报审批等工作内容。

6.2.3 组织职能

组织职能,是航空维修科学管理中继决策职能、计划职能之后又一项重要职能。决策工作确定了目标、计划工作制定了行动方案之后,接下来就要依靠一系列的组织活动来贯彻落实。只有做好航空维修科学管理的组织工作,才能使决策方案得以顺利实施,才能保证科学维修目标得以实现。

管理中组织职能是为建立健全能有效执行决策与计划的行为实体而进行的一系列管理行为，以及与之有关的动态管理活动。显然，组织作为一个具有活力、能动的有机整体，是由一些基本要素构成的，主要包括人员、职务、职位、关系和环境条件等有形要素，以及共同的目标、协作的意愿、信息的沟通等无形要素。而组织工作的主要内容可概括为四个方面：一是依据组织目标设计并建立一套组织机构与职位系统；二是确定责权关系，从而把组织上下左右联系起来；三是以组织关系为架构，通过与其他管理职能的结合，使组织成为高效运转的有机整体；四是根据组织环境条件的变化，适时优化调整组织结构。

我军航空维修管理组织机构，随着军队装备管理机构的变化而变化。1998年11月成立空军装备部，实行了装备集中统管，对航空维修的组织管理提出了新的要求，进一步明确了维修管理部门的职责。航空维修科学管理的组织工作，一方面要充分依靠现行维修管理组织，最大限度地发挥现行组织机构的效能，努力推进科学维修向前发展；另一方面要本着优化、高效的原则，时刻注意消除现行组织在运行中责权分配方面的矛盾、协调相互关系方面的障碍，并根据科学维修任务的新要求，论证提出优化调整组织机构的建议，积极探索高效的航空维修组织管理模式。

6.2.4　领导职能

领导是航空维修科学管理的一项重要职能。有效的、强有力的领导，对于更科学地做出决策、更合理地制定计划、更高效地组织实施和更严格地实施控制，都具有非常重要的作用。

现代管理学观点认为，领导是领导者、被领导者和领导环境等三要素相互作用的过程。因此，领导的概念可描述为：领导是指在一定的客观环境中，领导者通过一定的领导行动去影响、指导被领导者为实现某种预定目标而努力工作和积极贡献的过程。

航空维修科学管理中的领导活动对维修绩效具有重要的作用，具体表现在以下几个方面：一是指挥作用，在维修管理活动中，领导者通过分析形势、指明目标、明确要求、制定措施等过程，以指导和鞭策人们为实现维修目标而奋斗；二是协调作用，由于各种原因，在维修活动中各部门、各成员对维修目标的理解和接受程度往往是不同的，因此，领导者要努力协调好部门和成员间的关系，以形成齐抓共管同奋斗的良好局面；三是激励作用，为加速实现既定的维修目标，领导者必须将组织目标同个人目标结合起来，运用各种影响力，引导成员满腔热忱地为实现组织目标做出贡献。

领导活动贯穿于管理工作的方方面面，概括起来，领导活动主要包括以下四个方面：

（1）调查研究，正确决策。领导活动的首要问题是要提出正确的工作方向和目标。在航空维修工作中，领导者必须随时掌握任务要求、工作进展、条件变化等情况，及时组织制定正确的维修决策。

（2）知人善任，使用干部。方向和目标一定，由谁来执行就成为领导活动中最重要的问题。在航空维修工作中，使用干部虽然是一个长周期性的工作，需要考查、培养和任用等环节，但在具体的工作中，也仍然存在着关键岗位、关键部位、关键时刻用什么人、由谁负责的问题，需要各级维修管理者认真对待。

（3）组织指挥，协调关系。领导既是决策、计划等高层管理，也是现场组织、业务操作等具体事务层的管理，领导必须在现场管理中发挥指导作用。空军航空机务工作条例，明确规定了各级维修管理者到维修现场组织工作的职责、任务和时间等内容，这是对领导者现场管理工作的具体规定。

（4）监督检查,总结提高。做好"收尾"工作,既是对已完成工作的总结,又可为开始新工作做好准备,因此也同样受到领导者的高度重视。维修工作每进行一个阶段,都要进行检查验收和工作总结,以便总结成绩、找准问题、形成经验、明确教训,为后续工作提供可资借鉴的经验和教训。

在管理实践中,领导效能的提高既靠领导者权力影响力、非权力影响力的综合作用,也靠领导者对领导方法、艺术的熟练驾驭。领导方法是成功经验的总结和积累,领导艺术则是方法的升华,是方法存乎于心、得心应手之后的结晶。

领导方法是多种多样的,既有科学的成分,也更有艺术的发挥。经过长时期的实践总结和积累,形成了一些常规的领导方法:一是经济方法,即按照经济规律,运用经济手段,通过经济利益关系的调节等途径来实施领导的方法;二是行政方法,即运用行政权力,通过下达各种行政命令、决议和指示等途径来实施领导的方法;三是法规方法,即运用立法、颁布条令条例和制定规章制度等途径,通过法制教育和检查等手段,以规范和监督成员行为,从而实现领导目的;四是社会心理方法,即按照社会心理活动特点、规律进行有效管理方法的总称;五是数量分析方法,即运用定量分析的理论、方法和技术,通过建立数学模型,并对数学模型进行计算和求解,为领导活动提供满意选择的方法。领导艺术同样非常广泛,需要领导者在领导实践中去用心体会、反复提炼。从领导实践看,领导者需要认真把握的领导艺术主要包括:决策的艺术、用人的艺术、监督的艺术、奖惩的艺术、管理时间的艺术、人际交往的艺术、谈话的艺术等。

6.2.5 控制职能

控制职能,是航空维修科学管理的最后一项职能。任何管理决策、计划的组织实施,都需要及时的管理控制,航空维修科学管理的控制则主要是对维修质量的控制。

管理职能理论认为,控制是管理的重要职能,是以决策目标和计划指标为依据,对计划的完成情况和目标的实现程度进行检查与评估,并适时纠正偏差,以确保决策目标按计划步骤实现的一系列管理行为。显然,管理控制首先具有目的性,即管理控制始终要围绕组织的目标而进行;其次,管理控制具有整体性,这既是因为全体成员都是管理控制的主体,更是因为控制的对象包括组织活动的各个方面、各个层次、各个部门、各个阶段;最后,管理控制具有动态性,即组织活动的动态性决定了管理控制方法的多样性。

航空维修质量控制,主要是通过对维修决策、维修计划、维修实施的全程监控来保证维修质量。按照时间进程可将航空维修质量控制分为预先控制、同步控制和反馈控制三种。预先控制,是在维修决策、维修计划阶段的控制,主要通过提高决策水平、做出科学决策和研究行动方案、制定合理计划等措施来实现控制。同步控制,是在维修实施过程中的控制,主要通过现场检测、检查和督促等措施来实现控制。反馈控制,是在某项维修活动结束之后,为了使已发生的偏差在将来的工作中得到纠正而采取的一切措施和努力,主要是通过修正决策、计划和调整各种资源配置来实现控制。

航空维修质量,既包括维修过程质量,也包括维修工作质量。在航空维修质量控制工作中,一般是通过保证、提高工作质量来保证、提高维修质量;出了质量问题,不仅要进行技术分析,找出技术上的原因,更要从维修工作质量方面查找原因。因此,航空维修质量控制,不仅是全指标的技术管理,也是全过程、全员参加的工作管理。各级质量控制机构是这项工作的主管部门,当然要担负起质量控制的主要职责,但航空维修系统的所有成员都必须参与到质量管理工作中去,只有这样才能真正保证和提高航空维修质量。

6.3 航空维修管理的基本任务

航空装备科学维修的主要任务,是要解决好维修与装备作战使用的客观要求,以及维修行为与维修客观规律相适应的问题,其根本目的是要以可承受的资源消耗最大限度地满足航空装备的作战使用需求。从维修实践看,航空维修科学管理必须解决以下基本问题:运用现代管理理论、方法和手段,依托先进的科学技术,为树立科学的维修指导思想、制定科学的维修目标、确定科学的维修内容和时机、选择科学的维修方式和策略、实施科学的维修行动、进行科学的维修资源调配等过程活动提供支持和保障。

1. 预计维修任务

对航空维修任务进行预测和规划,是航空维修科学管理的重要任务之一。航空维修任务,既是科学制定航空维修计划的重要前提,也是合理使用航空维修力量的基本依据。以战时航空维修任务为例,通常应当按以下步骤进行预计:首先,预计装备的损坏率。应当综合分析作战任务、作战样式、作战规模、作战持续时间、参战装备数量、战术技术性能、使用强度,敌打击破坏手段及程度、我方的防护能力,作战地区自然地理条件等多种因素,并参照以往类似作战的装备战损数据,预计出各类装备的损坏率。其次,预计各类装备的损坏程度。分析各类战损装备中,轻度损坏、中度损坏、重度损坏及报废装备分别所占的比例。再次,计算航空维修任务量。应分别计算各类装备小修、中修、大修的任务量,或者区分出基层级维修、中继级维修、后方基地级维修的任务量,并根据各级维修机构担负的维修任务或实际修理能力,进行修理任务区分。无论是平时还是战时,航空维修任务预计,应当综合运用经验推算、模拟计算、实验验证等方法,以便扬长补短,相互验证,努力使维修任务预计准确。

预计维修任务的直接结果,就是要依据维修任务实际情况,综合考虑维修要求和维修能力,确定科学的维修目标,具体应包括维修质量指标、效率和效益指标和资源配置指标等多项内容。

2. 制定维修计划

航空维修计划,是实施航空维修的直接依据,是对航空维修各项工作内容、步骤和实施程序所做出的科学安排和规定。在预计维修任务、明确维修目标的基础上,应当根据各级维修任务、维修目标和维修能力等实际情况,分别制定出航空维修计划。从基层单位的维修实际看,维修计划的主要内容通常包括:送修装备名称、规格型号,送修、承修单位,修理等级、价格,需修、送修数量,送修时间安排等修理部分的计划,以及飞行日、机械日等日常维护工作计划。战时维修计划还要考虑:维修力量的编成、部署,维修任务区分,各作战阶段的主要维修工作及采取的主要措施,维修器材的筹措、储备与补充,各修理机构之间的协同事项,以及修理机构的防卫等内容。

制定维修计划时,要了解上级装备部门、本级首长指示精神,明确拟订计划的目的、目标和主要内容;要广泛收集、研究有关信息资料,掌握装备、任务和现实维修能力等状况,预测维修需求,分析影响航空维修的各种因素;要在分析判断的基础上,按照统筹兼顾、突出重点、量入为出、合理安排的原则,将有关内容按照轻重缓急、统筹安排列项,草拟各项维修指标要求,拟制多种可供选择的方案;要尽可能地运用最优化理论、方法和手段,对各备选方案进行优化与评估,选择并确定优选计划方案;在计划执行过程中,要不断检查和监督,发现偏差,及时采取措施调整和改进。

3. 调配维修资源

维修资源,泛指维修系统中一切资源性要素,包括:人力、物力、财力、时间、空间等有形资源,以及技术、质量和信息等无形资源。航空维修科学管理的重要任务,就是要按照系统优化的原理,统筹规划,科学配置维修资源,保证维修力量建设的正常开展,促进航空维修能力的持续改进。

维修力量,是航空维修计划的直接执行者,筹组维修力量是调配维修资源的首要任务。在平时训练时,维修力量主要是按现行建制形式开展维修活动,筹组维修力量的主要任务就是要把现有的维修人员按照一定的保障方式调整好、安排好、使用好,实现人员与任务的最佳匹配,以最大限度地提高维修人员的使用效益。在战时维修保障中,筹组维修力量尤为重要,各级装备指挥员及指挥机构,一定要根据各自的维修任务,迅速筹集和组织维修力量,形成战役、战术层次维修力量紧密衔接、有机结合的维修力量体系。

其他维修资源的调配任务十分繁重,主要包括保障装备、维修器材、维修技术、维修信息和维修时空等要素的统一调整、配置和管理。要按照科学维修的实际需要,抓紧保障装备尤其是高技术保障装备的发展建设,尽快为维修一线配齐各类保障装备;要建立保障装备申请、补充、供应、换装、退役、报废和储备等机制,确保保障装备的调配有序进行。要根据部队训练与作战任务、装备数量质量状况、器材消耗规律、经费条件和市场供求变化等情况,运用管理科学理论、方法和手段,对器材的筹措、储备、供应、运输等环节进行计划、组织、协调和控制,确保维修器材保障最大限度地满足维修需求。要综合运用维修技术、维修信息和维修时空等因素,确保维修活动得到最佳的技术支持、最充分的信息保障和最适宜的时空环境。

4. 组织维修实施

组织维修实施,是航空维修科学管理的重要内容。随着航空装备高新技术含量的日益提高,航空装备作战使用强度越来越大、难度越来越高,航空维修工作的组织实施也越来越复杂。因此,组织维修活动应着重把握以下几点:

(1)及时提供组织保证。既要有健全的维修管理指挥机构,又要有与维修任务相适应的维修力量配置,从而为维修活动筹组出强有力的管理指挥队伍和维修作业队伍。在维修实施过程中,要积极主动地同有关单位、部门搞好协调工作,为维修活动提供良好的组织环境。既要加强同装备机关的军械、航材、订货等部门的联系,也要注重搞好同司、政、后等部门的协调,战时还要密切与协同作战部队之间的航空机务保障关系。

(2)要十分重视战时维修活动的组织实施。平时的维修活动,主要依托建制单位按正常维修计划展开维修工作,现场组织任务相对简单容易。战时维修任务十分复杂,一定要按照作战不同阶段的维修需要,抓好维修组织实施的想定训练。在临战准备阶段,主要应做好力量调整、装备检查保养、必要的加改装,以及保障装备、维修器材的补充等工作;在作战实施阶段,主要应及时掌握战损情况、组织战场抢修,及时掌握器材消耗情况、组织请领补充,及时掌握战场任务变化动态、组织调整力量等工作;在作战结束时,主要应抓紧修理机动装备,以保证部队迅速撤离,抓紧修理战伤装备、调整维修力量,做好再战准备。

(3)要准确把握维修重点。无论在战时还是在平时作战训练中,航空维修的任务重、时间紧、要求高与维修能力有限的矛盾始终存在,必须区分主、次、急、缓,坚持优先保障重点的原则。在维修对象上,应当优先保障主要作战部队,抢修主要作战装备和保障装备;在维修力量运用上,应当集中主要维修力量,保障重要作战阶段和关键作战行动的航空维修需要;在维修保障空间上,应当以战场维修为重点,使损坏的装备尽快在战场得以再生;在维修技术标准上,应当在力求按全面技术标准进行维修的同时,突出以快速恢复装备的主要战斗性能为重点。

5. 监控维修质量

通过各种技术措施和管理途径对维修质量实施监控,是航空维修科学管理的重要任务之一。在航空维修科学管理实践中,综合运用质量监督、维修技术标准、维修计量和维修信息等技术手段,完善航空维修质量信息管理系统,建立质量管理体系,落实质量管理责任制,严格执行航空维修技术标准,对维修工作和维修质量实行全系统、全员参与、全过程管理,不断提高航空维修质量科学管理的能力水平。

6. 优化维修体制

航空维修体制,只有随着航空装备发展和军队建设发展而不断进行优化,才能保持其活力,发挥其应有的作用。航空维修体制如果不及时进行优化,就会对维修实践活动产生阻滞作用。因此,优化航空维修体制,就成了航空维修科学管理的一项重要任务。在航空装备科学维修实践中,应随着维修环境、维修对象、维修技术等的发展变化,及时调整、改革航空维修体制,从组织上有力保证科学维修的深入发展。

6.4 航空维修的集成管理

随着科学技术的飞速发展和环境的剧烈变化,人类会从工业经济时代向知识经济时代发展演变,管理面临着许多新问题、新情况,以往用单一的技术、方法就能解决的问题,现在却难以奏效或取得好的效果。因此,简单管理演变为复杂管理,单一管理技术运用演变为综合管理技术运用,已成为管理发展的必然趋势,航空维修管理必须适应这种变化趋势,才能更好地推动航空维修的深入发展。

6.4.1 集成与集成管理

正如著名管理学家彼得·德鲁克所指出的那样:在历史上,任何时代都没有像20世纪那样发生如此复杂、如此深刻的社会变革,这些社会变革改变了我们所生存的社会、经济和政治形态。正是这些社会变革孕育了一个新的社会形态——知识社会的出现。随着社会形态的变革,管理也面临着变革。管理和其他社会活动一样,也有一套自己的技术和工具,但其实质并不在于技术和过程,而在于使知识成为生产力。因此,按系统科学思想,运用综合集成的方法,将定性与定量、科学理论与经验知识、微观与宏观、多学科知识有机结合起来,是时代赋予管理研究的新使命。

1. 集成的含义

一般意义上而言,集成可理解为两个或两个以上的要素(单元、子系统)集合成为一个有机整体,这种集合不是要素之间的简单叠加,而是要素之间的有机组合,即按照某一(些)集成规则进行的组合和构造,其目的在于提高有机整体(系统)的整体功能。因此,集成可以理解为构造系统的一种理念,同时集成也是解决复杂问题,提高系统整体功能的方法。

2. 管理集成的含义

约瑟夫·哈灵顿(Joseph Harrington)1973年在《Computer Integrated Manufacturing》一书中,首次提出计算机集成制造的概念,其内涵是:借助计算机将企业中各种与制造有关的技术系统集成起来,进而提高企业适应市场竞争的能力。集成制造的两个基本点是:企业各个生产环节是不可分割的,需要统一的安排与组织——系统观;产品的制造过程实质上是信息的采集、传输和加工处理过程——信息观。因此,集成制造的核心是信息的运用。

根据哈灵顿关于计算机集成制造的观念,结合管理理论与实践,管理集成可界定为:管理集成是一种理念,是构成生产系统的方式,也是解决复杂系统管理的综合方法。管理集成也有两个基本点:一是决策、计划、组织、协调、控制等管理的有机整体并与组织(如企业)的经营活动密切相关——系统观;二是管理的实质是通过各种管理实践促进组织的知识生产、传播和应用——知识观。管理集成的核心是知识的运用。

对于管理集成内涵的理解可以从以下几个方面认识:首先,管理是建立在系统之上并以系统为对象的,因此,管理必然具有系统性;其次,由于人造系统的目的性,管理作为实现组织目标的手段,必然与组织活动密切相联系;第三,由于组织系统是由众多要素构成的开放系统,系统内各要素始终与外界进行着大量的信息、能量和物质的交换与外界存在着广泛的联系,这种联系和交换使系统内各要素以及要素之间关系发生变化,进而影响系统的功能,重构系统要素之间的关系必须通过系统综合管理来实现;第四,管理是一种功能集合体,当作用不同对象时,其功能表现形式不同,在知识经济时代,管理的功能实质上是促进知识的生产、传播和应用。正如德鲁克指出的那样,管理的实质并不在于技术和过程,而是使知识成为生产力,即管理是一种社会功能。

3. 管理集成的特点

根据管理集成的内涵,集成管理实际上就是将集成的思想和观念创造性地运用于管理实践的过程。也就是说,集成管理是以组织内外软硬资源要素为基础,以创新机制为动力,以实现社会责任为条件,以整体优化、优势互补、聚变放大为手段,兼容各种管理手段和文化,在集成对象连锁互动、共同得益、协同推进中实现组织可持续发展的一种管理方式。这种管理方式与传统的管理方式不同,有其显著的特点。第一,管理目标不受现有资源约束,不是强调目标的现实可行性,而是目标的可延伸性。由于系统边界的突破,组织将通过虚拟联盟来获取或填补自身的不足,在资源共享和优势互补的集成体中延伸自己的目标企图。第二,管理的要素不仅强调人、财、物等硬要素,而且更加重视信息、知识、经验等软要素,软要素在要素集成聚变中起着主导性作用。同时,在集成管理中,重视要素的裂变重组,不断进行优化组合,达到功能放大的效果。不仅资本存量可以裂变重组,更重要的是知识存量也可以裂变重组。第三,管理系统和组织结构打破传统模式的明确边界和等级制金字塔型结构,系统界限趋于模糊,组织结构趋向网络化。要素的集成使系统边界难以界定,而且组织所追求的内外资源的功能和优势互补,使竞争和发展中的关系复杂化了。第四,管理的方法、手段在集成的基础上,在更大范围内兼容互补,适应并启动集成体的功能聚变。柔性管理、模糊控制、创新机制,都成为重要的管理方法和管理机制。

航空维修作为社会活动的有机组成部分,必须适应社会环境的变化,开展航空维修领域维修管理思想、维修管理组织、维修管理功能、维修管理技术等集成研究,通过对航空维修领域知识的生产、传播和应用,提升航空维修系统的效能,推动航空维修的深入发展。

6.4.2 航空维修系统的综合管理

科学管理之父泰勒是最早提倡对管理进行整合的代表人物。泰勒曾将管理描述为一个把组织的物质资源或技术与人力资源结合起来,以便实现组织目标的过程。法约尔、巴纳德等管理学家也都从不同的角度提出了综合管理的思想。

航空维修系统的综合管理,是现代航空维修管理的一个显著特征,它是以航空维修系统整体为管理对象,研究解决如何增强航空维修系统中人与人、人与物以及物与物的群体效应问题。从根本上讲,它是运用系统内部诸要素的动态相关性原理,来增强管理的效益。系统的动态相关性原理,是指系统内部各个部分、各个要素之间存在着既相互联系,又相互制约,既相互斗争,又相互依赖的相互作用。这种矛盾的对立和统一,推动着系统不断向前发展。表征事物这种相互作用的因子,叫做相关因子。在管理上充分研究利用这个相关因子的作用,不仅能充分发挥事物的个体效应,更重要的是,它能增加事物的群体效应,使系统的整体效应,大于系统个体效应之和,即"1+1>2"的系统放大效应,这也是航空维修系统综合管理的特殊功能。

航空维修系统的综合管理是宏观管理和微观管理相结合,而以宏观管理为主的一种管理方式。如果我们把每个维修机构的计划、生产、质量、技术等各项专业管理称为微观管理,那么,相对来说,航空维修全系统的管理,就可称为宏观管理。宏观管理的重点是着眼航空维修全局,即对航空维修系统的建设发展方向、方针政策、规章制度、组织体制,以及整个航空维修系统的维修质量和飞行安全等重大问题,进行总体的论证、决策和规划,对航空维修系统的各个环节和全部过程,进行全面的组织、协调和控制,对航空维修系统内部的各个要素和外部的各种环境因素,进行合理的安排、组合和有效的利用,使整个航空维修系统,能高效地保证航空装备作战使用等任务的遂行。

6.4.3 航空维修系统的科学组织

组织是实现系统目标和计划的重要保证,是研究和解决系统活动过程中各种要素和人们在管理活动中的相互关系问题。组织的内容十分广泛,它包括组织结构、责权范围、指挥协调以及组织管理的方法方式等。从组织的职能上讲,主要研究确定系统的组织体制和结构,制定相应的组织法规和制度,组织指挥系统的运行和协调维修活动等。

组织,就是围绕一项共同目标而建立的组织结构和机构,并对组织中的全体人员指定职位、明确职责、交流信息、协调工作,在实现既定的目标中获得最大的效率。组织是随着生产力的发展和社会的进步,在社会分工协作的基础上形成的。组织的作用日益重要,任何一项管理工作都有赖于一个合理的组织机构,有一个很好的组织运行秩序。实践证明,航空维修管理组织职能发挥的好坏,直接关系到航空维修质量的高低、维修工作效率的高低、效益的优劣以及保障能力能否得到最大限度地利用。航空维修系统要实现最佳的维修目标,必须十分重视航空维修管理的组织职能。空军航空维修的组织就是要按照空军总的战略部署和作战训练任务的需要,遵循一定的维修方针和维修计划,根据全系统全寿命维修管理的基本要求,运用辩证唯物论与管理科学的理论和方法,科学地设计维修的组织结构,合理地设置管理部门和所属机构,统筹安排,充分利用维修的人力、物力、财力、时间、信息,使航空维修系统各部分密切协同,各环节运转灵活,最大限度地提供优质可用的飞机,保证飞行安全和作战使用任务的遂行。因此,为保证航空维修系统组织的科学性,在具体设计组织休制、建立维修机构和实施系统的组织管理中,应遵循一定的原则,满足基本的要求,主要有:

(1)必须满足航空装备作战使用的特殊需要。航空维修组织体制,一般应与航空兵作战指挥体制相对应,要有利于各级指挥员的集中统一领导,要能高效能地完成航空维修任务。

(2)必须适应航空维修工作的性质和特点。应遵循航空维修活动的基本规律,根据不同的维修级别和维修的广度、深度,设置不同的维修机构,采取不同的组织管理形式。

（3）必须理顺系统各个机构、部门的相互关系,规定各级管理层次的责权范围,保证系统的各个组成部分分工明确、协调一致,并充分发挥系统内人、财、物、信息等基本要素的作用。

（4）必须符合精简、统一、效能的原则。在保证完成航空维修任务的前提下,精简航空维修机构和人员,减少航空维修管理层次,统一规章制度、标准,以利于指挥灵便、运行灵活,提高工作效率和管理效能。

1. 航空维修的组织体制

航空维修组织体制,在一定意义上讲,就是航空维修组织的格局或总体结构。从维修作业方面来讲,主要包括航空维修级别的划分、航空维修作业机构的设置,以及航空维修管理层次的确定等。

航空维修级别的划分,是涉及航空维修组织体制的一个重大问题,其实质是正确处理集中维修和分散维修的关系,直接关系到航空装备使用部门维修人力、物力等资源的分配,决定着航空维修的组织体制和编制。正确合理地划分航空维修级别,可以充分满足航空装备使用的需要,并使整个航空维修系统的维修费用、维修周期时间、零备件存储量、维修设备的利用率和技术人员的使用等达到最优的平衡、合理的使用,进而大大降低航空维修的耗费,使航空维修系统的整体效益得以全面提高。

（1）航空维修等级的划分。航空维修等级的划分,各个国家不完全相同。从我军的具体情况出发,目前实行的是三级维修体制,即基层级维修(外场维修)、中继级维修(野战维修)和基地级维修(工厂修理或后方维修)。

（2）航空维修作业机构的设置。维修作业机构,是完成维修任务、实现维修目标的实体。维修作业机构的设置,基本上是以维修等级为依据的。至于维修作业机构的具体布局、组织编制等通常还要根据作战训练的总体部署、维修任务量,尤其是维修对象即航空装备的种类、数量、复杂程度等多种因素,综合分析后确定。我军现有维修作业机构可分部队维修机构和企业化修理机构(即修理工厂)两类。

部队维修机构属部队建制,通常与航空兵部队的作战训练指挥体制相对应,主要承担一、二级维修任务。目前,我军航空兵团编有机务大队,主要负责一级维修;军区空军中心修理厂负责二级维修。

企业化修理机构是属于空军或军区空军建制的企业化修理工厂,主要负责全军性或地区性的三级维修任务。其中按维修业务范围,还有综合性飞机修理工厂和专业修理工厂(如发动机、军械、电子设备修理工厂等)之分。

上述各级、各类维修作业机构根据军队战略部署,按任务范围和专业进行科学、合理地布局,就可在全军范围内形成一个既有分工又有协作、相互衔接、纵横交织的修理网。修理网的形成,对于统一调度、合理使用维修力量,突击完成各种任务,特别是作战条件下,支援主要作战方向或主要作战机种的维修保障,有着十分重要的作用。

（3）航空维修系统的管理层次。管理层次是从上到下的管理结构,从组织设计原理上讲,管理的层次(级数),取决于管理的幅度(管辖人数),而管理的幅度则受管理职能的相似性、工作的复杂性、工作量、地区相近性等多种因素的影响。一般说,管理工作量大、事务纷繁、管理幅度大,管理层次就要增加。目前,随着信息技术的快速发展和广泛应用,管理层次趋于扁平化。

航空维修的管理结构,由于各个国家军队领导体制的不同,具有多种类型。例如,美国空军,航空维修分属两个系统,外场级维修主要由作战司令部系统负责,而其他维修则由后勤系统负责。俄罗斯空军航空维修,是空军各级首长领导下的相对独立的业务系统,维修管理层次从上到下,是与作战训练指挥体系的层次一一对应的。我国军用航空维修是在各级党委、首长的统一领导下,由各级维修管理部门分级负责组织实施的。空军一级的航空维修管理部门,属于决策层,主要负责空军航空维修系统的综合管理,制定建设发展的总体规划,搞好宏观控制,统一颁布空军航空维修制度法规,根据空军的统一部署,抓好各个时期全局性的工作。军区空军一级的航空维修管理部门,属于管理层,独立组织本地区的航空维修工作,主要抓好各个时期的任务规划和较大工作的组织落实、检查监督和协调控制,研究解决维修机构建设中一些带共性的问题。航空兵师(院)维修管理部门如机务大队,属于执行和操作层,主要负责各项维修工作任务的实施,深入维修作业单位,面对面地解决维修作业中的具体问题,具体组织各级维修人员完成日常的作战、训练的维修保障工作。由于各级职责分工不同,各级内部管理机构的设置也应有所侧重。上级决策管理部门,主要按管理职能设置主管机构,以利于加强航空维修系统的综合管理和宏观控制,而基层管理部门则应根据所维修的航空装备的构造特点,按专业分工管理,这就更有利于解决维修作业中的实际问题。

2. 航空维修的组织制度

组织制度,即组织管理的规章制度,是对人们在共同劳动中应当遵行的工作职责、工作程序和工作方法等所做的文字规定,它具有法定性和一定的强制性。科学、合理的组织制度,是维修组织之间、成员之间的"胶黏剂"和行动准则,是调动各个方面积极性、保证各级组织工作有序、行动统一,保证系统运转灵活、协调发展的重要手段和组织措施。航空维修组织制度,大体分为基本的组织制度和业务管理制度两大类。

(1)基本的组织制度,是全国全军共同遵循的一些组织管理法规。例如,国家的组织领导法规,军队的共同条令,航空兵的作战训练条令或规章,以及国家关于工业企业组织管理方面的有关政策法令、规章制度等。

(2)业务管理制度,是航空维修工作制度,包括航空装备的设计研制和使用维修制度,维修训练、科研、供应保障等方面的管理制度,维修作业过程的管理制度,以及技术操作安全,环境保护方面的制度规定等。各项业务管理制度中最主要的是岗位责任制,其中包括目标责任制、经济责任制、技术责任制、安全责任制以及工具、设备、器材保管责任制等。

目前,我国空军航空维修组织管理的各种规章制度的基本原则和规定,集中体现在《中国人民解放军空军航空机务工作条例》之内。这个条例,是现阶段空军航空维修组织管理的根本法则,是航空维修系统各级、各部门、各单位共同的行动准则。

规章制度是根据人们对客观实践的认识而规定的。由于客观事物的发展变化,人们对客观实践的认识逐步深入,原来合理的规章制度可能部分甚至全部不合理,这就需要修正、补充以至废除。但这样做,必须采取严肃和慎重的步骤。这就是要注意保持规章制度的相对稳定性,不宜频繁修改;要认真调查分析,总结实践经验,听取群众意见;要典型试验,逐步推广;要坚持"先立后破"的原则,避免破而不立使整个维修活动陷入无章可循、无人负责的混乱状态。

3. 战时航空维修的组织指挥

战时的航空维修与平时的航空维修有显著的区别,因此,研究航空维修的科学组织,必须注重研究战时航空维修的科学组织。战时,航空维修任务十分艰巨,维修工作环境极为复杂、恶劣,为充分发挥航空维修系统的保障作用,确保夺取战斗的胜利,必须统一指挥,严密组织,建立健全高效能的战时航空维修保障组织体制,统一组织指挥战斗飞行保障和有关各项保障工作。

6.4.4　航空维修的系统控制

控制,是对实现计划目标的各种活动,进行检查、监督和调节的总称。航空维修系统的有效控制,是贯彻执行维修方针、政策,落实维修计划,实施维修目标的重要保证。由于航空技术装备具有空中使用的特点,对装备技术状况包括可靠性、可用性、安全性等有着极为严格的要求,航空维修又是一个复杂的系统过程活动,是各种要素的有机结合,受内部和外部的多种因素的影响。因此,在航空维修活动过程中难以避免要出现偏离预定目标和要求的情况。为了保证经过维修的航空装备符合空中作战使用要求,保障飞行安全,同时也为了实现航空维修目标,必须有效地对航空维修系统实施控制,因此控制是航空维修管理一个十分重要的职能。

航空维修系统控制的实施过程,同一般系统的控制过程一样,包括三个基本步骤:确定标准、衡量成效、纠正偏差。标准,是航空维修计划、维修目标的具体化,是维修工作成果的规范,也是考核成果的尺度、衡量成效的依据。确立标准是控制的第一步。衡量成效,实际上就是根据标准,对航空维修计划、目标的实际和预期完成情况,进行定性或定量的评价。纠正偏差,即根据发现的偏离计划、目标的问题,通过协调、调度、修订、补充等各种管理措施,加以解决。从这里可看出,对航空维修实施有效控制,首先,必须要有明确的计划、目标;再则,必须要有完善的组织机构,保证其实施。这是控制的两个基本前提。显然,计划、目标、组织机构越是明确、全面、具体和完备,控制的有效性越高,作用也越大。

航空维修是一个多层次、多专业、多目标的复杂系统,需要控制的内容很多,涉及面也广。按照以可靠性为中心的维修思想,可靠与不可靠是航空维修的基本矛盾,因此,从这一基本矛盾出发,航空维修系统控制的主要目标应是航空装备的技术状态,控制的核心内容是航空维修质量,控制的关键因素是组成航空维修能力的关键要素。对这三个方面实施有效控制,是航空维修系统控制的关键。

6.5　航空维修设计的监控管理

根据以可靠性为中心的维修思想,航空维修的出发点和落脚点是航空装备的固有可靠性和安全性,因此,为保证航空维修的及时、经济、高效这一目标,为航空维修提供良好的平台和维修环境,必须按照全系统全寿命管理的基本要求,对航空维修设计进行有效的监控管理。航空维修设计的监控管理,是航空装备全系统全寿命维修管理的重要组成部分,也是整个航空装备研制监控管理体系的一个重要环节,是为实现航空维修设计各项指标要求,在新装备设计研制的全过程,由使用和维修部门负责进行监督、控制、协调等管理工作。

使用和维修部门对维修设计进行监控管理的最终目的是落实国家批准的或订购合同、协议中规定的维修设计的各项指标要求,使航空装备研制结束交付使用的航空装备,具有良好的维修品质,并随机提供配套齐全、经济适用的维修保障系统。航空装备,是航空兵战斗力的重要组成部分,维修品质,意味着航空装备固有的可靠性、维修性、安全性等保障特性水平,而维修保障系统,意味着为经济、有效地维修创造必要的物质技术条件。实践表明,对航空维修设计进行严格的管理,在航空装备寿命周期过程中对质量、进度、费用、保障性等基本要素进行系统的、全面的监督和控制,对真正落实航空装备维修设计指标要求,使先进的航空装备获得科学的维修保障,保证航空装备成建制、成系统地形成战斗力、保障力具有十分重要的作用。

航空装备维修设计指标的具体落实,贯穿于航空装备整个研制过程中,这当中大量的工程技术工作,自然是航空装备各有关的科研、制造单位的基本的职责任务。作为使用和维修部门,在维修设计监控管理方面的任务,主要是掌握研制计划、控制研制质量、督促研制进度、抓紧装备系统的齐装配套、搞好费用分析和审价定价,以及开展内外信息交流、技术协调等。这些任务,通常应在使用部门设置专门的工作机构、配备专业的工程技术人员来具体承担。由于各个国家军队的装备管理体制不同,这些机构的建制和人员的编配也不尽相同,不少国家军队设置有型号办公室来统管装备的开发研究和生产工作。在我国,维修设计监控与整个装备的研制监控一起,由军队的科研订货部门统一管理,并派出驻地区或科研、制造单位的军事代表,具体实施监控。

航空装备研制的监控管理,需要以现代管理理论,主要是运筹学、系统工程、目标管理、全面质量管理等的理论方法作指导,结合航空装备研制监控的特点,确立自身的理论如军检理论,制定相应的制度法规,提出具体的实施方法。在这些方面,许多国家都颁布有专门的标准规范。我国对军事订货部门的职责和驻厂军事代表参加新机研制的工作程序,也有专门的文件规定。在此,我们只是根据有关的制度规定要求,参考国外维修管理理论方法,着重论述航空维修设计监控管理的方式方法和基本要求等问题。

6.5.1 航空维修设计的过程监控

航空装备的研制,一般分为方案论证、设计试制、小批生产和成批生产四个阶段。其中设计试制阶段,又可以细分为初步设计和样机审定阶段,详细设计、试制试验和首飞评审阶段,以及调整、鉴定试飞和设计定型阶段。由于航空装备使用的特点和要求,航空维修设计的实施过程,同装备研制一样,必须严格按照研制阶段的顺序,依次进行,不能超越和颠倒,只有在完成规定的本阶段工作任务、经过审查批准后,才能进入下一个研制阶段,这是航空维修设计过程监控中需要掌握的一条重要原则。在航空装备研制过程中,有关维修设计监控方面,应做的工作很多。从使用部门来说,需要直接参与监控的事项,主要有以下四个方面。

(1)抓好维修方案论证和维修保障分析。首先,要了解航空装备总体方案论证,是否系统、全面、正确,是否满足可靠性、维修性、安全性、人素工程等航空装备维修品质的指标要求,所选用的技术标准和设计规范是否正确、统一,以及所采用的工艺、技术、材料、成品是否可靠、合理等。再者,要具体参加维修方案的论证和维修保障分析,评定所确定的维修等级、维修方针、各项维修指标以及维修保障等方面的基本原则是否正确、适用,综合分析维修方案的科学性、经济性和适应性,以保证航空装备战术技术指标要求落实,并使航空装备维修品质设计与维修保障设计密切结合,相互匹配。

(2)主动参加各种试验,协同解决技术关键问题。各种试验,是航空装备研制的关键监控环节。航空装备维修性能是否达到指标,各个系统是否能正常工作,各个环节是否能可靠运行,维修设计与整个装备系统的设计能否适应,是否存在问题,往往能通过试验暴露出来。因此,监控管理人员,需要深入试验第一线,主动参加从原理试验、设计试验、鉴定或定型试验以至各种飞行试验等研制过程中一系列试验、鉴定、验证工作。要参与制定试验计划、编写试验(试飞、试车)大纲,掌握试验标准和技术要求,审定任务书。尤其要掌握可靠性、维修性、安全性等保障特性的试验,做到心中有数。要注重试验的准确性和有效性,对试验中出现的技术关键问题,要做出准确的结论,并采取"拉条挂帐、攻关销号"等管理方法,监督并协助有关部门认真加以解决。

（3）掌握航空装备研制进度，落实维修保障计划。航空装备研制进度，是监控管理的一个重要目标。掌握研制进度，需要全面了解各个阶段的研制计划和工作网络图，注意沟通各个方面的信息，把握关键线路上的关键事件，找准薄弱环节，及时做好技术协调工作。在航空装备研制过程中，维修保障系统问题，常常容易被忽视，以致在后期形成"短线"，因此要及早抓维修保障计划的落实，使维修保障系统诸要素的研制与整个装备的研制协调进行、步调一致，以期在航空装备交付使用时，做到齐装配套。

（4）切实把好定型关。航空装备的研制，必须通过设计定型和生产定型两道关口，并严格规定未经批准设计定型的产品，不能投入小批生产或装机使用，未批准生产定型则不允许进入成批生产。提交定型的产品，必须符合规定的定型标准，不应遗留问题。因此，监控管理部门对提交定型的产品，应按标准要求预先进行审查鉴定。从维修设计监控方面来说，审查鉴定的重点是：产品经过试验、试用考验，主要性能是否稳定，并达到规定的指标要求，特别是可靠性、维修性和寿命规定，能否满足使用要求，主要零组件、材料和配套成品，是否符合定型标准并满足使用要求，使用维修有关文件资料是否齐全，以及随装备交付的工具、设备、备件器材等维修保障系统诸要素，是否配套齐全、经济、实用，能否保证使用维修的要求。要特别注意在研制的各个阶段中出现的关键性技术问题，以及部队试用中反映的问题。在定型前这些问题必须逐个研究解决，并有明确的结论。至于提交生产定型的产品，还必须全面审查产品质量、工装工艺和企业的技术管理、生产管理、费用成本等，是否符合定型标准和规定要求，是否完整、准确、配套，并满足成批生产的需要。

6.5.2　航空维修设计的系统监控

航空装备是高新技术的结晶，功能多元、结构复杂。航空装备的研制，是一种包括主机、辅机、成品、材料以及维修保障系统等的成千上万种机件设备组织成的涉及设计、制造和使用维修各个部门的横向联合行动，它是一个整体性很强的系统工程问题。这样，航空维修设计的监控，就必须遵循系统管理思想，按照系统工程的理论方法实行系统监控，使整个系统能做到目标一致、行动协调有序、适应动态环境，从航空装备研制的整体上获得最好的监控效果。实行系统监控，需要重视做好以下几个方面的工作。

（1）建立有序的监控体系结构，理顺相互关系。这是实施有效监控管理的组织保证。我国在新机研制中的实践经验表明，成立跨地区、跨专业、广泛横向联系的、以机型为主线、以驻主机厂军事代表为"龙头"的军事代表新机研制监控体系，对新机研制的大系统实施综合化联合监控，是一种比较好的组织形式。这种形式适应新机研制特点，有利于加强各个部门、各个单位之间的联系，有利于做到"成套论证、成套设计、成套定型、成套生产和成套交付使用"，使新机齐装配套，很快形成战斗力。为使监控体系能顺利展开工作，还必须明确体系的性质任务、工作职责，并建立正规的工作制度，理顺上下左右之间的关系。

（2）确立系统目标，实行目标管理。监控管理的目标，从系统的总体上讲就是经过论证后确定的新机的战术技术性能指标（包括维修性能指标）、时间进度指标以及经费指标等。对这些总目标，应通过自上而下层层分解，逐层落实，建立目标体系，以进一步明确各个部门、单位以至个人在监控管理上的具体工作目标以及相应的约束条件、保证措施等。这种目标管理的方式方法，把系统监控目标与个人监控目标联系起来，明确系统内各级、各个部门的职责以及相互之间的制约关系，就能充分调动各个方面的主动性、积极性，保证系统目标的实现。从实践中看出,这对协调研制进度,解决"短线"产品,特别是保证维修保障计划的实现,十分有效。

（3）健全信息系统,促进信息流通。及时掌握准确、完整、适用的信息,是监控管理部门进行科学决策的基础,是调节和控制装备研制过程、使之保持有序的运行状态的基本依据。监控管理过程,在一定意义上讲就是信息流通过程。因此,在新机研制的监控体系中,建立、健全多层次、多渠道、连接有关各个部门和单位的信息系统和正规的工作制度,以加强上下之间、内外之间的信息传递、交流和反馈,形成信息流通网络。信息系统是监控管理的"神经中枢",信息沟通对解决维修设计中的重大技术关键问题,保证研制质量和进度,起着重要的纽带作用。

（4）加强系统分析,搞好技术协调。由于航空装备自身构造和研制过程的复杂性,在系统监控中必须十分重视技术协调问题。就维修设计来讲,在研制过程中主要是装备性能构造与维修方案、保障计划的协调,维修手段(工具设备、设施等)与维修等级安排的协调,维修零备件器材的消耗标准与使用、维修任务需要的协调,以及设计的维修技术要求与实际的维修能力的协调等。搞好这些方面的协调,是保证航空装备的研制质量、进度,搞好齐装配套,实现系统监控总目标的中心环节和经常性任务。因此,要充分发挥监控信息系统的作用,及时、准确地掌握各个方面的技术信息,加强系统的维修分析,既要重视解决系统内部主机与辅机、整体与部附件、机载设备与地面设备等之间的技术协调问题,还必须做好设计、制造和使用部门之间的技术协调和信息反馈,以保证研制的航空装备,最终全面地达到各项设计指标,更好地满足使用维修的要求。

6.5.3 航空维修设计的全面监控

根据装备全系统全寿命维修管理的要求,为提高航空装备研制的总体效益,对航空维修设计,需要进行全面监控。这里所说的全面监控,就是以质量为中心,以性能、进度、费用、保障性等为目标,全面抓好维修品质设计和维修保障设计的监控管理工作。

航空装备的研制,必须坚持"军工产品、质量第一"的方针。以质量为中心的全面监控,就是要把质量控制,贯穿于全部工作的始终,摆在各项目标任务的首位,在日常处理质量与数量、质量与进度、质量与成本等关系时,要优先考虑质量,在保证质量的前提下,力求加快研制进度,降低成本。要严格掌握质量标准,切实把好质量关口,坚持不合格的材料不投产、不合格的零件不装配、不合格的产品不出厂,在研制和使用中出现质量问题,要坚持找不到原因不放过、责任查不清不放过,解决措施不落实不放过等一些行之有效的监控制度。以质量为中心的全面监控,对航空维修设计而言,要重视做好以下几个方面的工作。

（1）按照全面质量管理的理论方法,实施全过程的全面的质量监控。既要抓好产品的最终检验验收,又必须做好研制过程的质量监控,既要抓好产品质量,又必须重视工作质量,要对设计、制造单位的质量保证体系实施有效的监控,既要抓好事后监控,更应重视事前预防性监控,加强质量分析、故障研究,对影响质量的多种因素如前面谈到的"5MIE",实施全面的监控。

（2）从使用和维修实际需要出发,抓好航空装备质量特性的监控,尤其要重点抓好表征航空装备真正质量特性的可靠性、维修性、安全性等装备维修品质以及维修大纲、维修工具、设备、零备件等维修保障要素的监控。在航空装备研制监控过程中要贯彻以可靠性为中心的维修思想,保证研制的航空装备真正符合使用维修的需要。

（3）重视航空装备研制的总体效益。要积极参与装备全寿命费用的分析研究,做好研制费用的监控,要建立质量成本的概念,运用质量成本分析方法,综合权衡,并在研制过程中,采取各种措施,降低质量成本在整个产品成本中的比重,力求以最少的投入,获得最好的质量效益,要重视维修设计的经济性论证和验证,使航空装备的飞行性能、维修性能与维修保障系统的性能指标,相互匹配,避免追求个别的高性能指标而带来的不必要的研制费用的增加,要深入实际,调查研究,在费用分析的基础上,认真做好审价、定价工作。

(4) 必须抓好使用阶段的质量监控。按照新的质量概念,质量贯穿于产品的设计、制造、使用和保障的各个阶段。使用阶段,是对航空维修设计的最终验证和研制质量的综合评价。航空装备在使用过程中技术状态的变化,也是改进设计、进一步提高维修性能的实践基础和基本依据。监控管理单位和人员,要深入使用现场,掌握使用中的质量情况,协助研制单位及时处理使用中出现的质量及故障问题,对外场的质量信息,要注意及时收集整理,系统地分析研究,适时向有关的单位反映,并监督其改进维修设计和制作工艺,以实现航空维修设计的全过程、全面监控管理。

6.6　航空维修活动的系统管理

航空维修作为一种系统工程活动,从输入到输出,是由一系列作业、流程、传输和工具所组成的。其中,作业是为完成某项任务所要进行的基本工作单元,作业既具有序贯性,也具有并行性,如在维修过程中,包括故障诊断、故障件的拆卸、故障件的运输、故障件的测试、故障件的修理以及安装等。传输,是作业之间的状态转换过程,每一个作业均有输出,输出是另一个作业的输入,输出可以是物理的产品,也可能是数据或信息,如故障件的移交或维修指令等。流程,是一系列逻辑相关作业的集合,流程之间也有传输,一项流程的输出是另一项流程的输入,流程与作业一样,有一定的逻辑排列顺序,既可以是序贯的,也可能是并行的,在维修保障过程中,主要的流程有采购、配送与维修,这些流程对维修系统具有基础性的意义,它们所包含的内容是很宽泛的,一般要跨越不同的部门系统。工具,是指用于完成某项维修工作的装备,其范围从小到大,小到螺钉螺帽,大到发电机、发动机;价值从低到高,有的价值几块钱,有的高达上百万元。由于航空维修系统工程活动的复杂性、多样性,必须按照航空维修的系统管理要求,对航空维修全过程、全要素以及与航空维修相关的各个方面的工作如维修环境的的改善、生活条件保证等进行统一的综合管理。

6.6.1　航空维修作业过程的系统管理

航空维修作业,按照传统的观念,由维护和修理两个方面的作业组成。由于两个方面作业的工作性质不同,作业过程的阶段划分和组织管理方式方法也各不相同。维护作业是飞行的技术保障性作业,其作业过程是按照飞行任务的要求,与飞行过程和整个飞机的使用过程紧密联系和协调一致的。修理作业,基本上属于有计划的生产性作业,其作业过程,则与物质生产过程相似,具有明显的工作阶段性。维修作业过程的管理,从职能上讲,主要是做好任务安排、组织调配、进度协调、检查督促、质量控制等工作。这些方面工作,与上述维修系统计划实施过程各个阶段管理工作(即 PDCA)基本一致。由于维修作业过程内外影响因素较多,任务随机性较大,因此,要特别注意加强作业的现场管理,搞好人员、物资器材的调配,严格质量控制,在空间和时间上进行周密安排,以保证作业过程具有整体性、连续性、协调性和节奏性,最终实现以最快的时间、最低的消耗,全面地完成各项维修作业任务。

1. 维护作业过程的管理

维护作业,是指为保持航空装备规定技术状态而进行的作业活动,主要包括飞行的各种机务(技术)准备和飞机的维护、保养工作,定期检修工作,排除故障以及零星检修(小修)等。维护作业过程是与飞行过程紧密联系的复杂过程,其特点是任务重、时间紧、制约因素多、质量要求高。作业过程的管理,实质上是从装备使用过程的整体出发,全面安排使用状态,合理组织维修力量,及时完成各类维修作业,使装备技术状态的变化,尽可能地与装备使用过程的计划协调一致,以保证完成作战、训练等飞行任务。

2. 修理作业过程的管理

修理作业,是指为恢复航空装备规定技术状态而进行的作业活动,包括部队修理和工厂修理两个部分,主要承担航空装备的翻修和大修、中修等修理任务。部队修理机构属军队建制,一般按军队要求,实施全面管理;工厂修理机构属企业化军事工厂,基本上按工业企业要求,实施企业化管理。这两类修理活动,虽然在管理体制和方式上有所不同,但就修理作业而言,都同属于生产性的作业,其作业过程,在不同程度上都要遵循入厂接收检查、拆卸分解检查、故障检测、加工修理、分装总装、试验试飞以至出厂移交检验等作业程序,过程中的一些基本要素(如质量、安全、进度等)是大体一致的。因此,两个修理作业过程的管理是具有共同性的生产管理。修理作业过程管理的内容,一般说来可以按照工业企业生产管理的规定和要求执行。但是根据航空装备修理的特殊情况,在某些管理内容上,还必须重视加强,并提出更为严格的要求,如充分做好修理前的技术准备、加强修理现场的技术管理、严格作业过程的质量控制、严密组织飞机修理后的试飞等。

6.6.2 航空维修工具手段的科学管理

广义的维修手段是指维修工具、设备、设施和器材等维修作业过程中所必需的生产资料和物质条件。维修手段,可以概括叫物力、物资,它是维修生产力构成的基本要素,是航空维修保障能力的重要组成部分。维修手段,作为维修保障子系统,在航空维修设计过程中,进行具体设计和研制,并随装备配套交付使用。在维修作业中的维修手段管理,主要是做好维修手段的计划、订购、存储、保管、供应、使用、保养、维修以及更新、改造、报废等全寿命过程中的全部管理工作。

1. 维修工具设备

维修工具设备,包括直接或间接用于飞机维修的工具、用具、检验测量仪器设备,故障诊断和监控设备,地面保障设备,维修工艺装备,以及备有成套工具设备的工程车、检测车等。维修工具设备,是维修人员作用于维修对象的劳动手段,它是人体器官功能的延伸,起着把劳动传递到劳动对象上的作用。先进的良好的工具设备,不仅对提高维修质量、效率、增强维修经济效益有直接的作用,而且对树立先进的维修思想,制定正确的方针政策和工作制度,也有很大的影响。

维修工具设备的配置和建设,要全面考虑、综合权衡,特别是一些重要仪器设备的自行研制和订购,更要充分论证。在坚持技术上先进、经济上合理的原则下,要全面考虑其检测质量、工作效率、可靠性、维修性、耐用性以及机动性、配套性等各种技术性能,以适应航空维修作业任务的特殊要求。要注意使工具设备的发展建设与维修机构、维修对象、维修任务和维修制度相适应。通常,比较单一的检修项目和保障勤务是实行人工操作,比较机动灵活,也安全简便。而复杂设备的检测,如某些无线电、电子设备、火控系统、导航设备、导弹等,就适合于采用自动检测,既省工、省时,又能保证质量。对外场维修使用的一般的工具设备要考虑通用化、综合化和机动化问题,使一物多用、一机多能,并要体积、质量小,机动灵活,以适应作战条件下的维修要求;对于野战和后方维修机构则要求仪器设备的功能比较单一,自动化程度要高,以适应专业化和大批量维修的工作特点。要重视工具设备的标准化、系列化和现代化建设,随时进行工具设备的更新、改造。随着电子技术、通信技术和计算机技术的发展,维修中的各种试验、检测、监控、诊断仪器设备,无疑将不断推陈出新,朝着综合化、自动化(包括自检)的方向迅速发展。

根据航空装备使用特点和对维修质量的严格要求,维修工具设备必须建立严格的保养和使用制度。对工具设备要有计划地进行预防维修,尤其精密仪器和检测计量设备,要规定明确的时间和地点,严格进行校验。鉴于多次出现的事故教训,要严格管理好直接用于飞机维修的工具、用具等物品。要有专人负责、登记编号、适时清点,采取各种有效措施,防止这些"外来物"遗留在飞机上而造成意外损伤,甚至酿成严重事故。

2. 维修设施

维修设施一般包括设施中固定配置的能源、动力、技安、消防、通信、环保等系统设备,它是实施飞机维修必须具有的工作条件,对保证维修质量、提高维修效率、保障维修人员操作安全和身心健康有着重要的作用。

航空装备是由许多精密机件组成的复杂系统,维修时对维修设施及作业环境有着严格的要求。在维修设施的建设和工作环境的设置中,既要保证维修作业必需的面积、空间、能源、水源、通信、消防等基本要求,还必须根据飞机维修的需要,在温度、湿度、洁净度、照明度、防振、隔音、防波等方面做统一考虑。维修设施的建设要符合国家规定的环境保护、安全防护和消防设施等方面的标准。要严格执行维修保障设计中提出的标准和要求,并应适时进行维修保养,以使维修质量得到控制,维修安全有所保障,同时也要使航空维修工作环境逐步得到改善。

3. 维修器材

维修器材主要指航空维修过程中所需要的航空器材、各种原材料、油料、涂料以及工具设备的维修零备件等消耗性器材。维修器材,是航空维修生产必不可少的"消费资料",也是维修工作赖以维持的"生存资料"。维修器材质量的好坏、供应是否及时,对保证维修质量和维修任务的完成有着十分重要的影响。器材问题有时成为影响飞行使用的主要矛盾。

由于飞机构造的复杂性、飞行使用的不确定性和维修任务的某些随机性,造成维修器材品种多、规格多、批量少,采购、存储、供应计划较困难,因而要重视维修理论的研究,掌握使用、维修的活动规律,同时还要注意学习应用库存理论等科学管理知识,以进一步修订维修设计中确定的消耗标准和最优的库存。在作业过程中要严格维修器材的管理,防止出现乱用、错用、大材小用、优材劣用以及随意代用等情况,确保使用安全和维修质量。器材费用,在维修保障费用中占有很大的比重,要重视器材的节约使用,以提高器材的有效利用率和维修的经济效益。

6.6.3 航空维修资源的优化配置

维修资源是维修所需人力、物力、经费、信息和时间等的统称,是实施科学维修的基础。能否运用科学的方法,合理配置和系统优化航空维修资源,将直接影响航空装备战斗力的形成、巩固和提高。除了前文介绍的维修工具、维修设备、维修设施、维修器材等外,维修资源还有维修人员、保障装备、技术资料、计算机资源、维修经费等。作为一种复杂的军事经济大系统,必须从系统的角度对这些资源进行系统优化和综合权衡,运用集成的思想对维修资源进行综合集成。

140

1. 维修资源配置的系统观念

随着航空装备的信息化、智能化、一体化,航空装备的作战使用对维修资源的依赖明显增强,人们逐渐认识到,必须按照全系统全寿命的维修管理要求,从系统的角度来合理规划和有效使用维修资源,合理配置和系统优化维修资源,使维修资源各要素之间相互匹配,协调发展,保证航空装备的作战使用。

维修资源配置的全系统全寿命观念,就是将航空装备的论证、设计、研制和使用与维修资源配置作为一个整体,在航空装备寿命周期过程中综合考虑航空维修资源建设需求。一方面,在装备研制过程中,不仅要关注装备自身性能,还要关注装备在规定条件下达到规定使用目标的维修资源的配置需求。因此,为了提高航空装备作战使用效能,必须在装备论证、设计阶段就开始考虑维修资源保障问题,主要包含两方面的内容:一是通过装备的可靠性、维修性、测试性设计,来保证装备具有的规定的固有保障性,并通过保障性分析使其与维修资源合理配合;二是在设计过程中合理确定维修资源要求,保证装备投入使用后能及时获得所需的维修资源,达到规定的战备完好性,实现装备系统最优化。另一方面,维修资源的配置应考虑航空装备的作战使用需求,应充分考虑航空维修方式、保障强度、保障模式、保障环境等因素对维修资源配置和优化的影响,特别是战时的维修资源保障,通过对航空维修资源的全系统全寿命管理来提高维修资源配置的科学性和有效性。

全系统全寿命观念已逐步成为确定和优化维修资源的重要指导思想。只有运用全系统全寿命维修管理理论和技术方法,对航空装备、维修保障系统和维修资源分系统的组成进行系统分析、相互协调和综合权衡,才能做到装备、保障、维修资源之间的相互匹配和协调发展,建立起与航空装备作战使用需求相匹配的经济、有效的维修资源保障体系,不断提高航空维修的能力水平。

2. 维修资源保障体系的综合集成

综合集成是处理复杂系统的一种新的科学方法和先进的军事思维方式,其主旨是,在航空装备建设中要采用"大系统"的观点,"先整体再个体",注重纵横一体,特别是横向互通,以系统集成谋求最大的整体效能,其实质是全系统观念在信息时代的要求和体现。随着新军事变革的不断深入,综合集成思想在西方国家军队应运而生。这是因为,新军事变革是把机械化军队改造为信息化军队,而信息化军队是一个复杂的巨系统,必须运用综合集成的方法来建设。维修保障作为一种复杂的军事经济大系统,改变传统的要素性思维模式,通过系统要素的集成和资源的整合,以系统的放大功能实现以最经济的资源消耗来保证最大限度地满足航空装备的作战使用需求。

6.7 航空维修管理方法与技术

随着现代管理科学的深入发展,科学的管理思想、理念和原理逐渐被人们所接受并到得广泛应用。在管理理论见诸实践的过程中,逐步形成了一系列行之有效的管理方法和技术。在航空维修科学管理实践中,大胆借鉴、灵活运用这些方法与技术,不断提高维修管理效益。

1. 定性与定量结合法

定性研究和定量研究是管理科学在研究事物规律时普遍采用的两种分析方法。定性分析是指运用分析、比较、综合、归纳等逻辑思维方式,认识和揭示事物本质的研究方法;定量分析是指对事物之间或事物各个组成部分之间的关系进行数量分析的研究方法。两种方法各有优劣,前者在描述事物总体形态上有优势,但往往失之于模糊,误差较大;后者在反映事物间精确的数量关系上有优势,但期望对任何事物都进行量化的难度很大,有时还会因为局部的量化误差影响了对总体形态的客观描述。因此,将定性、定量两种方法结合起来则是现代管理科学发展的必然趋势。在高技术条件下,航空维修科学管理的对象多样、过程复杂、环境多变,运用定性、定量相结合的管理方法对于提高维修管理的科学性具有特别重要的意义。

在航空维修科学管理实践中,可运用的定性定量法主要有:程序化管理法、行政管理法、模型优化法、层次分析法和德尔菲法等。航空维修管理者要牢固树立定性与定量相结合的管理观念,既从总体上把握事物性态,又要有"用数据说话"的能力;要通过各种方法,收集反映维修规律的各类原始数据,如故障率、装备完好率、器材充足率等,并运用现代数据处理技术充分挖掘数据的应用价值;要善于将定性结论与定量结论综合起来,形成更加科学的意见以指导维修管理实践。

2. 信息反馈法

信息反馈,就是把决策实施过程中产生的新信息及时反馈给决策者,使决策者能够依据新的信息内容,及时调整决策、修正方案,或根据需要做出新的决策、制定新的计划,使管理活动更加符合客观实际、管理效益进一步提高。这种反复递进的过程就是信息反馈管理法。

在航空装备科学维修活动中,积累了大量的航空维修信息,这些信息是维修管理的基础,直接影响到科学管理的科学性和有效性,通过大力推进航空维修管理信息化建设,可提高维修信息收集、处理、反馈和应用的能力水平,最大限度地发挥维修信息在维修管理中的整合和催化作用。

3. 质量控制技术和方法

航空维修质量控制,一直是维修管理的核心内容。在长期的管理实践中,航空维修管理系统探索和运用了不少质量控制方法和技术。这些方法和技术的运用,为保证维修质量发挥了重要作用。目前,航空维修质量常用的质量控制方法和技术主要有:调配统计表法、分层法、排列图法、因果图法、直方图法、相关图法和控制图法等。这七种方法主要用于生产或维修过程的质量控制,多属于定量分析方法。20世纪70年代,日本的质量管理专家认为:更为重要的是要在提出问题、制定计划阶段,建立"全员认真思考体制",处理好"收集产品质量数据以前"的工作,即在制定生产计划阶段就要进行质量管理。在这种理念下于1979年又推出了新七种工具即系统图法、矩阵图法、矩阵数据分析法、关系图法、过程决策程序图法、卡片法和矢线图法。新七种工具主要是计划阶段的质量管理方法,它们多属定性分析方法。新、老七种工具相辅相成,都是全面质量控制的有效工具。

4. 系统安全管理技术

航空维修安全管理,是航空维修科学管理的重要组成部分,是研究航空维修活动系统安全的理论。航空装备的空中使用特点,对维修系统的安全性要求很高,没有安全保证,就没有真正的战斗力、保障力。因此,在航空维修科学管理中,维修安全管理具有特殊重要的地位。当前,常用的安全管理技术主要有:危险性评价技术、安全检查表、故障树分析法、人为差错分析及预防技术等。在航空维修科学管理实践中,要综合运用以上安全管理方法和技术,切实保证维修系统的安全可靠。

复习思考题

1. 简述航空维修管理的基本内涵和主要内容。
2. 结合航空维修实际,分析航空维修管理的特性。
3. 什么是管理职能? 简述航空维修管理的职能及其主要内容。
4. 航空维修管理的主要任务有哪些?
5. 什么是航空维修科学管理? 科学管理与传统管理有何区别?
6. 集成的含义是什么? 集成管理与科学管理的关系如何?
7. 结合航空维修实际,分析航空维修集成管理的特点。
8. 简述航空维修系统科学组织的内涵及其内容体系。
9. 简述航空维修设计的监控管理的主要内容及途径、方法。
10. 简述航空维修活动系统管理的内容及其技术方法。
11. 航空维修资源配置的内容与要求有哪些?

第7章 人素工程与航空维修

人素工程研究的是人—机—环境最佳化问题,使人们能够在一种和谐的环境中愉快地工作。航空维修作为一种复杂的系统工程活动,工作紧张、负荷大、环境恶劣,因此,应用人素工程理论开展航空维修系统建设,为维修人员创造一种良好的维修环境,对提高航空维修工作效率,获得满意的维修效果,具有重要的作用和现实意义。

7.1 人素工程概述

7.1.1 人素工程学的内涵

人素工程学(Human Factors Engineering),是第二次世界大战后迅速发展起来的一门边缘学科,也称为工效学(Ergonomics),是一门以心理学、生理学、解剖学、人体测量学等为基础的科学,通过研究人与所使用维修的装备及其所处的工作环境之间的关系,通过研究来改善装备的设计,使人—机—环境系统的设计符合人的身体结构和生理心理特点,以及创造最佳的环境条件,达到提高维修综合效益的目标。简单而言,人素工程学就是研究人—机—环境最佳化的问题。研究人—机—环境的关系,使人、机、环境具有最合理的匹配,使人—机—环境系统实现高效、安全的运转,使系统中的人能够健康、舒适地工作,这是人素工程研究的基本任务。

7.1.2 人素工程在航空维修中的作用

人素工程在航空装备使用和维修中的作用概括起来主要有以下三点:

(1)使设计人员能根据人的生理心理特点和能力限度来设计航空装备,使航空装备适合于人的操纵、使用和维修,在人机系统中充分发挥人的作用。

(2)把人作为系统的一个重要环节,给人的操作和维修工作提供最佳的手段和方法,使人能高效、可靠地操纵、使用和维修航空装备,使航空装备的性能得以充分发挥。

(3)为使用和维修人员创造良好的环境条件,减少其精神上和体力上的过度紧张与疲劳,防止工作能力下降,减少人为差错,避免故障和事故。例如,飞机座舱的尺寸,控制台、操纵部件、仪表、显示器的设置;航空装备的维修性设计及防差错设计等。

7.2 人—机系统

7.2.1 人—机系统概述

1. 人—机系统的含义

人机系统有简单的,也有复杂的。木工用锯锯木头、泥工用泥刀砌砖,是简单人机系统的例子;操纵车床、开汽车是比较复杂的人—机系统;驾驶飞机、发射导弹、监控宇宙飞船是更加复杂的人—机系统。一个复杂的人机系统往往包含着许多个别的人—机系统,每个子系统又可有自己的子系统。合理地组合人机系统,使其可靠地、高效地发挥作用,已成为现代生产管理和工程技术设计中一个十分重要的问题。

2. 人—机系统的构成

人—机系统有开环式系统和闭环式系统之分。两者的主要区别在于人是否能根据机器活动的反馈信息进一步调节和控制机器的活动。在开环式人—机系统中，人启动机器后不能进一步改变或控制机器的活动状态。而在闭环式人—机系统中，人操纵机器引起的变化或结果能以一定的形式作用于人，人又能根据反馈信息进一步操纵机器。炮手发射炮弹，是开环人—机系统的例子，因为炮弹发射后，就按弹道轨迹飞行，发射者无法改变飞行轨迹；而发射洲际导弹或发射人造卫星，则是一种闭环式人—机系统的工作，因为在导弹飞行过程中，导弹飞行情况不断地反馈到控制室，操作人员接收反馈信号后可通过遥控系统控制导弹的飞行状态。闭环系统自然比开环系统更有效，因此，人—机系统的设计一般都采用闭环系统。

3. 人—机系统的分类

人—机系统中的人、机联结的方式有串联和并联两类。在串联式人—机系统中，人是系统中一个不可缺的环节，而在并联式人—机系统中，人往往处于机器监视者的地位。不论哪一类人—机系统，都要通过一定的人、机间的信息交换才能使系统发生作用。

7.2.2 人—机—环境的系统分析

1. 人—机—环境系统的基本认识

对人—机系统而言，在研究中应把人作为系统的主体，发挥人的主导作用，在充分考虑人—机功能匹配、可靠性、维修性外，还要重视环境因素对人—机系统的影响。环境因素不仅对航空装备的设计、制造十分重要，而且对航空装备的使用和维修保障尤其具有实际意义。在维修过程中，维修人员的情绪、能动作用等受到客观环境的影响，在不同的客观环境中产生的波动和差异不同，而这种波动和差异又将直接关系到维修工作效率的高低和维修效果的好坏。因此，在航空维修过程中，不仅要研究如何运用客观事物，取得满意的维修效果，还要研究环境因素对维修效果的影响，在什么客观条件下最容易、最可靠地发挥维修人员的积极因素，获得人—机系统的最佳效能。从环境因素来说，通过研究维修工作场所的气候、照明、灰尘、有害气体等对维修效果的影响，从而创造一种适宜的工作环境，以减少疲劳、保证健康、提高效率。对航空维修而言，主要研究气候、照明、噪声和疲劳等有关问题。

2. 人—机—环境界面的分析模型

人素工程学主要研究人—机—环境系统中的人、机、环境之间的关系。系统中的人、机、环境又都是自成系统的，它们都包含着这样或那样的子系统。人是一个高度复杂的系统，它由许多子系统组成。机器也是由不同部分组成的。复杂的机器也包括着许多子系统。在人—机—环境系统中，人、机、环境之间往往只是其中的某种子系统或子系统中的某些组成部件之间直接发生相互作用，这种直接发生相互作用的部分称为界面，或者叫做接口。

人—机—环境系统中有各种不同的界面。人素工程学主要着眼于系统中直接同人发生相互作用的界面。图7-1是从人素工程学观点所构建的人—机—环境系统的界面关系示意模型。

这个模型表示：①人—机—环境系统的组成包含人、硬件、软件和环境四部分；②人是系统的主宰者，它处于系统的中心，硬件、软件和环境的设计与控制都要考虑人的因素，要服从于人的要求；③系统中包含着三类界面关系：一类是直接与人构成的界面，即人—硬件界面、人—软件界面、人—环境界面；第二类是硬件、软件、环境三者之间的界面，即硬件—软件界面、硬件—环境界面、软件—环境界面。这一类界面关系间接对人发生作用，如系统中的机器硬件运转时所产生的热量、发生的噪声或气味都成为工作环境的组成因素而对操作者发生影响。第三类界面是系统组成部分内部的界面关系,即硬件—硬件界面、软件—软件界面、环境—环境界面、人—人界面。人素工程学主要研究第一类界面,即人与硬件、软件、环境间的界面关系。

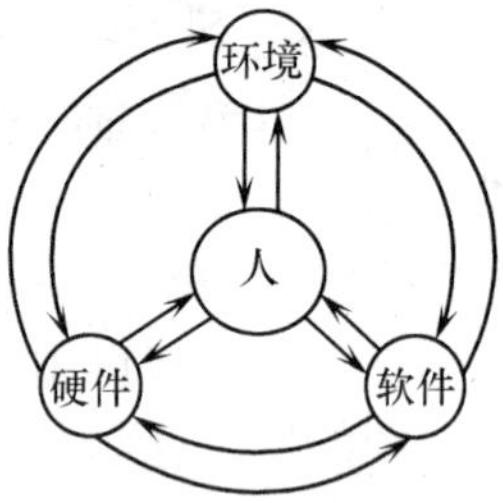

图7-1 人—机—环境系统界面

7.3 维修差错及其控制

7.3.1 维修差错概述

1. 人为差错与维修差错

维修差错是指在维修活动中所发生的偏差和错误,这些偏差和错误使维修工作不能达到预定的维修目的,并伴随有状态异常或设备损坏或人员伤亡等意外后果。

一般而言,维修差错是由于维修人员受到各种外在的、内在的因素而导致的错误行为。维修过程中通常发生的错、忘、漏、损、丢等人为差错和因维修不当引起的事故征候和事故都属于维修差错的范畴。

维修差错是维修人员在维修活动中发生的一种差错,就心理本质而言,与人为差错没有什么不同,是人为差错的一种;维修是一种严格技术条件约束的复杂活动,维修差错与人在这种复杂活动中的心理特点和行为方式密切相关,具有特定的规律。例如,人失手掉下扳手,这是由于各种外界因素的影响或人员本身的心理因素等造成的,就这个事件本身而言,是人为差错;但如果在维修时,扳手掉进了发动机舱而取不出来,影响了正常的维修工作,增加了不必要的维修工时,甚至导致事故征候或事故,则属于维修差错。

2. 维修差错的模式

维修差错与人为因素密切相关。人为因素研究是从第二次世界大战开始的,人为差错的科学性研究始于20世纪50年代,70年代得到了进一步的发展。目前,其研究成果在维修安全领域得到了广泛应用,对差错的认识主要有以下三种:

(1) SHEL模式。SHEL模式,是爱德华兹(E. Edwards)教授于1972年提出,后由霍金斯(F. Hawkins)于1975年发展完善。SHEL模式认为,差错容易发生在以人(L)为中心的与硬件(H)、软件(S)、环境(E)、人(L)及其交互作用的界面上。以L为中心,每个L与H、L与E、L与L、L与S相互之间的关系与作用,综合起来就会形成某些结果而表现出来。例如,人与环境,维修场所的照明、温度、噪声、空间等对维修差错的发生都有很大的影响;再如,人—机关系,维修时维修人员有良好的工作姿势,维修部位看得见、够得着,维修工具合适,设备拆装简便,就不容易发生维修差错,维修工作质量和维修工作效率就高;又如人与软件,软件使用指南错误、维修程序不清或混乱,往往会引起维修差错。

(2) Reason模式。该模式是1990年由詹姆斯·里森(J. Reason)教授提出的。该模式把差错分为"显性差错"和"隐性差错"两大类,事故是"显性差错"和"隐性差错"结合在一起,最后因局部事件在安全管理体系上打开缺口时发生的。里森教授使用蚊子和池沼作比喻来说明,对待维修差错,不仅要打"蚊子"(各种不安全的维修行为),而且要弄干繁殖蚊子的"池沼"(易于引起维修差错的潜在因素)。传统的维修差错分析,不是通过调查"池沼"来了解"蚊子",而是企图通过调查"蚊子"来了解"池沼",紧紧围绕当事人后面转来转去,这就和打"蚊子"一样。维修差错分析必须从了解什么情况(原因)使维修人员产生了失误,找到防止维修差错的真正原因,建立防止同类维修差错发生的对策,即解决"池沼"的问题。

（3）事故链概念。根据事故链的观点,维修差错的发生通常不是孤立事件的结果,而是多种事件缺陷凑到一起的不幸后果。维修差错发生必须具备三个基本条件:一是系统结构上存在着出现差错的可能性;二是人出了问题;三是管理上存在漏洞。在这三个条件中,人是最基本的因素。由于设备是相对固定的,结构上若存在产生差错的可能性,维修差错的发生最终取决于人是否出差错,而且管理也是由人来实施的。维修差错的产生并最终造成危及安全的后果,是由于这三个基本事件交错构成的事故链,这些事件一环扣一环,最终导致事故性后果。因此,维修差错也存在着可控制性,只要将事故链上的某一环节切断即可控制维修差错的发生。

综上所述,从系统的观点来看,维修差错的产生是由人、机、环境以及管理四个方面因素相互作用的结果。其中,人—机是最基本的关系,人是最基本的要素。维修差错很少是由单一的因素形成的,其产生的机理是多层次的、错综复杂的。在实际的维修工作中,正确认识和有效管理人、机、环境和管理这四种因素,可达到减少维修差错、减轻差错后果的目的。

3. 维修差错的类型

维修差错从行为特点来分,主要有以下三种类型:

（1）生理需求型。生理需求型的维修差错表现在两个方面。一是生理状态疲劳,易造成过失性差错,如维修人员处于疲劳状态,会导致感觉错误、注意力分散、动作紊乱,判断错误和动作失误,特别容易出现丢、错、漏、忘等过失性差错;二是维修人员的基本需要未满足,心理不平衡,易造成障碍性差错,如维修人员的家庭经济困难,亲属长期患病,结婚没房子住,婚恋出了问题等,就会出现心理障碍,进而影响其对装备与环境感受的准确性,造成分析判断、操作反应失误,维修操作中易造成障碍性差错。

（2）技能缺乏型。航空维修要求维修人员具备较强的工程实践能力、组织指挥和管理能力。当维修人员缺乏相应能力时,就容易违反操作规程,造成技术性差错,这种技术性差错大多发生在新分到部队的各类技术员和刚毕业到部队的各类技术工程师身上。

（3）违章操作型。航空维修是一项复杂的系统工程活动,必须严格按照一定的程序和规章制度来实施。如果维修人员法规观念淡薄,操作中违章蛮干,怕麻烦,图省事,颠倒操作顺序;准备工作不充分,该做的工作不做;法纪观念不强,以自我"经验"代替维修法规;检查制度不落实,质量把关不严等均易产生违章差错。

7.3.2 维修差错的分析与控制

1. 墨菲定律及其分析

1949 年,墨菲首次提出这样一个定理:如果任何事情能够发生差错,那么这种差错总是会发生的(If anything can go wrong, it will),这就是所谓的墨菲定律(Murphy's Law)。墨菲定律告诉我们,人们做某一件事情,如果存在着发生差错的可能性,那么,差错迟早总要发生。墨菲定律在航空维修领域经历了 50 余年的实践,并且得到了很大的发展,对保证飞行安全做出了贡献,它对消除使用维修中的维修差错具有现实意义。墨菲定律指出,人们做某一件事情,如果存在着发生差错的可能性,那么这种差错事件迟早总要发生,要想防止差错事件的发生,必须消除差错发生的可能性。

考察装备上的某一机件,称该机件的一次使用维修为一次试验。经过一次试验,所考察的机件可能不发生差错,也可能发生差错,发生差错的事件记做 A,不发生差错的事件记做 $\overline{A}$。

假定在一次试验中发生差错的概率为 p，即 $P(A) = p, 0 < p < 1$。那么，在一次试验中不发生差错的概率就是 $P(\overline{A}) = 1 - p = q$。把这个试验独立地重复进行 n 次，这恰好是 n 重柏努利试验。在 n 重柏努利试验中事件 A 恰好发生 k 次差错的概率为

$$P_k(n,p) = C_n^k p^k q^{n-k} \quad (k = 1, 2, \cdots, n) \tag{7-1}$$

而一次差错也不发生的概率为

$$P_0(n,p) = q^n \tag{7-2}$$

由于 $0 < q < 1$，则 $\lim\limits_{n \to \infty} P_0(n,p) = \lim\limits_{n \to \infty} q^n = 0$。

即 n 重独立试验中，试验次数 n 趋向无穷大时，事件 A 一次差错也不发生的概率趋于零，也就是说，一次差错也不发生的事件是不可能的。

在 n 重独立试验中，至少发生一次差错的概率为

$$\lim_{n \to \infty} \sum_{k=1}^{n} P_k(n,p) = 1 - P_0(n,p) = 1 - q^n \tag{7-3}$$

令 $n \to \infty$ 取极限，则

$$\lim_{n \to \infty} \sum_{k=1}^{n} P_k(n,p) = \lim_{n \to \infty}(1 - q^n) = 1 \tag{7-4}$$

即在 n 重独立试验中，试验次数 n 趋向无穷时，事件 A 至少发生一次差错的概率趋于 1，也就是说至少发生一次差错事件是肯定的。当 $p > 0$，不管 p 值多么小，式(7-4)总是成立的，这就是墨菲定律的概率论证。

长期的安全管理和维修实践，证明了墨菲定律的正确性。例如，在装备维修中，如拆装机件时忘记打开口销、保险丝等小概率事件，通过维修人员的努力、维修组织管理的改善以及采取必要的防范措施，可以减少这类差错的发生，但不能杜绝这种差错的发生。维修实践和理论研究表明，维修人员的不安全行为和（或）装备的不安全状态是引起维修差错主要的直接原因。现代人素工程的研究告诉我们，人的体力、精力是有限的，要求任何时候、任何人都不产生任何差错是难于做到的，尤其是在工作条件恶劣、身体疲劳，记忆力和思维敏捷性下降时，更容易出现差错。所以，维修差错有其发生的必然性，但也存在着可管理性。

2. 维修差错判断辅助分析

波音公司受美国联邦航空局（FAA）的委托，为确立人为差错的分析方法及其数据库，同美国联邦航空局、联合航空公司、大陆航空公司等一起经过两年时间，建立了维修差错判断辅助分析方法（MEDA，Maintenance Error Decision Aid）。目前维修差错判断辅助分析方法正在进行现场试验和评估，并进一步开发维修差错判断辅助分析方法数据库（软件系统）。维修差错判断辅助分析方法通过建立维修差错的标准化调查方法及趋势分析方法、明确维修过程中人为差错所暴露出来的实际问题、加强设计人员与维修人员之间的交流与沟通来达到既能查明引起维修差错的原因又能防止将来同类维修差错的再次发生的目的。

维修差错判断辅助分析方法是维修差错系统分析与管理控制的有效工具。维修差错判断辅助分析方法的基础是将注意力集中在造成差错的因素而非致错的维修人员身上，承认维修人员有良好的意图；维修差错判断辅助分析方法从事故链的角度出发，认识到一个维修差错发生的影响因素是多方面的，只要找出影响维修差错的各种因素，消除产生差错系列因素中的一个或几个环节，如改变维修工作程序、修正维修工作方式、提高维修设备性能，维修差错就能避免。

维修差错判断辅助分析方法是一种结构化分析方法,一般分为现场因素分析和组织因素分析两个阶段。第一阶段,维修差错判断辅助分析方法建立了现场维修差错调查的标准程序和技术方法,收集维修差错相关的信息数据资料,调查分析维修差错原因,研究确定对策措施;第二阶段是将现场分析得到的维修差错信息数据收集进维修差错判断辅助分析方法数据库,并利用维修差错判断辅助分析方法数据库进行趋势分析和组织决策。

下面举例说明维修差错判断辅助分析方法应用的基本过程:

(1)事件发生:机组发现燃油量指示错误。

(2)决断分析:在排故过程中,维修人员在油箱内发现了手套、擦布和垃圾,因与维修差错有关,决定进行维修差错判断辅助分析方法调查。

(3)问题调查:调查过程中发现许多与维修过程有关的影响因素。

① 是否遵守公司的程序:在维修过程中将设备带入油箱而没有登记。

② 设备的颜色:手套、擦布与油箱内部的颜色一样。

③ 有限的空间:由于空间狭小,维修人员离开油箱前目视检查各种区域十分困难。

④ 工作实践错误:公司为维修人员提供的工作说明与维修手册的说明不一样。

⑤ 维修人员之间交流沟通不足:交接班时,维修人员之间没有进行适当的联络。

(4)预防措施:公司制定相关措施,以防止类似差错再次发生。

① 公司对程序进行修订和改进,要求将带入油箱的设备进行签字认可。

② 公司定购与油箱颜色反差大的手套和擦布。

③ 公司指定身材矮小的维修人员完成油箱内的工作。

④ 公司要求维修人员只使用维修手册。

⑤ 公司制定交接班、油箱内完成工作项目的文件要求。

(5)结果反馈:公司向维修人员提供该事件的调查结果和改进措施。维修差错判断辅助分析方法全面吸收了人为因素的研究成果,并在系统分析维修差错特性的基础上建立了实用性的剖析维修差错的技术方法,维修差错判断辅助分析方法既能用于维修差错的现场故障调查分析,也能用于维修差错原因的剖析,因此,维修差错判断辅助分析方法对于提高装备的安全性和可靠性,减少维修差错,改善维修效率和效益具有显著的成效,现已在世界上多家航空公司得到了应用,受到了美国联邦航空局的广泛重视。

3. 维修差错的控制

通过对航空维修差错的分析和研究,不难看出,只有深刻地认识维修差错的偶然性与必然性之间的辨证关系,在管理、制度、程序上下功夫,不断提高人员素质、维修质量,改善工作环境,消除不安全因素,才能从根本上预防和杜绝维修差错问题,确保飞行安全。

造成维修差错的原因是多方面的,某一个环节出现纰漏或疏忽,均可能发生维修差错。为减少或杜绝维修差错的发生,可采取以下科学、有效的措施或方法:

(1)重视安全教育,提高安全意识,做到使其"不忍"。在航空维修系统内开展经常性的安全教育是预防维修差错的一项重要工作内容。它不仅使维修系统各级管理人员和广大维修人员通过对安全法规、规章制度以及安全管理知识的学习,掌握安全技术知识,提高安全技术技能,更重要的是通过学习大量活生生的以血的教训换来的事故案例,增强维修人员的责任感、使命感和道德感。

(2)加强监察、监督检查,做到使其"不敢"。对近几年所发生的比较重大的维修差错来看,基本上都与人为因素有关,如不按工作单(卡)的要求进行工作,不按规章制度办事,管理松懈等。严格贯彻落实《规程》《细则》、技术通报的具体要求,认真执行各级装备主管部门的有关文件精神,基本上就能做到工作程序明确、规章制度齐全、工作标准明确。但对程序、规定、标准在执行方面往往会出现一定的偏差。因此,在组织系统内建立有效的监察、监督、检查机制十分重要。必须从"小事"抓起,规范人们的行为,培养良好的维护作风。

（3）进行系统设计,做到使其"不能"。对于个人而言,出现一些差错在所难免,但从系统角度来看,由于每一次事故的发生决不是由一个单一的因素造成的,只要能控制"事故链"的某个环节,就可以避免事故的发生。因此,应通过建立、健全安全管理体系和必要的规章制度,加强监督检查;加强工作的计划性,尤其是进行比较大型的工作时,对所需的各类资源(人、器材设备、资料)进行充分准备,对每天工作的进度、工作量、时间安排、人员搭配等进行详尽的计划安排。此外,还要加强工作现场的组织管理。对每一项工作,做到分工、程序明确,并对现场的维修信息进行及时处理和反馈。最后,还要对工作中可能造成的差错进行评定,采取复查、检验、试验等多种方式进行控制,防止人为差错的发生。

（4）开展防差错设计,做到使其"不会"。开展防差错设计,从源头上消除或控制差错发生的可能性。通过对维修信息的分析处理,将易发生维修差错的机件信息迅速反馈,实施针对性的加改装,也能起到预防甚至消除维修差错的作用。装备或设备具有产生维修差错的可能性,是其本身具有的一种属性,从单个维修差错事件的发生来看,它具有偶然性,但从宏观上来看,却具有统计的规律性。不同机件,产生维修差错的统计规律也不相同,但可以通过设计改变这种规律性。例如,防止装错方位可采用定位销或键槽的设计;防止相邻导管接反可采用不同口径或不同螺距、螺纹接头的设计;防止误动操纵把手可采用装联锁电路的设计等,这样可以做到错了装不上、反了接不上,误动把手动不了,即使有人为差错,也能立即发现,不至于使错误继续下去。

7.4 航空维修系统中人的可靠性

7.4.1 人的可靠性模型

1. 人的认知可靠性模型

1983 年,Rasmussen 根据人的行为类别之间的差异,提出了三种行为类型的划分,即技能型、规则型和知识型。表 7-1 为人的行为类型分类,图 7-2 是人的行为的三种认知水平。

表 7-1 人的行为分类

技能型行为	这种行为是指在信息输入的反应之间存在着非常密切的耦合关系,它不完全依赖于给定任务的复杂性,而只依赖于人员培训水平和完成该任务的经验。这种行为的重要特点是它不需要人对显示信息给予反应操作
规则型行为	这种行为是由一组规则或程序所控制和支配的。它与技能型行为的主要不同点是来自对实践的了解或者掌握的程度,如果规则没有很好地经过实践检验,那么人们就不得不对每项规则进行重复和校对,在这种情况下,人的反应就可能由于时间短、认知过程慢、对规则理解差等而产生失误
知识型行为	这种行为是发生在当前情景症状不清楚、目标状态出现矛盾或者完全未遭遇过的新鲜情景环境下,操作人员必须依靠自己的知识经验进行分析诊断和制定决策。这种知识型行为的失误概率很大,在当今的人误研究中占据重要的地位

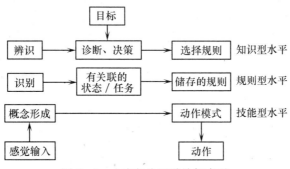

图 7 – 2　人在行为三种认知水平

在人员行为的三种认知水平中,技能型水平的认知是由事先储存的程序化的指令方式控制的,就是行为的图式控制模式。规则型水平的认知发生在相似或熟悉的情景条件下,人的行为依据头脑中事先存入的规则。当操作人员对情景做了错误的分析和判断后,就会导致使用错误的规则,因此发生了规则型的认知失误。

知识型水平的认知是在不熟悉的环境条件下产生的,它要求操作员自觉地运用有关系统的物理和功能特性方面的知识对情景进行分析和推理,这个水平上的错误原因可能是资源的限制,也可能是使用了不适当的、但是曾经奏效的图式。当维修人员面临一种特殊的(或紧急的)状态而又没有事先准备好的明确规程时,就会激活知识型水平行为的产生,它更依赖于操作人员自身应付紧急状态的能力。

上述三种人员认知水平与注意和图式控制模式之间有着较密切的对应关系,技能型和知识型水平在图式与注意模式的运用中较容易辨识,而规则型水平则有一定的隐含性,它可能涉及自觉的运用知识,或在紧急状态下调动记忆中的规程,或不自觉地应用图式的经验法则。认知过程是一个复杂的心理过程,它受两种规则的支配。在认知过程中,人往往力图弄清含糊不清数据的意义,一旦领会数据意义后,就会形成一种思想去强烈地抗拒新的情景变化,这种"确认偏见"的认知规则认为"人一旦接受了一种观点后,就会在此观点的支持下描绘一幅符合该观点的图像"。这种"赋意后行为"的认知倾向,在航空维修工作的人为差错实例研究中经常见到。

1984 年,G. W. Hannaman 等人在 Rasmussen 的人的三种行为类型(即技能型、规则型、知识型)划分的基础上提出了人的认知可靠性(HCR,Human Cognitive Reliability)模型,主要用于应急条件下操作人员不反应的概率的定量计算。HCR 有两个重要的基本假设。

第一个基本假设:认为所有的人员动作的行为类别,可根据图 7 – 3 所示逻辑,依据是否为例行的工作、程序的情况及训练的程度等,分为技能型、规则型、知识型三种。

若操作人员经过很好的培训,有完成任务的动机,清楚地了解任务并具备任务的经验,这类行为可划归为技能型。

若操作人员在过度工况响应条件下,能够清楚地理解其所需运用的操作规程,则这类行为应划归为规则型。

若不符合上述两类状况或操作人员必须理解设备状态条件,解释一些仪表读数或者做出某种困难的诊断时,这类行为划归为知识型。

第二个基本假设:认为每一种行为类别的失误概率,仅与可用时间和执行时间的比值有关。

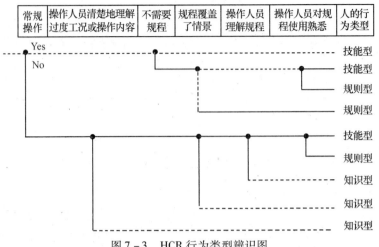

常规操作	操作人员清楚地理解过度工况或操作内容	不需要规程	规程覆盖了情景	操作人员理解规程	操作人员对规程使用熟悉	人的行为类型

图 7-3　HCR 行为类型辨识图

对应于人员行为的三种类型,根据模拟机实验的结果,可以得到相应的 3 条时间—人员不反应概率曲线。其中时间是实际可用时间与完成操作的时间估计中值之比得到的时间,见图 7-4。

这 3 条曲线可以用三参数威布尔分布来拟合,即

$$P(t) = 1 - \exp\left\{\frac{(t/T_{0.5}) - C_i}{A_i}\right\}^{B_i} \quad (t/T_{0.5} > C_i)$$

$$(7-5)$$

$$P(t) = 1 \qquad t/T_{0.5} < C_i \qquad (7-6)$$

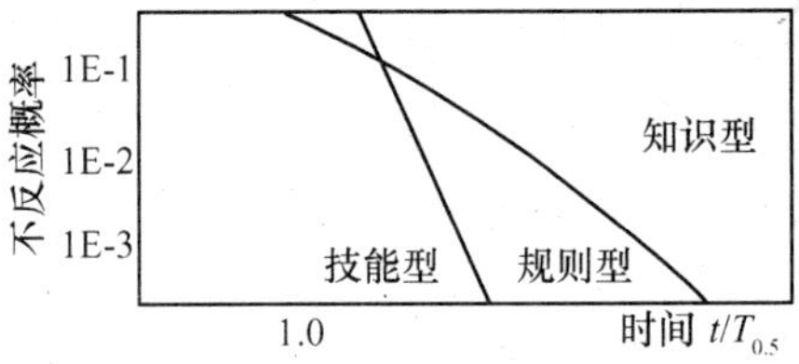

式中: $T_{0.5}$ 为操作人员完成某项任务所用的时间中值 (即在 $t = T_{0.5}$ 时, $P(t) = 0.5$); A_i、B_i、C_i 为与 i 类认知

图 7-4　人行为可靠性的相关性

行为相关的位置、尺度及形状参数; $P(t)$ 为操作人员在 t 时刻不能响应的概率。在标准情况下,将响应目标任务失误概率为 0.5 所需要时间定义为标准平均时间 $\bar{T}_{0.5}$。在实际应用中,要用修正因子进行修正,实际平均时间可按式(7-7)计算而得,即

$$T_{0.5} = (1 + K_1) \times (1 + K_2) \times (1 + K_3)\bar{T}_{0.5} \qquad (7-7)$$

式中: K_1 为训练水平修正系数; K_2 为心理压力修正系数; K_3 为人—机界面修正系数; t 为响应激励后完成所需操作的可用时间。

2. 维修人员行为类型

根据 G. W. Hannaman 的 HCR 模型,航空维修人员的行为可分为三种类型。

(1) 技能型。面对出现的故障现象,特点明确、处置方法确定,经过各类岗前培训已经熟练掌握的解决此类问题的方法。当故障或某种非正常状态出现时,维修人员不需要对信号和现象进行有意识的解释,能够迅速判明情况,并熟练而准确的进行处置。在信号和行为之间已形成某种耦合关系,有时是下意识的行动。这种类型为技能型,处置成功的概率最高。技能型行为与故障和非正常现象的复杂度没有直接关系,而是直接取决于维修人员的训练水平和维修经验。

(2) 规则型。面对出现的故障现象,特点明确、处置方法确定,但维修人员的维修经验不够,判断和处置过程中不得不有意识地回忆处置程序,这种类型为规则型。它与技能型的主要区别在于实践的程度,如果对故障现象非正常状态的各种特征认识上有偏差或处置程序记忆

152

错误,可能发生规则型错误。

(3)知识型。包括:①遇到的故障现象特点不明确、不典型,需要维修人员补充信息、综合分析以判明情况;②维修人员对所遇的非正常状态不熟悉、不了解;③维修人员未掌握处置此类问题的方法。

这几种情况,维修人员需要调动所学的知识,判明情况,选择相应的处置方法或临时组织反应对策,这种类型为知识型。知识型行为的可靠程度由维修人员的知识水平和维修经验决定,一般更容易发生航空维修人为差错。

3. 维修人员可靠性模型

从行为类型的划分可以看出,不同的维修人员面临同一非正常现象,所运用的行为类型很可能是不一样的:对经验丰富、维修技术较好的维修人员,可能采用技能型或规则型来处理,而对于经验较少、维修技术较差的维修人员,可能就要运用规则型或知识型来处理。对于同一维修人员,在不同时期面临同一非正常现象所采用的类型也可能不一样:在初学维修或经验较少时,可能采用规则型或知识型来处理;随着维修经验的增加,再遇到同样的情况,就可能运用技能型或规则型来处理。

依据 S – O – R 模型(刺激、加工、反应模型),维修人员的操作可靠度为感知、判断决策和动作三个阶段可靠度的串联组合,其可靠性框图见图 7 – 5。

图 7 – 5　维修人员
操作可靠性框图

这样可以得到基于操作行为模式的维修人员维修操作可靠度公式,即

$$R = R_S R_O R_R = (1 - F_S)(1 - F_O)(1 - F_R) \tag{7 - 8}$$

式中:R_S、R_O、R_R 为理论上感知、判断决策和动作可靠度;F_S、F_O、F_R 为理论上感知、判断决策、动作的失误概率。

7.4.2　维修工作效率与心理应激

航空维修作为一种复杂的系统工程活动,受到系统内部、外部各种因素的作用和影响,维修人员需要大量的复杂信息,当维修人员对自己必须处理的活动和信息无法做出适当反应的时候,就会产生一种心理应激现象,从而对维修工作产生影响。

1. 心理应激

什么是心理应激?按照心理应激学理论的创始人加拿大著名心理学家汉斯·塞里最初的解释,心理应激是"在任一时刻由生活所造成的身体损耗和破坏率"。也就是说,心理应激就是大脑动作的不当行为和无措状态给身体造成了损害。随着人们认知水平的提高,心理应激也有其积极的一面,某些事件可增强对人们的激励。因此,心理应激具有两面性,是指某些事件或者环境刺激突然发生时,当事人感到情绪紧张、精神有压力等心理变化及由此带来的一系列身体反应的过程。

心理应激现象包括三种心理冲突:双趋冲突、双避冲突、趋—避冲突。

(1)双趋冲突。假如你面前有两个目标,对你都很有利,但你只能选择其中一个,这时候,你的心理应激属于"双趋冲突"。

(2)双避冲突。假如你面前必须面对两个不利条件,你最多只能回避掉其中的一个,这时候,你的心理应激属于"双避冲突"。

(3)趋—避冲突。假如你面前有一个目标,也许轻易就能得到,但你无法分清这个目标是馅饼还是陷阱,这时候,你的心理应激属于"趋—避冲突"。

心理应激的这三种现象,无论是哪一种,都会造成人的心理紧张。在航空维修实际工作中,由于航空维修需求的不确定性,维修工作的紧张,维修环境的恶劣,维修人员不可避免地会产生心理应激现象,而且维修人员的心理应激往往是非常复杂的,甚至在同一维修事件中也会出现多种心理应激现象。

2. 耶尔科斯—多得森定律

耶尔科斯—多得森定律描述了动机与绩效之间的关系,两者之间的关系是犹如一条抛物线,在达到某个点之前,绩效随着动机强度的增加而改善,当动机强度达到这个最佳点时,绩效最高,超过了这个最佳点,绩效就随着动机强度的增强而不断下降。根据耶尔科斯—多得森定律,适度的应激反应就像是一种挑战,它动员机体的非特异性来应对系统,以增强适应能力,提高完成任务的效率和质量。因此,为保持航空维修系统活力,应深入开展心理应激研究,系统分析航空维修过程活动中的应激多因素作用,维持适度的应激水平,消除或控制对维修工作或维修人员有害的应激因素,这既有利于提高维修工作效率,也有利于塑造航空维修人员良好的心理素质,促进航空维修人员的健康成长。

7.5 人素工程在航空维修中的应用

7.5.1 维修差错的防范

航空维修工作频度高、时间长、体能强度大,很容易发生差错。航空维修活动是一项复杂的系统工程。维修活动离不开人、机、环境这三大要素。预防航空维修差错的发生,应该从人、机、环境这三大要素入手。

1. 提高人的素质

航空维修系统中的人包括维修人员和其他各类勤务保障人员。维修人员的个人素质与其人为差错的发生直接相关,这些因素包括维修人员的业务素质、生理素质、心理素质、作风纪律、安全意识等方面。

(1)业务素质。维修人员的业务技能是维修人员在执行和完成维修保障任务的过程中,保持和恢复航空装备完好状态的能力,是在长期的维修保障实践中形成的。维修人员的业务技能水平不是一成不变的,随着维修训练和实践的增加、经验的丰富,技能可以不断提高。但如长期间断维修训练和学习,技能又会由于遗忘、生疏而下降。实际工作中,维修人员缺乏必要的学习和训练,业务技能不过关,不能胜任规定的任务,会增大人为差错发生的概率。训用脱节,训练内容陈旧,培训人员不能对口使用,维修人员不能合理流动,是导致航空维修差错的直接原因。此外,所谓的通用型人才虽然掌握了本专业的基本原理,但对具体工作的特殊性掌握不足,在工作初期也具有较高的失效率。

(2)生理素质。与机器相比,人在生理上有些与生俱来的"弱点",主要体现在:①人具备一定的感觉阈限,不能感受外界的所有信息,甚至不能感知过程和生产环境中的一些事故征兆;②人的记忆能力、注意力、反应能力存在极限,注意力即使努力集中,也不可避免出现瞬间溜号,注意力不可能达到真正的百分之百;反应能力不能分析判断所感受的一切信息,其安全可靠性低;③人克服不安全情绪和抵抗不安全条件的能力较差。

人的这些生理上的弱点,在某些特定的条件下往往直接导致航空维修差错。航空维修工作强度高、安全压力大、工作时间长,对直接承担此项工作的维修人员的生理素质提出了较高的要求。因此,要注意防止以下几方面情况以避免不良生理因素引发航空维修差错:①身体健康状况不佳;②疲劳、睡眠不足、饥饿等;③动作迟钝,不灵活;④工作、休息时间安排不当;⑤生理节律处于低潮期等。

（3）心理素质。人的心理是人对周围事物的看法和对待这些事物的态度。人的心理活动是在人的实践活动中产生和发展的。与人的生理特点一样,人在心理上也有一些与生俱来的"弱点":①容易省略动作,愿意找捷径,总是企图以最小的能量取得最大的效益,维修工作中常有人有意漏掉正常工序,出现失误;②往往按自己的主观意愿判断事物,侥幸、自信,因此导致失误;③不容易发现自身的缺点,有时即使察觉到了也往往寻找借口原谅自己;④愿意表现自己,工作中常有人因冒险逞能,发生安全问题或事故。

航空维修是一项高风险的工作,维修实践中会面临诸多的压力和新情况、新问题,这要求维修人员要有良好的心理品质,主要包括:敏锐的感知能力;正确而果断的判断能力;良好的记忆力、注意力;敏捷的思维应变能力;适当、协调的操纵能力;高度的情绪稳定性。

心理品质的个体差异对维修人员的维修能力具有重要影响,同时生理、心理因素的作用是相为因果的,如疲劳可导致疏忽、注意力分配及转移差、反应迟钝,维修中"错、忘、漏、损"现象增多;维修人员在维修活动中的焦虑、恐惧可导致分析能力下降,感知反应迟钝,动作不协调。

（4）加强纪律观念。航空维修是一项有着严密的组织计划、需要各专业密切协同的活动,一切行动都应符合科学规律,有关维修的各种条令、规章、规程和工艺卡都是长期维修实践的总结和提炼,具有科学性和无可争辩的权威性,所有维修人员都必须严格遵守,否则就可能发生人为差错并引发维修安全事故。我军历史上曾出现过各种各样的由于违纪导致的安全事故,如维修人员进入进气道未按规定清除随身物品致使外来物遗留进气道打坏发动机;做飞行前检查时,不按规定路线检查,缺项漏项,致使飞机带缺陷和故障上天等。

2.重视机的因素

（1）加强硬件的维修性设计。航空产品维修性设计差、结构复杂,导致其维修保障工作复杂、难度大,易于引发人为差错。一些航空装备在设计阶段,缺少工效学的指标要求,人性化水平不高,导致人—机界面不友好,是后来使用维修工作中发生人为差错的硬件根源。这方面存在问题主要有:①一些飞机的维修操作空间相容性和可达性差,极大的增加了维修工作的难度;②有些飞机部件位置布局不合工效学要求,有时为了排除一个故障,往往要拆卸几个无故障件,人为地增加了维修工作量,容易使人忙中出错;③一些飞机的关键部位没有采取防错和容错设计,极易导致人为差错。

此外,维修工具设备差,工具粗笨落后、不配套,容易导致维修工作中的丢、错、漏、损;缺乏先进的故障检测设备,判断故障时缺乏可靠的依据,随意性大,也容易引发维修差错。

（2）完善和开发软件系统。软件主要是航空维修系统中的无形部分,如操作规程、技术指南、指令卡片、计算机程序、屏幕菜单等。在航空维修工作中,由于人—软件界面因素导致的人为差错时有发生。此外,维修信息收集的标准化程度不高,现行质量管理控制软件还需紧跟空军装备"转型"发展的需要做进一步的完善和开发等。

3.改善环境条件

航空维修保障环境是指维修这一活动周围的境况和条件,主要包括保障环境、自然环境和管理环境等。

（1）保障环境是指直接或间接作用于维修活动过程中的各种保障条件，主要包括技术勤务保障和后勤保障。①技术勤务保障，是指为维修活动服务的通信、导航、雷达、气象、医疗、警卫等外场勤务保障；②后勤保障，主要是由后勤部门如场站直接为维修保障活动服务的维修场所、物资、油料、器材、经费、运输等保障。后勤保障的基本功能是直接为维修保障活动提供必要的物资、技术条件，是保证维修保障活动正常进行，提高航空维修安全性必不可少的环节。

（2）自然环境是指在维修活动中有关的各种自然气候和空间条件。人为差错同人的内在因素有关，据研究表明，当外界因素适宜时，人的内在因素处于最佳状态，便耳聪目明、思维敏捷、精力充沛，一般不会出现人为差错。当处于不适宜的自然环境时，人的内在因素会处于不佳状态，这时人的头脑迟钝、精力疲劳、心神烦燥，工作丢三拉四。影响航空维修人员的内在因素的外界因素包括：温湿度、噪声、振动、光照度和空气污染等。

（3）管理环境是更为广泛意义的人的因素。关系到航空维修安全的管理因素很多，涉及各专业、各部门，与维修安全联系较为紧密的主要有行政管理、维修管理、保障管理等。

7.5.2 维修工作的优化

采用先进的维修方式，除飞机上及其系统在构造上有很高的维修性和适检性外，维修工作还必须具备有效的检测手段和方法。对维修的一个重要要求就是能直接在飞机上而不是把机件拆下来检查技术状况，测定参数。对于目前装备比较复杂的飞机，如果没有相应的先进维修手段，实行视情维修将是十分困难的。我军现役主要机种，受条件限制，维修手段与飞机十分不配套，飞机的维修工时和费用比外军飞机高好几倍，直接影响到飞机可用率和持续作战能力。

维修程序和工作辅助手段是与人的可靠性有关的维修工作的主要因素。

在准备维修程序时，必须注意：①使技术人员做出决策次数尽量少；②在不失其有效性的前提下，使维修过程尽可能地短；③遵守循序渐进的方法；④避免使维修人员的工作接近脆弱零件或危险条件（如高压、高温）；⑤确保使维修程序清楚地说明如何启动和关闭设备；⑥开发具有明确结果和系统排除故障的维修程序；⑦使维修程序尽可能地简单；⑧做出决策时减少可供选择的方案数。

开发工程辅助手段的方法：在维修工作中，工作辅助手段，如图表、手册的工作指南等起着重要的作用。我军在维修手段发展的基础上，在飞机维修中逐步采用了光导纤维孔探仪、机上无损探伤设备、滑油光谱分析仪、发动机测振仪、气敏检查仪等原位检测手段，但是有的还不普及，有的正在试用，还不能满足当前飞机维修的需要。飞机原位测试车的使用是我军飞机维修的一个重要转变，由直观检查到应用电子技术，由离位检查到原位检测，由静态到动态，由检测到状态监控技术的应用，为改革维修方式创造了重要的物质基础，对解决随机故障的机件维修起到良好作用。由于原位检测的使用，部队从繁重的拆装工作中解脱出来，大大减少了维修工时，提高了维护质量。运用人素工程原理改进维修方式和维修手段还有很大潜力可挖，如维修环境和维修工具的改善或改进都与人素工程密切相关。

7.5.3 维修性设计中的人素工程

飞机的维修性是设计时赋予的，具体体现在机件的可达性、互换性、安全性、人员数量及技能要求、工作环境等因素，以及操纵、显示器、工具和设备、蒙皮和开口、连接件、安装架、尺寸和质量、装配形式和结构布局、标记和指示器、手册表格和说明书等项目。

维修性设计所涉及的各项因素与具体项目,无一不是人所参与和使用的。维修性工程与人的活动密不可分。因此,维修性分析比任何一门科学更贴近于人的因素工程。针对这一情况,近年来国外许多部门在飞机维修性设计中充分注意到人的因素,十分重视在维修性设计中应用人素工程学原理。其主要特征之一是在飞机设计过程中让人素工程专家及使用、维修单位参与维修性设计。实践证明,具有较好维修性的军用飞机一般有如下特点:

(1)检查、测试和排故工作,都能在比较短的时间和比较有利的条件下进行。

(2)军用发动机可快速拆卸。军用发动机的寿命一般都不太长,减少更换时间的根本办法是发动机采用单元体结构,每一个单元体都能单独更换。F-16 的发动机就是单元体结构。F-14 战斗机更换发动机只需托架可以不用吊车。A-7 飞机拆卸一台发动机只需 4 个人花18min~25min。F-18 飞机为适应舰载场地面积小的情况,可以不脱尾部,发动机不用后拉而从两侧同时拆下,拆卸一台发动机只需 20min。

(3)飞机上的主要设备和系统实行自动检测。由于飞机上装备日益复杂,特别是电子设备的增加,维修中要用大量时间进行系统检测和性能检查。为便于检查维修,外军许多飞机上一些主要电子设备都有机载和机外自动检测装置。F-16 飞机的电传操纵系统就附有机载故障检测系统;F-18 飞机的电子设备和大量消耗性元件中有 98% 具备自检能力。通常在飞机仪表板上装有系统功能指示器,可以发出警告和判断故障部位。为改变传统的维修做法,俄军在米格-25 飞机上也装有电子测试车的检测设备,检查导弹、火控系统和电子系统,只需将测试车的电缆插头插在飞机插座上就能自动检测。由于外军飞机的维修性好,飞机本身和系统构造上具有很高的维修性和适检性,减少了维修工时,提高了工作效率。

与外军相比,我军现役主要机种飞机维修性相对较差,主要有以下问题:

(1)飞机上存在产生差错的条件多。如国产歼、强飞机在飞行前准备时,进入座舱要防误投副油箱,防布帘把手工作;关油箱盖时要防油滤放不平;牵引飞机要检查气压和挂钩;飞行员进入座舱要拔掉地面保险销;关座舱盖又要防假上锁。就每个油箱盖而言,开关一次又存在五个发生问题的可能性(油滤放不平,油箱盖密封胶圈是否盖好等)。

(2)飞机上的机件设备布局不合理。各专业设计交杂在一起,一旦某个专业要对设备进行维修,必经其他专业拆卸一些机件后才能进行工作。例如,机械专业更换前起落架上固定螺杆,需军械、无线电、特设三个专业拆掉前舱及座舱有关设备,工作量相当大,类似这种交叉作业,歼六达 80 处之多,强五达 90 处之多。

(3)飞机开敞率低、可达性差。飞机可达性好坏的具体指标是开敞率。国外飞机开敞率一般在 30%~40% 左右,美军飞机开敞率高达 60%,而我国各机种开敞率都很低,如歼六飞机各种检查口盖的开敞率为 9.6%;强五飞机口盖开敞率为 12.5%;歼七飞机开敞性差,快卸口盖面积小,不但增加维修工时,而且影响维修质量。较近期研制的歼七Ⅲ、歼八Ⅱ也不具备自检系统和连接检测插口。一些必要的调整、拆装、检查,往往看不见或看不清,只能凭感觉。而且,维修人员维修飞机的常用动作是跪、卧、趴、蹲,极易疲劳,导致差错。同时,拆装机件时交叉作业多,一个机件故障要涉及几个专业拆卸机件,容易损耗机件和导致人为差错。在我军现役航空发动机上,由于未设计孔探仪检查口,发动机无孔可探,再先进的孔探仪也无法利用。飞机维修性的好坏,直接影响到各种维修方式的应用,是当前我军维修方式过渡时的一个重要的问题。

(4)防差错措施不力。如歼六飞机减速伞装置多次重复发生问题,固然与维修质量有关,但究其根本原因与无防差错措施有很大关系。国外在飞机维修性设计中运用人的因素工程的又一个主要特征是,采用先进的计算机技术对维修性进行人的因素模拟。将人体数据运用于工程是一门已有多年历史的科学。航空航天领域早已用尺寸精确的木质或塑料人体模型在设计初始阶段或设计评审时分析人的活动空间需求,而用人体模型进行维修性设计则是近几年才发展起来的。在计算机辅助设计中进行维修模拟,包括自动绘制具有非常准确的关节中心的各种姿势的人体外形、快速评价不同人体行为效果、旋转三维图像以及减少实体模型依赖性的维修性试验。在概念设计阶段,当维修性要求作为一体化设计的时候,应用一般的人素工程原则往往可以满足需要。但在草图设计阶段和工程设计阶段,可能提出正常人体姿势、工具使用空间和其他一般原则不能解决的问题。因此,概念设计阶段阶段以后更需要进行维修模拟。

计算机进行维修性模拟设计的主要程序包括:①确定模拟任务和维修人员类型;②确定关键维修作业环节;③合并文件,生成三维人体配合图;④解译维修模拟结果。

总之,采用人素工程规范可以大大减少作业时间,而维修模拟技术是在飞机设计初始阶段应用人素工程的有效方法。

复习思考题

1. 什么是人—机工程?研究人—机工程对航空维修有什么现实意义?
2. 什么是维修差错?维修差错与人为差错有何区别?
3. 维修差错判断辅助分析?其为航空维修管理有何作用?
4. 结合航空维修实际,具体分析航空维修类型及其表现。
5. 结合航空维修实际,研究并分析维修差错控制的途径与方法。
6. 什么是心理应激?心理应激对航空维修有何影响?
7. 分析维修人员的认知可靠性模型的理论价值与现实意义。
8. 应用人素工程学,分析加强航空维修系统建设的技术途径。

第8章 航空维修理论发展动态与展望

随着科学技术创新步伐的加快和航空装备的更新换代,以及航空装备在信息化条件下局部战争中作用地位的日益增强,人们对航空维修的依赖加大了,对航空维修科学性的要求提高了,航空维修理论的牵引和指导作用显著增强,有力地推动着航空维修理论发展。

8.1 航空维修理论发展概况

高新技术在航空装备的广泛应用,推动了航空维修的深入发展,特别是海湾战争以来的几次高技术条件下航空装备的使用和维修保障实践,为航空维修的发展和创新提供了可能和环境条件。在作战使用需求牵引和科学技术进步推动的双重作用下,维修思想、维修理念、维修技术、维修管理等得到了快速发展,航空维修理论呈现出百花齐放的兴盛局面。

1. 科学化的维修思想

维修思想是反映和处理各种维修活动的基本观念,用以指导制定维修方针、政策,指导制定维修规划、方案、法规,以及指导制定各项维修措施。传统的维修思想是"预防为主"的预防性维修思想,科学维修是以可靠性为中心的维修思想,应用科学的理论和方法来研究、探索装备使用和维修本质规律,制定科学的维修对策,消除维修过度,避免维修不足。进入20世纪80年代,以可靠性为中心的维修思想得到了进一步深化和发展,从系统和作战使用的角度提出了战备完好性为中心的维修新观点,加快了可靠性、维修性、保障性的系统融合,建立了航空维修的系统观,形成并确立了全系统全寿命的维修思想。

2. 发展型的维修理念

维修理念是维修人员在维修活动过程中所持有的思想观念和价值判断。传统的维修理念追求的是具体维修业务活动的最优化,注重的是维修客体,是航空装备本身,而对维修人员的主体地位和作用缺乏科学认识。随着航空装备的发展和使用需求的变化,航空维修理念逐渐发展为追求维修的和谐发展,注重人、机、技术、环境的协调发展,首先,注重人的作用和人的成长发展,增强武器装备和维修技术的人情色彩;其次,加强航空装备、维修技术、维修环境的和谐性,实施绿色维修,推动航空维修的可持续发展,逐渐形成了发展型维修理念。

3. 现代化的维修管理

传统的维修管理是指对维修工作及其所使用的人、财、物、信息和时间、空间等要素进行计划、组织、控制、协调等工作的总称,而缺乏对航空维修系统过程的科学管理,因而管理效率低、成效差。随着航空装备发展和管理体制的变革,航空维修已从单一的技术活动发展为复杂的技术过程与管理过程的辩证统一,注重从系统和整体的角度来认识和实施航空维修工作,通过加强航空维修的科学决策,维修体制的变革、保障模式的创新、维修信息资源的综合利用,有效整合航空维修系统资源,优化航空维修过程,系统规划和综合权衡航空维修过程活动,实施航空维修全系统全寿命的科学管理,显著改善了航空维修的综合效益。

4. 集成化的维修技术

以信息技术为核心的高新技术在航空维修领域的广泛应用,引发了维修技术领域的革命性变化,维修技术、维修工具手段呈现综合化、智能化、小型化、机动化的特点及发展趋势。新材料、新工艺,要求维修应用新手段;数字电子技术和计算机技术的广泛使用,拓宽了维修领域,要求维修采用新技术;系统综合化、模块化,要求维修工具设备综合化、智能化;高新技术条件下的局部战争快速、机动、作战环境多变的特点,要求维修工具设备的小型化、机动化,实施远程维修,改善维修及时性、经济性。先进维修技术的发展和综合运用,逐步形成了性能先进、功能完善、系统综合的航空维修技术应用新格局,实现了航空维修过程的可视化管理、维修保障的自动化管理、维修资源的集成化管理,明显提高了航空维修系统的运行效率。

8.2 绿色维修与再制造工程

为了保护地球环境,1992 年联合国环境与发展大会将环境与发展问题结合起来,将"可持续发展",即"低消耗、低污染、适度消费"的模式,作为全人类生存和发展的新模式,并赋予这种模式一个形象的名字"绿色"。我国为了履行实施"可持续发展战略"的承诺,提出了"清洁生产"的构想,"绿色维修"就是在这种背景下提出来的。绿色维修是综合权衡环境影响和资源利用效率的现代维修模式,其目标是除了保持、恢复产品规定技术状态外,还应满足可持续发展的要求:既要在维修过程及维修后直至产品报废处理这一段时间内,最大程度地使产品保持、恢复到规定技术状态,又要使维修废弃物和有害排放物最小;既要使对环境的负面影响最小,对维修者和使用者的劳动保护性好,还要使资源利用效率最高。绿色维修是可持续发展和清洁生产模式在维修业中的具体体现,是现代维修的可持续发展模式。

随着信息时代的到来,以优质、高效、节能、节材为目标的先进制造技术得到了飞速发展,对环境保护和资源可重复利用有了深入认识,以设备、产品零部件维修和再制造为主的研究越来越多,特别是符合可持续发展战略要求的再制造研究得到了格外重视。再制造工程的维修思想就是在此基础上产生和发展起来的。再制造工程的维修思想的基本要旨是:当一个产品发生故障后,通过合理有效的维修过程,一方面要把产品恢复到正常工作状态;另一方面通过对设备零部件的改造、改装、革新、发明等措施,在实施维修的过程中形成一种"再制造"的效果,获得设备或产品的新性能、新发展。再制造工程的维修思想,更加强调实施维修过程中的创新能力,它对使用、维修和操作人员的素质提出了更高的要求:从仅重视技能培训发展到要重视素质培训,把素质培养放在了首位,并认为合理规划的培训学习,可以成为回报率最高的一项投资。这也体现出维修工作与人之间密不可分的关系。

8.2.1 绿色维修的基本概念

传统的维修过程,由于没有考虑到装备在维修过程中所造成的环境污染、资源的合理利用等问题,结果造成大量资源、能源的浪费和环境污染,甚至是人体伤害,如焊接过程中产生的弧光、电焊烟尘、金属气体、氰化氢、氮氢化合物、臭氧、一氧化碳、噪声等。

绿色维修(GM,Green Maintenance)是实现武器装备维修可持续发展的关键技术和科学理念,是 20 世纪 80 年代以来国际上掀起的绿色浪潮在维修领域的具体体现。可持续发展是一种新的社会发展观,是目前世界各国、各行各业包括国防工业都应遵循的发展战略,已形成了世界性的绿色浪潮。美国等西方发达国家,在资源和环境的压力下,也为了在装备维修中贯彻执行可持续发展战略,逐步在维修领域推行绿色维修模式。

对于绿色维修,有的认为"绿色维修是指综合考虑环境影响和资源利用率,在满足可持续发展目标要求的情况下,保持或恢复产品到规定状态";有人认为,"绿色维修是在可持续发展战略的指导下,在达到维修基本功能的同时,能够节约资源和能源,保护环境,符合可持续发展战略"。综合来看,绿色维修是综合考虑资源利用率和环境影响,实现保持和恢复装备规定状态的工程技术和管理活动。绿色维修与一般维修活动不同的是,维修活动要实现保持或恢复装备固有性能状态和可持续发展的双重目标,维修活动既要讲究效率和效益,还要注重环境影响和更高的维修资源综合利用率。目前,外军在一些新型航空装备研制过程中,已开始贯彻绿色维修思想,提出了一些绿色维修性要求,在使用和维修过程,注重采用绿色维修技术。

8.2.2 绿色维修性及其描述

1. 基本概念

绿色维修性,除了产品具有维修简便、迅速、经济等固有属性外,还包括资源利用率高和无公害维修等固有属性,绿色维修性是指产品在规定的资源利用率的维修条件下和规定的时间内,按规定无污染的程序和方法,进行维修时保持或恢复其规定状态的能力。绿色维修性要求可以反映在维修性的四个"规定"之中,在"规定的条件"中除一般的场所、人员、设备等维修条件外,绿色维修性还包括规定的资源利用率和无污染条件;"规定的程序和方法"包括绿色维修要求的无污染维修的工艺和方法,即将产品设计成能够用无污染的工艺和方法进行修复的装备。综合来看,绿色维修性可表述为:

产品在规定的资源利用率、规定的维修条件下和规定的时间内,按规定无污染的程序和方法,进行维修时保持或恢复其规定技术状态的能力。

2. 具体描述

根据国家可持续发展战略,绿色维修性的要求如下:

① 与产品原材料有关的要求。材料的环境友好性要好,即对生态环境无副作用。少用或不用稀有原材料,尽量寻找代用材料;减少产品中的材料种类,以利于产品废弃后回收;减少维修制件对原材料采购难度;尽量采用相容性好的材料,不采用难于回收或无法回收的材料;少用或不用有毒的原材料。

② 与产品结构有关的要求。简化产品结构,减少零部件数目,以便于产品维修及报废后的分类处理;尽量采用模块化、系列化设计,产品由各种功能模块组成,既有利于产品拆卸维修和重新组装,又便于产品报废后各功能模块的合理再利用和回收处理。

③ 与维修工艺有关的要求。采用新工艺、新技术,谋求修理过程无废品废料,避免不安全因素;尽量减少修理生产中的污染物排放;要考虑产品弃处理的工艺方法,保证不产生或少产生二次污染。

④ 拆卸设计要求。在装备设计的初级阶段就将可拆卸性作为结构设计的一个评价准则,使所设计的结构易于拆卸、便于维护,以提高装备的效益。在装备报废后,可重新使用部分能被充分有效地回收和重新利用,以达到节约资源和能源、保护环境的目的。

⑤ 模块化设计要求。模块化设计将产品中对环境或对人体有害的部分、使用寿命相近的

部分集成在同一模块中,便于拆卸回收和维护更换等。

8.2.3 绿色维修的体系结构

绿色维修通过先进的维修技术措施,发展三"Re"工程,即 Reproduction(再制造)、Recycle(再生)、Reuse(再利用),使磨损设备重新修复如新、老旧设备得到更新改造、报废设备得以起死回生,在资源利用率最高和对环境污染最小条件下,使产品保持或恢复到规定状态的全部活动,适应可持续发展的要求。绿色维修的系统模型见图 8 - 1。

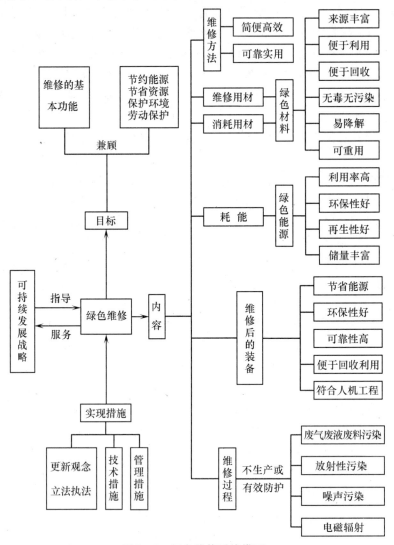

图 8 - 1 绿色维修系统模型

8.2.4 再制造工程的应用与发展

1. 再制造技术应用

磨损、腐蚀、疲劳等对机械设备及国家资产造成巨大的损失。据工业发达国家统计,每年仅因腐蚀造成的损失占国民生产总值的 2% ~4%。我国设备资产几万亿元,若其中 10% 能利用再制造技术进行修复和强化,便能创造巨大的经济效益。

采用再制造工程,可大量恢复设备及其零部件的性能,延长使用寿命,降低全寿命周期费

162

用,节约原材料,减少环境污染,而且可形成新的产业,吸纳专业技术人员和工人就业,创造价值,迅速形成新的经济增长点。如果这项工作能普遍推广,对于我国这样一个设备大国,其经济增长是不可估量的。

再制造工程的最大优势是能够以多种表面工程技术和其他技术形成先进再制造成形技术,制备的再制造"毛坯"的性能优于本体材料性能,如采用金属材料的表面硬化处理、热喷涂、激光表面强化等修复和强化零件表面,赋予零件耐高温、防腐蚀、耐磨损、抗疲劳、防辐射等性能。这层表面材料与制作部件的整体材料相比,厚度薄、面积小,但却承担着工作部件的主要功能。不同表面工程技术所获得的覆盖层厚度一般从几十微米到几毫米,仅占工件整体厚度的几百分之一到几十分之一,却使工件具有了比本体材料更高的耐磨性、抗腐蚀性和耐高温等能力,采用表面工程技术的平均效益高达 5 倍~20 倍。表面工程能直接针对许多贵重零部件的失效原因,实行局部表面强化或修复,重新恢复使用价值。若考虑在能源、原材料和停机等方面的费用节约,其经济效益和社会效益是显而易见的。我国自"六五"以来,运用表面工程技术在机器设备零件的制造和修复等方面已取得了几百亿元的经济效益。由此可见,表面工程技术是再制造技术的重要手段之一,已具备了先进制造技术最基本的特征,即优质、高效、低耗,其研究、推广和应用将为先进制造技术和再制造技术的发展提供必要的工艺支持。

目前,我国社会建设面临着发展和转型的双重压力,投入武器装备研制、生产、购置的费用不可能太多,但我军大量的现役武器装备陈旧落后,处于更新换代的关键时期,如何科学地改造现役武器装备,使之适应我军新时期战略方针和信息化条件下局部战争的需要,以最经济的资源投入使武器装备发挥出最好的作战效能,都离不开再制造工程。例如,海军对某型导弹驱逐舰进行再制造工程延寿论证后得出结论,某型导弹驱逐舰更换新舰使用 10 年比延寿 10 年的费效比高 0.42 倍,说明采用再制造工程使旧舰延寿比购新舰花费小。北京首钢从比利时引进的二手连铸设备,以废钢价格廉价购进,其中有 300 多件大轴承座和轧辊报废,装甲兵工程学院科研人员对其再制造加工,使设备投入正常使用。1995 年全军装备维修表面工程研究所在新建造的油污水监测处理船钢结构上采用电弧喷涂技术进行了防腐综合治理,将热喷涂工艺直接运用于舰船的制造工艺中,这在我国的造船史上尚属首次,经过 4 年多海上运行检验效果良好。又如美国 B - 52H 飞机,是 1948 年开始设计,1961 年至 1962 年生产的,到 1999 年已使用了 37 年。该机 1980 年、1996 年两次进行了再制造技术改造,到 1997 年平均自然寿命还有 13000 飞行小时,预计可延长到 2030 年。美军有 66 架 B - 52 飞机至少可用到 2014 年,较一般飞机 20 年~30 年服役期增长 1 倍以上。

2. 再制造工程展望

再制造产品的质量控制是再制造工程的核心,再制造成形技术和表面技术是再制造工程的关键技术,而这些技术的应用又离不开产品的失效分析、检测诊断、寿命评估、质量控制等多种学科。所以,发展再制造工程还能牵动其他学科的发展,其他学科的发展又反过来促进再制造学科的形成和完善,而这一切又都充实和发展了先进制造技术的内涵,对我国 21 世纪制造工业的发展有着极其重要的作用。

在我国,关于再制造工程的工作刚刚开始,受到了政府有关部门的重视,拟将再制造成形技术、寿命评估技术等列入先进制造技术发展前沿和国家自然科学基金项目。一个优质、高效、低耗的绿色再制造工程正在我国兴起。

8.3　全员生产维修

全员生产维修(TPM,Total Production Maintenance)诞生于 20 世纪 70 年代,是日本在美国生产维修的基础上,吸收了英国综合工程学和我国鞍钢宪法群众路线的思想而逐渐发展起来的一种设备维修管理模式。全员生产维修在中国已推广应用了多年,在工业企业设备管理中发挥了良好作用,因此,研究并将其引入航空维修领域,将会发挥积极作用。

8.3.1　全员生产维修的含义

日本设备工程协会对全员生产维修所下的定义是:

① 以提高设备综合效率为目的;

② 建立以设备寿命周期过程为对象的生产维修系统,确保寿命周期内无公害、无污染、安全生产;

③ 设备的规划、使用和维修等所有部门都要参加;

④ 从企业领导到生产一线工人全体参加;

⑤ 开展以小组为单位的自主活动,推进生产维修。这五个方面,实际上也是 TPM 的五要素。

综合来看,全员生产维修主要包括两个方面:一是定义和运用"设备综合效率"的概念;二是按时间折算设备的总费用和对寿命周期费用的影响程度,并扩展到所有相关活动中,其目标是追求费用的降低,并调动组织成员参与管理的积极性。

8.3.2　全员生产维修的特点

全员生产维修虽是日本式的设备综合工程学,但它有自身的特点:

① 重视人员的作用,重视设备维修人员的培训教育以及多功能培训。

② 强调操作者自主维修设备,广泛开展 5S(整顿、整理、清洁、清扫、素养)活动,通过小组自主管理,完成预定目标。

③ 侧重生产现场的设备维修管理。

④ 坚持预防为主,重视润滑工作,突出重点设备的维护和保养。

⑤ 重视并广泛开展设备点检工作,从实际出发,开展计划修理工作。

⑥ 开展设备的故障修理、计划修理工作。

⑦ 讲究维修效果,重视老旧设备的改造。

⑧ 确保全员生产维修的推进程序。

8.3.3　全员生产维修的理论内涵

全员生产维修的理论内涵可概括为以下几个方面:

1. 全员生产维修目标

全员生产维修追求的目标是"三全",即:

全效率:把设备综合效率提到最高。

全系统:建立起从规划、设计、制造、安装、维修、更新直至报废的设备一生为对象的预防维修(PM)系统,并建立有效的反馈系统。

全员:凡涉及设备一生全过程所有部门以及这些部门的有关人员,包括企业最高领导和第一线生产工人都要参加到 TPM 系统中来。

2．全员生产维修的5S

5S是日语中5个以"S"发音开头的词的简化称谓,质量控制活动中的4S(整理、整顿、清扫和清洁),再加上素养,就形成了TPM的5S。5S的内容如下:

（1）整理：取舍分开,取留舍弃。

（2）整顿：条理摆放,取用快捷。

（3）清扫：清扫现场,不留污物。

（4）清洁：清除污染,美化环境。

（5）素养：形成制度,养成习惯。

3．全员生产维修是一种自主维修的渐进过程

维修人员的自主维修是从初期的清扫开始的,一步一步踏上自主维修的台阶。

4．全员生产维修是一种小组活动

小组活动是全员生产维修最活跃、最具特色的团队行为。全员生产维修的领导者、管理者通过支持和营造良好的环境,不断推动小组活动的发展。

8.4 全面计划质量维修

8.4.1 全面计划质量维修概述

全面计划质量维修（TPQM, Total Planning Quality Maintenance）,是一种以设备寿命周期内的可靠性、装备有效利用率以及经济性为总目标的维修技术和资源管理体系,其内涵是：维修范围的全面性,对维修职能做全面的要求；维修过程的系统性,提出一套发挥维修职能的质量标准；维修技术的基础性,根据维修和后勤工程的原则,以维修技术为工作的基础。

TPQM于1989年在美国提出,是一种维修管理的新理念,它与TPM虽然有着相似的总目标,但侧重点各有不同。TPQM强调质量过程、质量规定和维修职能的发挥,其重点在于选择最佳维修策略,然后有效地应用这些策略达到高标准的质量、安全、设备可靠性、有效利用率和经济的资源管理。

8.4.2 全面计划质量维修的特点

TPQM的实施过程实际上也是计划—实施—检查—调整的PDCA循环过程。目标是为了达到规定的质量体系标准。这里,过程应有明确的界限,过程中要不断进行评价,要对过程加以合理调整,维修职能的10项要素要融合在整个过程之中。

TPQM实施过程可以分成以下单元:

① 管理单元。对维修职能、目的做出规定,提出总目标和分目标,提出设备使用与维修的基本规定,设置组织机构,提出人员安排,提出有关维修职能和实施过程的所有方针、政策和程序。

② 选择单元。规定维修数量、范围,制定设备组态,划分系统层次结构,确定关键设备,提出维修管理要求。

③ 开发单元。通过以可靠性为中心的技术,寻求系统临界状态,确定所有维修项目的寿命周期。

④ 实施单元。将维修任务变成可执行的控制安全、质量和性能的工作程序。

⑤ 执行单元。对维修活动实行计划、进度安排和有效的控制。

⑥ 评价单元。对维修过程和结果进行评价,不断改进。

⑦ 反馈单元。为改进工作提出的方法、措施。

虽然 TPQM 与 TPM 有着相似的目标,但企业不可能等自己的每个成员都对维修工作感兴趣之后才实施维修。TPQM 不否定启发工人的自主维修积极性,但更依赖于一个良好的程序和组织。通过这种维修程序的实施,不断培养维修人员对维修工作的积极态度。为了达到这个目的,应该做到:

① 目标明确且坚定不移。

② 以设备维修的需求和维修技术提高的需求为动力。

③ 为计划工作做好充分准备,保障计划的顺利实施。

④ 任用经过培训和有能力的人担任工作,保证正确完成工作。

⑤ 制定正确、详细的维修程序,使小组成员充满自信地工作。

⑥ 工作实绩进行比较。

⑦ 不断地改进工作。

8.4.3 全面计划质量维修的综合维修管理

TPQM 提出维修职能的 10 项要素。然后对这些要素实行综合的、一体化的、整体性的管理。也就是说,其中一个要素改变了,其他相应要素也应随之变化,以保持过程的整体性。维修职能的 10 项要素如图 8-2 所示。

TPQM 强调对 10 个要素实行综合的、整体化的管理。也就是说,其中一个要素改变了,其他相应的要素也应随之变化,以保证过程的整体性。

（1）工作控制。对工作计划、进度安排和具体实施过程加以控制。

（2）管理与组织。建立合理的组织机构及相应的职责规定。

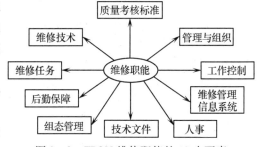

图 8-2　TPQM 维修职能的 10 个要素

（3）质量考核标准。整个维修过程及各项要素均制定质量考核标准,加以严格管理。

（4）维修技术。维修人员应能保证正确地使用维修工具、执行维修工艺,准确地评价维修计划执行的效果。

（5）维修任务。把需要执行的预防维修、改善维修、恢复性维修和闲置设备维修等任务的范围、频次和责任者均做出明确规定。

（6）后勤保障。对保障维修的后勤项目如零件修理、专用工具、测试设备、技术工人和计算机软、硬件做出明确规定和有效管理。

（7）组态管理。依据设备实际状况、功能特性以及设备技术文件做综合性的管理。

（8）技术文件。把图纸、技术说明书、合同、程序等与维修活动有关的技术文件加以有效的管理。

（9）人事。保证维修人员在培训后能够掌握维修任务中规定的各项要求。

（10）维修管理信息系统。计划与调度、设备跟踪与记录、维修效果与质量标准的比较及数据报告等项目的手工或计算机管理。

8.5　主动维修

主动维修(PAM,Proactive Maintenance),在20世纪90年代由美国学者首先提出,2002年欧洲维修联盟(EFNMS)第16次会议曾将主动维修作为会议主题。主动维修的基本思想在航空维修领域也是早已有之,传统的预防性维修就体现了主动维修的思想。

8.5.1　主动维修的基本概念

何谓主动维修,可谓仁者见仁,智者见智,存在不同的理解。1997年,国际著名的RCM专家莫布雷在其《以可靠性为中心的维修》中,提出了主动性和非主动性维修的概念,认为主动性工作是为了防止产品达到故障状态,而在故障发生前所采取的工作,将定期恢复、定期报废和视情维修归属为主动性工作,认为这些工作均是在故障发生前进行的主动工作,该主动性维修不仅预防故障本身,更重要的是避免故障后果。这是一种广义的主动维修的认识。美国资深的液压系统设计专家E. C. Fitch,1992年在其著作《Proactive Maintenance for Mechanical Systems》中详细论述了PAM的概念、原理和技术,认为这种维修在理论和实践上有其重要的意义,它提出了"故障根源"(Boot Causes of Failure)的概念,给出了故障根源的种类(材料变形、超常液体污染、液体泄漏、液体化学不稳定、液体物理不稳定、液体气蚀、液体温度不稳定、严重的磨损状况等),认为通过对可能引起装备产生故障的"故障根源"进行系统化的识别,在系统性能和材料退化之前采取措施进行维修,可以有效地减少系统整体的维修需求,延长系统的使用寿命。这是一种对主动维修的狭义认识,也是对主动维修比较科学的认识。

目前为止,维修活动的开展的依据主要有两类:一类是根据故障征兆,另一类是根据预先制定的时间表。主动维修是着眼于故障原因而不是耗损或污染的征兆开展的维修活动,其目的在于最大限度地发挥装备功能和延长装备的有效使用寿命。主动维修采用先进的维修技术或更改设计的方法,通过消除或控制故障产生的条件,从故障根源上对故障进行预防。例如,检查和严格控制液压或润滑油质(包括酸碱度)、充氮、干燥剂、密封等都是力图消除或控制故障产生的条件。主动维修就如你在身体中的任何症状出现之前能查明和消除疾病一样,强调从根源上来预防故障,维持正常功能和延长寿命,因而能避免故障损失,延长使用寿命,节省费用和资源。特别是科学技术的飞速发展,大量先进的维修技术和工具的开发和应用,为主动维修提供了技术支持,使主动维修的应用有了可能。目前,主动维修已在外军一些军事装备和民用领域得到了应用。

8.5.2　主动维修与 RCM 的关系

传统的维修是根据故障征兆,事先开展维修活动,其重点是预防故障的发生。以可靠性为中心的维修理论,也提出了开展主动性维修工作,与传统维修不同的,RCM是从装备的固有特性可靠性出发,根据故障后果的严重程度来确定合理的维修工作,其重点在于保持系统正常的功能、防止严重故障后果的出现而不是预防故障。这两者都可以称之为反应型维修,前者是对故障的反应,后者是对装备功能的反应。随着科学技术的发展,装备趋于大型化、复杂化和规模化,特别是对于航空装备这种结构复杂、作战效能高、费用昂贵的军事装备,一旦故障,如果不能及时恢复,将对战争进程,乃至战争结局具有不可估量的影响,因此,在20世纪90年代出现了有别于二者的,被称之主动维修的维修新概念。

8.5.3 主动维修的基本特点

其目的是应用先进的方法和修复技术来显著地延长机器寿命。主动维修的理想目标是永久消灭故障。其主要特点是：①找出重复故障，通过改进设计加以消除；②通过性能检验，确保维修后的设备无故障隐患；③按精度标准维修和安装；④辨认和消除各种影响设备寿命的因素。

"永久修复"的主动维修技术包括：

① 故障根源分析。设备早期故障的故障根源一般为：设计水平低、制造质量差、安装不当、试运转时使用不当、操作不当、不必要的日常维修、过多的损坏性维修、工人技术水平低等。维修工作不应局限于解决表面故障问题，而应认真推敲深层次的原因，力求从根本上解决问题。

② 精细的大修和安装。精细的大修理包括平衡、对中、装配间隙的标准化等。这些做好了可以延长设备寿命，做不好则会减少寿命甚至导致新故障的出现。

③ 购置或维修设备的标准技术规范。

④ 建立大修理的验收合格证制度。经验表明，大修理有20%左右的不合格率，因此应对大修理质量严格把关。

⑤ 对设备进行重新设计、修改设计或改进部件的技术要求等。

各种维修方式的优劣比较见表8-1。

表8-1　几种维修方式的优劣比较

维修方式	功　　能
预防维修	减少非计划停机，容易产生维修过剩或维修不足
预测维修	监测设备，预知状态，既可避免维修过剩，又可避免维修不足。但没能根除故障
主动维修	立足于根除故障，根本改善系统功能

8.6　航空维修信息化

现代航空装备日益复杂、昂贵，航空装备使用和保障的难度及费用不断增加，与此同时，信息技术迅猛发展，形成了信息化浪潮，从根本上改变了社会的生产方式和生活方式，同时也引发了军事领域的深刻变革，信息和信息技术已成为科学管理的基础，如何利用信息化更好地推进航空装备科学维修，业已成为信息时代航空维修面临的一个重要问题。在航空装备全系统全寿命维修管理中，信息越及时、越准确、越完整，越能保证航空维修管理系统分析与管理决策的正确性，越能保证航空维修保障系统的及时建立和高效运行，因此，用新的观念、新的思路和新的方法来推进航空维修信息化建设是大势所趋、势在必行。

8.6.1　航空维修信息化的基本概念

航空维修信息化作为装备保障信息化建设的一个不可或缺的重要方面，是指在主管或分管空军装备工作各级机关的统一规划和组织下，在装备技术保障领域（主要是航空维修资源、手段、人员、组织机构、行动、业务工作及其组织领导活动），广泛应用现代信息技术，深入开发和利用信息资源，发展信息化维修保障装备，特别是现役维修保障装备的信息化改造，实现从信息获取、传输、处理、使用到管理的数字化、网络化、智能化，同时，更新传统的航空维修观念，创新航空维修理论,整合并优化航空维修保障系统的结构与运行,从而有效提高航空维修效能,全面提高航空维修能力的过程。

信息化航空维修是指广泛采用信息产品或高技术产业的最新成果,以计算机网络技术和卫星技术为基础,将各级维修保障部门、各种维修保障单元和维修保障平台,以及地方维修保障力量都置于航空维修集成数据环境之中,形成协调一致的航空装备维修保障体系,通过精细而准确的筹划、实施装备维修保障,高效运用维修保障力量,实现纵横结合、多边协作,使航空装备维修保障的时间、空间、数量、质量要求尽可能达到精确,最大限度地节约航空维修保障资源。

航空维修信息化与信息化航空维修,两者含义接近,但有所区别。前者强调的是信息化的过程,后者强调的是信息化的结果。现阶段我们所做的工作应该是推进航空维修信息化,最终的目标是实现信息化航空维修。

航空维修信息化与数字化航空维修,两者也有区别。数字化航空维修强调的是将航空维修组织与实施的诸要素进行数字化与代码化,采用计算机进行控制与管理。航空维修信息化不仅要做到数字化,而且还要对航空维修信息资源进行开发与转化,以及运用信息技术对军事装备体系与航空维修业务流程进行整合和规范。因此,航空维修信息化的外延与内涵都比数字化航空维修更大更深。

航空维修信息化与航空维修组织自动化,两者是从属的关系。航空维修信息化包含了航空维修组织自动化,通常可以认为,航空维修组织自动化是信息化在航空维修组织体系中的体现。由于航空维修组织是航空维修保障诸要素中的中枢与核心,所以,航空维修组织自动化又是航空维修信息化中最核心、最活跃的部分。

航空维修信息化的构成要素主要包括七个方面的内容,即:航空维修信息资源,航空维修信息化政策与法规,航空维修信息基础设施,航空维修领域的信息技术应用,信息化的装备维修保障装备,航空维修信息化技术标准以及航空维修信息化人才。

(1)航空维修信息资源,主要包括维修类型及其主要内容;维修原则;维修级别、维修任务、技术保障力量、对象;主要技术保障资源;维修活动及其约束条件(如费用、时间)等。

(2)航空维修信息化政策与法规,指的是航空维修信息化建设的大政方针、条例条令,也就是通常所说的顶层设计的主体内容。例如,航空维修信息化建设的总体发展规划与计划,航空维修信息化安全防护策略,航空维修信息化系统使用管理规范等。

(3)航空维修信息基础设施,通常指航空维修信息的"高速公路",即传输信息的计算机网络与指挥通信网络。从广义上讲,航空维修设备的信息平台也属于航空维修信息基础设施。

(4)航空维修领域的信息技术应用,主要是指信息技术在航空维修实施活动和组织指挥中的应用,以及形成的信息系统。

(5)信息化的装备维修保障装备,是指在各类装备维修保障装备(包括设备)逐步实现机械化的基础上,加强信息技术应用,加大信息化改造,显著提高其信息化水平。

(6)航空维修信息化技术标准,主要包括航空维修信息化建设需要的软件和硬件(含装备)的技术标准、规范与航空维修信息分类及代码等。

(7)航空维修信息化人才,包括航空维修信息化建设的领导人才,掌握信息技术的航空维修业务人才,精通信息技术的专业人才。

8.6.2 航空维修信息化建设的内容

(1)优先搞好航空维修信息化顶层设计,确保航空维修信息化建设的正确方向。航空维修信息化顶层设计,就是从航空维修发展战略和航空维修现代化建设的高度对航空维修信息化建设与发展做出科学的、总体的论证与规划。顶层设计事关航空维修信息化建设的大政方针,是航空维修信息化建设的"龙头"。有了好的顶层设计,航空维修信息化各项建设任务才有方向和依据。因此,必须把航空维修信息化顶层设计放在优先位置,组织精兵强将,采取集团作业,制定完善相关政策,尽早出台。随着航空维修建设与信息技术的发展,还要不断地对航空维修信息化顶层设计的内容进行调整和充实,形成良性滚动发展的局面。

(2) 切实把航空维修信息标准化作为突破口,疏通航空维修信息化建设的瓶颈。国内外信息化的实践证明,信息化建设必须有标准化的支持。航空维修信息标准化是其顶层设计在技术上的具体体现,是保证航空维修信息资源互通、共享的基础。完善配套的航空维修信息标准化,将可以促进航空维修信息化建设技术上的协调一致和整体效能的实现。当前,航空维修信息标准化工作相对滞后,很可能成为航空维修信息化建设的瓶颈。因此,要坚持"统筹规划、统一标准"的方针,切实把航空维修信息标准化作为突破口,抓紧制定完善。

(3) 逐步实现技术资料数字化。随着武器装备系统越来越复杂,技术资料和手册数量也日益膨胀。美军 F－16 战斗机的技术资料约 750000 页,每套成本约 21300 美元,Vincennes 导弹驱逐舰的维护手册重达 23.5t。储存、管理、使用和运输如此庞大的资料不仅非常困难,而且造成高额费用。1985 年,美国国防部启动了 CALS 项目,积极探索技术资料数字化的具体技术,希望通过使用计算机技术和改进工作流程等措施使国防部所属部门和参加武器系统研制、生产制造、培训和维护等工作的所有合作单位的技术信息数字化,信息交流标准化,以便能方便地交换信息数据,减少大量重复劳动,降低航空维修和培训费用,提高装备的战备完好性。随着我军武器装备的智能化、信息化和体系化,同样也会遇到上述问题。因此,借鉴外军经验,结合我军实际,积极推进技术资料数字化,对于缩短武器装备研制周期,减少武器装备全寿命费用,提高武器装备作战效能,具有重要作用。

(4) 建立集成维修信息系统。武器装备系统的高技术发展以及在高技术战争中的大量使用,使维修保障的任务量、难度和信息量日益增大,要求航空维修保障必须实现信息化,以提高保障效率。建立集成维修信息系统(IMIS),是提高现代武器航空维修工作效率的有效手段。它可以充分利用装备保障的信息设施和发挥数字化技术资料作用,将各种型别武器系统、各级维修部门的多种维修信息资源高度集成于一个单一的、统一的、标准化的、容易使用的系统中,从而形成高效的维修信息流,以满足不同任务及不同水平技术人员需要;提供岗位工作支持及有效的模拟训练支持;避免费时的纸张文字工作,自动化地完成任务;利用计算机与技术人员的信息交互提高维修行为质量;为各级维修管理部门提供实时的动态信息,并快速生成作战使用、维修保障计划和规划;通过 PMA 及数据接口平台(MDIP),维修技术人员可直接访问装备的自检测(Built In Test)系统,实施故障的动态诊断等。

(5) 加强航空维修网络化建设,构建满足航空维修信息化发展需要的物流、信息流网络。物流网络,主要是利用供应链管理理论,构建多层次、多渠道的航空维修器材供体系,建立供应方到使用方的快捷、高效维修器材物流供应系统。信息流网络,主要是依托国家和国防信息网络,构建相对独立、多路迂回、先进可靠的通信网络和信息化平台。它是航空维修信息资源开发利用和信息技术应用的基础,是航空维修各种信息传输、交换和共享的平台。因此,只有建设先进的航空维修网络,才能为有效控制航空维修信息流、物资流、资金流提供畅通、快捷、可靠的通道,才能发挥航空维修信息化的整体效益。

（6）大力发展航空维修自动化系统，努力实现航空维修的精确化、电子化和远程化。航空维修自动化系统是航空维修信息化的核心部分，必须优先发展，加速推进。要运用信息技术对各类航空维修手册全部实现电子化，建立远程专家支援系统，实现对航空维修技术的远程支援。要运用信息技术对航空维修业务管理模式、业务流程等进行调整和整合，提高维修效率。

（7）加快航空维修信息化的进程，提高航空维修手段的信息化水平。航空装备维修保障装备信息化，主要是通过对现役维修保障装备有计划地进行信息化改造（如加装计算机控制系统、内部嵌入计算机芯片）和抓紧研制新型的信息化维修保障装备来实现。逐步建立适应未来信息化战争需要的信息化维修保障装备体系，是航空维修信息化建设的重要内容，对于提高航空维修效率具有重要作用。

（8）运用电子商务采购零备件。利用先进的供应链技术，组织有效的零备件供应支持，是改进航空装备维修保障工作的重要保证。许多发达国家开发建设基于 Internet 互联网的电子版本标准件信息库，武器装备的生产厂家也建立了网络环境的零备件库和零备件网络订货系统。武器装备的研制生产单位和维修保障人员能很方便地了解标准件、零备件的信息，以便挑选和快速获取。运用电子商务采购零备件，有利于促进研制单位尽量选用市场能采购的标准件，避免大量重复工作；有利促进标准件生产厂家之间的竞争；有利于使用和保障需求的透明，最大限度的减少航材备件库存，降低使用和保障费用，提高航空装备的完好率。

（9）建设航空维修保障 C^4I 系统。C^4I 系统是航空维修能力的"聚能器"和"倍增器"。因此，要高度重视航空维修保障的 C^4I 系统建设。在 C^4I 系统建设方面，我军起步较晚，但却具有一定的"后发优势"。可以充分利用最新技术成果，把基本目标定在实现指挥系统的智能化上，走一条高起点、高配置、超越式发展道路。航空维修保障 C^4I 系统建设，应按照"大保障"的一体化思路，遵循全方位衔接，多功能兼容，人、机高度结合和网络化、扁平化、分布式原则，把全军的各级指挥机构和各个维修机构、订货机构、物资器材供应机构、科研机构、教育训练机构、地方保障部门乃至单个保障装备逐步连接为一个整体。当前，首先应加强领导、统一筹划，防止各自为政、自成体系的现象，努力实现设计论证、订货采购、配置安装、操作维护等环节的标准化和规范化；加强 C^4I 系统建设与技术开发人才培养，做好技术储备；要加强对 C^4I 系统的无形投入，重视软件开发。软件是人的智慧与知识的结晶，是实现 C^4I 系统智能化的关键所在，要克服重硬轻软思想，舍得经费投入；在系统建设时要注意信息防护，预防信息肢解、信息遮断、信息污染、信息侦察，开发使系统保持稳定与安全的技术，以适应未来的信息战。

（10）培养和造就信息化的人才队伍，为航空维修信息化建设持续发展提供保障。航空维修信息化的人才，是航空维修信息化成功之本。因此，努力培养和造就一支适应航空维修信息化建设需要的结构合理、素质很高的人才队伍，既是航空维修信息化建设的紧迫任务，又是保证航空维修信息化建设持续健康发展的重要保障。

在以上 10 项重点任务中，顶层设计是"龙头"，应放在优先位置；技术资料数字化、维修信息系统和网络建设是基础，需要高度重视；装备保障 C^4I 系统、航空维修自动化系统、电子商务采购零备件、电子勤务以及信息化的技术保障装备都是具体运用与成果体现，必须下大力抓好；标准化工作是支撑，应当加强；人才队伍是根本，务必常抓不懈。

8.6.3 集成化维修信息系统及其应用

航空装备的维修保障，涉及大量与装备本身、装备使用维修保障过程相关的技术、信息和管理活动，其有效与否将直接影响到航空装备战技性能的发挥。美国空军 Armstrong 实验室于

1987 提出集成维修信息系统(IMIS Integrated Maintenance Information System)的概念及其系统框架,其目的是试图开发一种适用于外场维修需要的综合维修管理系统,该实验室将 IMIS 与电子技术规范(TOs)、动态诊断、维修数据采集、飞行数据、后勤保障及其在计算机网络中的有关信息有机地集成起来,使用维修人员在统一的界面下进行使用和分析工作。目前,IMIS 已被应用于美军最新飞机系统,如 B – 2 轰炸机、F – 22 战斗机、E – 8 预警机和 C – 17 运输机,同时,现役的 F – 15、F – 16 飞机,也得到了部分应用。

在组成上,IMIS 由航空设备接口板(AIP,Aircraft Interface Panel)、便携式维修助理(PMA,Portable Maintenance Aid)、基地级维修信息工作站(MIW,Maintenance Information Workstation)、战区级维修信息处理中心(MIPC,Maintenance Information Processing Center)和复杂集成的软件组成,见图 8 – 3。

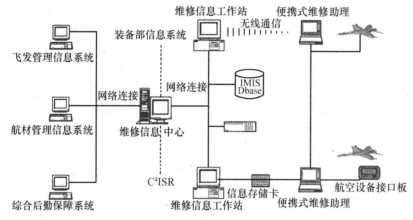

图 8 – 3　IMIS 的组成结构

(1) AIP,用于和机载设备、机载计算机(On – Board Computer)、内置检测能力的设备(Built – In – Test Equipment)连接,它由控制单元、显示单元以及和便携机连接的接口组成。它的功能是获取飞机配置信息和飞机子系统数据,完成机载设备、子系统自检、在设备诊断,上传、下载任务数据,并在必要时与便携机连接进行故障诊断。

AIP 一般位于飞机外表,使维修人员与机载系统方便地交互,通过它所提供的接口,维修人员在不进入飞机座舱的情况下可以完成大部分检测工作。

(2) PMA,便携式维修助理,是供维修人员使用的设备,是一种紧凑轻便的、坚固的、用电池供电的、便于携带的计算机,带有在各种光照条件下都能阅读的显示器。PMA 具有强大的计算功能和快速的图形显示能力,能对请求做出及时的响应。PMA 由用于存储技术指令及动态诊断所需信息的信息存储卡、用于接收语音数据及二进制数据,并允许多个使用者使用同一频率进行收发的数字无线电装置、高分辨力的平面显示器组成。

PMA 为维修人员提供强有力的支持,在 PMA 的帮助下,维修人员的工作强度将得到很大的降低。

(3) MIW,是用于连接各个地面计算机系统、提供维修人员和地面系统之间接口的桌面型计算机,它由真正意义上的键盘和与其他系统联系的接口组成。这些接口具有与其他计算机系统交换数据的协议,PMA 连接上 MIW 之后,MIW 提供对其他系统进行数据访问和信息交换的能力。MIW 提供的功能包括:和便携机连接,提供显示和协作处理的功能;使维修人员能访问其他信息系统,以实现信息的交流和共享。

（4）MIPC,实现在统一的界面下,通过集成化的系统功能,实现维修信息的宏观管理和应用,它用来支持维修、作战、训练、后勤保障计划的制定与监控,为高层管理人员提供决策支持信息。

在功能上,IMIS 是集成多个地面维修信息系统数据库,为维修人员提供技术信息支持的系统。IMIS 将交互式电子技术手册、动态诊断、飞行数据、后勤保障及其他计算机网络中的有关信息有机地集成起来,维修人员在单一的、一致的界面下完成上述信息的获取、使用与处理。

IMIS 的最大特征就是信息的集成——维修人员将通过单一的设备与其他系统联系,而不是通过多个设备与几个或几组系统联系。在低级阶段,系统通过使用标准的命令与显示格式实现信息的集成;在高级阶段,系统将通过复杂的软件,集成从各种可用信息取得的数据并以维修信息包的形式提供给维修人员。

IMIS 的目标包括:把多个维修相关的信息源综合在一个简单的、便于使用的系统中;把维修保障所需要的信息转变成便于携带的、可以独立配置的系统,以改进机动作战时的维修保障能力;提供满足特定任务要求与各种不同层次维修人员所需要的信息;提供在岗工作支持以及熟悉 IMIS 系统的训练;避免费时的纸上工作,自动完成任务;利用计算机的交互能力,提高维修工作的质量;通过提供标准化的信息、独立的系统、通用化格式以及在不同水平上的技术能力,最大限度地利用现有航空维修的人力资源。

复习思考题

1. 总结归纳航空维修理论发展的基本趋势。
2. 阐述绿色维修的内涵。
3. 什么是再制造工程? 再制造工程在航空维修的发展前景如何?
4. 什么是主动维修? 试分析主动维修与 RCM 的区别与联系。
5. 什么是全员生产维修? 其主要内容有哪些?
6. 什么是集成维修信息系统? 如何开展航空维修集成信息系统建设?

参 考 文 献

［1］ 陈学楚. 维修基础理论. 北京:科学出版社,1998.

［2］ 陈学楚. 现代维修理论. 北京:国防工业出版社,2003.

［3］ 甘茂治,等. 军用装备维修工程学. 北京:国防工业出版社,1999.

［4］ 胡先荣. 现代企业设备管理. 北京:机械工业出版社,1994.

［5］ 徐扬光. 设备综合工程学概论. 北京:国防工业出版社,1988.

［6］ 徐滨士. 表面工程与维修. 北京:机械工业出版社,1996.

［7］ 罗云. 设备寿命周期费用方法及其应用. 北京:海洋出版社,1992.

［8］ 孙春林. 民用航空维修质量管理. 北京:中国民航出版社,2001.

［9］ GJB451A—2005 可靠性维修性术语. 国防科工委军标出版发行部,2005.

［10］ HB6211—1989 飞机、发动机及设备以可靠性为中心的维修大纲的制订. 航空航天工业部,1989.

［11］ GJB1378—1992 装备预防性维修大纲的制订要求与方法. 国防科工委军标出版发行部,1992.

［12］ GJB1391—1992 故障模式、影响及危害性分析程序. 国防科工委军标出版发行部,1992.

［13］ GJB368A—1994 装备维修性通用大纲. 国防科工委军标出版发行部, 1994.

［14］ 装备预防性维修大纲的制订要求与方法实施指南,国防科工委军用标准化中心,1994.

［15］ GJB3872—2001 装备综合保障通用要求实施指南,总装备部技术基础管理中心,2001.

［16］ NOWLAN F S, Heap H E. Reliability – centered maintenance, AD/A 066 579, 1978.

［17］ HIGGINSL R. Maintenance engineering handbook, 4th edition. , New York:Mc – Graw Hill,1977/1988.

［18］ BLANCHARD B S. Logistics engineering and management. 5th edition. ,New York: prentice Hall, 1998.

［19］ BLANCHARD B S. Maintainability:A key to effective serviceability and maintenance management, New York:Wiley, 1995.

［20］ IEC 60300 – 3 – 11:Application guide reliability centered maintenance,1999.

［21］ SAE JA1011:Evaluation criteria for reliability – centered maintenance processes, 1999.

［22］ DRENICK R F. The failure law of complex equipment, In: J. Soc. Indust. Appl. Math,1960, 8(4):680 – 690.

［23］ RESNIKOFF H L. Mathematical aspects of reliability – centered maintenance, AD – A066 580,1979.

［24］ Airline/manufacturer maintenance program planning document—MSG – 2,FAA AC 120 – 17A Appendix 1,Air Transport Association of America,1970.

［25］ Airline/manufacturer maintenance program development document—MSG – 3, Air Transport Association of America,1980/1988/1993.

［26］ MOUBRAY J. Reliability – centered maintenance, Oxford:Butterworth – Heienann Ltd. , 1991 ～1997.

［27］ ANTHORNY M, SMITH P E. Reliability – centered maintenance, New York:Me – Graw – Hill, 1993.